程序员硬核技术丛书

U0178641

剑指大数据

企业级数据仓库项目实战

金融租赁版

尚硅谷教育◎编著

电子工业出版社

Publishing House of Electronics Industry

北京·BEIJING

内 容 简 介

本书从需求规划、需求实现到可视化展示等，遵循项目开发的主要流程，全景介绍了金融租赁行业离线数据仓库的搭建过程。在整个数据仓库的搭建过程中，介绍了主要组件的安装部署、需求实现的具体思路、问题的解决方案等，并在其中穿插了许多大数据和数据仓库相关的理论知识，包括数据仓库的概念介绍、金融租赁业务概述、数据仓库理论介绍和数据仓库建模等。

本书的第 1 章至第 3 章是项目前期准备阶段，主要为读者介绍了数据仓库的概念、应用场景和搭建需求等，并初步搭建了数据仓库项目所需的基本环境；第 4 章至第 5 章是数据仓库搭建的核心部分，详细为读者讲解了数据仓库建模理论和数据从采集到分层搭建的全过程，是本书的重点；第 6 章至第 7 章介绍了全流程调度和指标可视化。

本书适合具有一定编程基础的读者学习或作为参考资料，通过阅读本书，读者可以快速了解数据仓库，全面掌握数据仓库的相关技术。

图书在版编目（CIP）数据

剑指大数据：企业级数据仓库项目实战：金融租赁版 / 尚硅谷教育编著. —北京：电子工业出版社，2024.5
（程序员硬核技术丛书）

ISBN 978-7-121-47691-4

Ⅰ.①剑⋯　Ⅱ.①尚⋯　Ⅲ.①数据库系统　Ⅳ.①TP311.13

中国国家版本馆 CIP 数据核字（2024）第 074511 号

责任编辑：张梦菲　　李　冰
印　　刷：三河市鑫金马印装有限公司
装　　订：三河市鑫金马印装有限公司
出版发行：电子工业出版社
　　　　　北京市海淀区万寿路 173 信箱　　邮编 100036
开　　本：850×1 168　1/16　印张：15.25　字数：498 千字
版　　次：2024 年 5 月第 1 版
印　　次：2024 年 5 月第 1 次印刷
定　　价：79.00 元

凡所购买电子工业出版社图书有缺损问题，请向购买书店调换。若书店售缺，请与本社发行部联系，联系及邮购电话：（010）88254888，88258888。

质量投诉请发邮件至 zlts@phei.com.cn，盗版侵权举报请发邮件至 dbqq@phei.com.cn。

本书咨询联系方式：libing@phei.com.cn。

前　言

在当今这个高度数据化的时代，数据的重要性不言而喻。数据不仅是企业决策和业务发展的核心资源，更是引领未来发展的关键驱动力。不加处理的数据就像一堆砖瓦沙石，占用空间且没有任何价值，一旦各企业认识到数据的价值，对数据进行抽取、提炼和挖掘，就将从数据中获取到源源不断的支持和动力。如今，各行各业都已逐步认识到了这一点，开始利用数据发力。数据仓库，就是各企业对数据进行组织构建的产物，是管理分析数据的有效手段。

本书聚焦金融租赁行业的数据仓库项目建设。大数据对于金融租赁行业的重要性不言而喻。随着信息技术的飞速发展，金融租赁行业产生了大量数据，这些数据包含丰富的信息，可以为企业的决策提供有力支持。通过构建数据仓库，金融租赁企业可以更好地了解市场需求、客户行为、风险管理等方面的信息，从而提高业务效率和竞争力。尚硅谷教育推出的一系列与数据仓库相关的图书，旨在为各行各业的大数据从业者、数据仓库开发者们提供一些系统性的开发思路。

本书延续《剑指大数据——企业级数据仓库项目实战（在线教育版）》的编写特点，将编写重点放在数据仓库的核心功能模块搭建上，为读者展示大数据在金融租赁行业的应用和实践。通过阅读本书，相信读者可以更好地了解大数据技术在金融租赁行业中的作用和价值。

本书以金融租赁行业为核心，从项目需求分析入手，以项目需求驱动架构设计、框架选型和数据模型设计。本书弱化了项目的环境准备和框架搭建内容（仍保留关键部分，读者可通过附赠资料获取详细文档），强化了对数据仓库核心部分内容的讲解，具体体现为使用更多的笔墨讲解了数据仓库构建过程的关键代码，并辅以大量的思路讲解，力求使读者更快速地了解数据的处理和计算过程。

本书着重讲解了金融租赁的数据种类与结构、数据建模过程、数据仓库搭建详细流程，以及全流程自动化调度和可视化图表的构建，对于数据仓库建设中必不可少的数据治理部分，如元数据管理、权限管理、数据质量管理、集群监控和安全认证等功能，读者可以参考《剑指大数据——企业级数据仓库项目实战（电商版）》一书，书中对数据治理进行了详尽阐述。

阅读本书要求读者具备一定的编程基础，至少掌握一门编程语言（如 Java）和 SQL 查询语言。如果读者对大数据的一些基本框架，如 Hadoop、Hive 等，也有一定了解，那么学习本书将事半功倍。如果读者不具备以上基础，那么可以关注"尚硅谷教育"公众号，在聊天窗口发送关键字"大数据"，即可免费获取相关学习资料。

书中涉及的所有安装包、源码及视频教程等，均可在"尚硅谷教育"公众号，发送关键字"金融租赁数仓"免费获取。书中难免有疏漏之处，在阅读本书的过程中发现任何问题，均欢迎在尚硅谷教育官网留言反馈。

感谢电子工业出版社的编辑李冰老师，是您的精心指导使本书能够面世。同时感谢所有为本书内容编写提供技术支持的老师们所付出的努力。

尚硅谷教育

目　录

第1章

数据仓库概论

在正式开始学习数据仓库之前，先为读者解释一个重要的概念——数据仓库。本章将从数据仓库的主要特点和数据仓库的演进过程展开介绍，主要包含数据仓库的概念与特点、数据仓库的演进过程、数据仓库技术和数据仓库基本架构四点。

对基础概念进行理解和梳理，有益于后续数据仓库项目的开发。学习本书的读者需要具备一定的编程基础，本章会给出说明。同时，对学习后读者可以收获的成果进行了简单的介绍。

1.1 数据仓库的概念与特点

数据仓库，英文名称为 Data Warehouse，可简写为 DWH 或 DW。数据仓库，是为企业所有级别的决策制定过程提供所有类型数据支持的数据集合，是出于给用户提供分析性报告和决策支持的目的而创建的。

数据仓库是一个面向主题的、集成的、相对稳定的、随时间变化的数据集合，用于支持管理决策。数据仓库的概念由"数据仓库之父"Bill Inmon 在 1991 年出版的 *Building the Data Warehouse* 一书中提出。

1. 面向主题

传统的操作型数据库中的数据是面向事务处理任务组织的，而数据仓库中的数据是按照一定的主题组织的。主题是一个抽象的概念，可以理解为与业务相关的数据的类别，每个主题基本对应一个宏观的分析领域。例如，一家公司要分析与销售相关的数据，需要通过数据回答"每季度的整体销售额是多少"这样的问题，这就是一个销售主题的需求，可以通过建立一个销售主题的数据集合来得到分析结果。

2. 集成

数据仓库中的数据不是从各业务系统中简单抽取出来的，而是经过一系列加工、整理和汇总出来的。因此，数据仓库中的数据是全局集成的。数据仓库中的数据通常包含大量的历史数据，这些历史数据记录了企业从过去某个时间点到当前时间点的全部信息，通过这些信息，管理人员可以对企业的未来发展做出可靠分析。

3. 相对稳定

数据一旦进入数据仓库，就不应该再发生改变。操作系统中的数据一般会频繁更新，而数据仓库中的数据一般不进行更新。当有改变的操作型数据进入数据仓库时，数据仓库中会产生新的记录，该记录不会覆盖原有记录，这样就保证了数据仓库中保存了数据变化的全部轨迹。这一点很好理解，数据仓库必须客观记录企业的数据，如果数据可以被修改，那么对历史数据的分析将没有意义。

4. 随时间变化

在进行商务决策分析时，为了能够发现业务的发展趋势、存在的问题、潜在的发展机会等，管理者需要对大量的历史数据进行分析。数据仓库中的数据反映了某一个时间点的数据快照，随着时间的推移，这个数据快照自然是要发生变化的。虽然数据仓库需要保存大量的历史数据，但是这些数据不可能永远驻留在数据仓库中，数据仓库中的数据都有自己的生命周期，到了一定的时间，数据就需要被移除。移除的方式包括但不限于将细节数据汇总后删除、将旧的数据转存到大容量介质后删除，或者直接物理删除等。

1.2　数据仓库的演进过程

在了解了数据仓库的概念之后，我们还应该思考数据仓库中的数据从哪里获取。数据仓库中的数据通常来自各业务数据存储系统，也就是各行业在处理事务过程中产生的数据，例如，用户在网站中登录、支付等过程中产生的数据，一般存储在 MySQL、Oracle 等数据库中；也有可能来自用户在使用产品的过程中与客户端交互产生的用户行为数据，如页面的浏览、点击、停留等行为产生的数据。用户行为数据通常存储在日志文件中，这些数据经过一系列的抽取、转换、清洗，最终以一种统一的格式被装载到数据仓库中。数据仓库中的数据作为数据源，可提供给即席查询、报表、数据挖掘等系统进行分析。

数据仓库的演进过程就是存储设备的演进过程，也是体系结构的演进过程。事实上，数据仓库和决策支持系统（Decision Support System，DSS）处理的起源可以追溯到计算机和信息系统发展的初期，二者是信息技术长期复杂演化的产物，并且这种演化现在仍在继续。最初的数据存储介质是穿孔卡和纸带，毫无疑问，这种存储介质的局限性是非常大的。随着直接存储设备、个人计算机（PC）及第四代编程语言的涌现，用户得以直接控制数据和系统。此时，管理信息系统（Management Information System，MIS）诞生了，除了利用数据进行高性能在线事务处理，它还能进行管理决策的处理。这种理念的提出是很有前瞻性的。

20 世纪 80 年代，数据抽取程序出现了，它能够在不损害已有系统的同时，使用某些标准来选择合乎要求的数据，并将其传送到其他文件系统或数据库中。起初只是抽取数据，随后是抽取之上的抽取，接着是在此基础之上的抽取。在那时，这种失控的抽取处理模式被称为自然演化式体系结构。自然演化式体系结构在解决了使用数据时产生的性能冲突之余，也带来了很多问题，如数据可信性问题、生产率问题等。

自然演化式体系结构不足以满足将来的需求，数据仓库需要从体系结构上寻求转变，于是我们迎来了体系结构化的数据仓库环境。体系结构化的数据仓库环境主要将数据分为原始数据和导出数据。原始数据是维持企业日常运行的细节性数据，导出数据是经过汇总或计算来完成管理者的决策制订过程所需的数据。最初，信息处理界认为原始数据和导出数据可以配合使用，并且二者能很好地共存于同一个数据库中。事实上，原始数据和导出数据的差异很大，不能共存于同一个数据库中，甚至不能共存于同一个环境中。这种方式使得数据仓库很难较好地工作，带来了很多棘手的问题。例如，某些原始数据由于安全或其他因素不能被直接访问、很难建立和维护数据来源于多个业务系统版本的报表、业务系统的表结构因为事务处理性能而优化，有时并不适用于查询与分析、没有适当的方式将有价值的数据合并到特定应用的数据库中、有误用原始数据的风险，并且很有可能影响业务系统的性能。

在体系结构化的数据仓库环境中有四个层次的数据——数据操作层、数据仓库层、数据集市层、数据个体层。数据操作层只包含面向应用的原始数据，并且主要服务于高性能事务处理领域；数据仓库层用于存储不可更新的、集成的、原始的历史数据；数据集市层则是为满足用户的部分特殊需求而创建的；数据个体层用于完成大多数启发式分析。

这样的体系结构在当时产生了大量的冗余数据，事实上，相较于自然演化式体系结构的层层数据抽取，这种结构的数据冗余程度反而没有那么高。

体系结构化的数据仓库环境的一个重要作用就是数据的集成，当把数据从操作型环境载入数据仓库环境时，如果不进行集成，就没有意义。数据集成的示例如图 1-1 所示。某位用户在数据操作层产生了四条数据，这四条数据分别被存储在用户信息表、订单表、优惠券表、收藏表中，显示了用户的不同操作方式。四条不同的数据在被抽取到数据仓库层时会进行聚合，得到右侧的集成数据，其中显示了同一位用户的所有行为，我们根据用户的这条集成数据得知此用户是一位游戏爱好者，此时给他推送与游戏相关的产品更有可能增加销量。

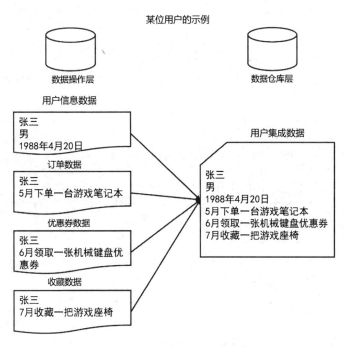

图 1-1 数据集成的示例

数据仓库的演进和发展在架构层面大致经历了三个阶段，如下所示。

1. 简单报表阶段

简单报表阶段的主要目标是为业务分析人员提供日常工作中用得到的简单报表，以及为管理者提供决策所需的汇总数据。在该阶段数据仓库的主要表现形式为传统数据库和前端报表工具。

2. 数据集市阶段

数据集市阶段的主要目标是根据某个业务部门（如财务部门、市场部门等）的需要，对数据进行采集和整理，并进行适当的多维报表展现，提供对该业务部门有所指导的报表数据和对特定管理者决策进行支撑的汇总数据等。

3. 数据仓库阶段

数据仓库阶段主要是指按照一定的数据模型（如关系模型、维度模型）对整个企业的数据进行采集和整理，并且能够根据各部门的需要，提供跨部门的、具有一致性的业务报表数据，生成对企业总体业务具有指导性的数据，同时为管理者决策提供全方位的数据支持。

通过研究数据仓库的演进过程，我们可以发现从数据集市阶段到数据仓库阶段，其中一个重要的变化就是对数据模型的支持。数据模型概念的构建和完善，可以使数据仓库发挥更大的作用。因此，数据模型的建设对数据仓库而言具有重大意义，在本书的数据仓库项目的搭建过程中，我们也将对数据模型展开详细探讨。

1.3 数据仓库技术

数据仓库系统是一个信息提供平台，它从业务处理系统中获得数据，主要使用星形模型和雪花模型来组织数据，并为用户从数据中获取信息和知识提供各种手段。

企业数据仓库的建设是以现有企业业务系统和大量业务数据的积累为基础的。数据仓库不是静态的，只有把数据及时交给有需要的人，帮助他们做出改善其业务经营的决策，数据才能发挥作用。把数据加以整理、归纳和重组，并及时提供给相应的管理决策人员，是数据仓库的根本任务。因此，从企业角度来看，数据仓库的建设是一个工程。

在大数据飞速发展的几年中，一个完备多样的大数据生态圈已经形成，如图 1-2 所示。从图 1-2 中可以看出，大数据生态圈分为七层，如果进一步概括这七层，可以将其归纳为数据采集层、数据计算层和数据应用层三层结构。

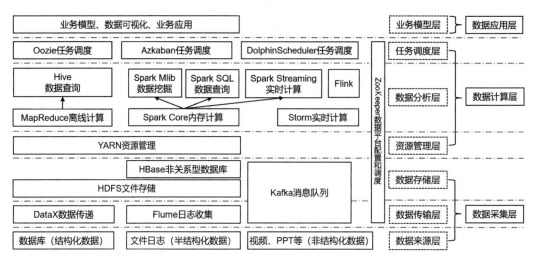

图 1-2 大数据生态圈

1. 数据采集层

数据采集层是整个大数据平台的源头，也是整个数据系统的基石。当前许多公司的业务平台每日都会产生海量的日志数据，收集日志数据供离线和在线的分析系统使用是日志收集系统需要做的事情。除了日志数据，数据系统的数据来源还包括来自业务数据库的结构化数据，以及视频、图片等非结构化数据。大数据的重要性日渐突显，数据采集系统的合理搭建就显得尤为重要。

数据采集过程面临的挑战越来越多，主要来自以下五个方面。

- 数据源多种多样。
- 数据量大且变化快。
- 如何保证所采集数据的可靠性。
- 如何避免采集重复的数据。
- 如何保证所采集数据的质量。

针对这些挑战，日志收集系统需要具有高可用性、高可靠性、可扩展性等特征。现在主流的数据传输层的工具有 Sqoop、Flume、DataX 等，多种工具的配合使用可以完成多种数据源的采集传输工作。在通常情况下，数据传输层还需要对数据进行初步的清洗、过滤、汇总、格式化等一系列转换操作，将数据转换为适合查询的格式。在数据采集完成后，需要选用合适的数据存储系统，考虑到数据存储的可靠性及后续计算的便利性，通常选用分布式文件系统，如 HDFS 和 HBase 等。

2. 数据计算层

数据仅被采集到数据存储系统是远远不够的，只有通过整合计算，数据中的潜在价值才可以被挖掘出来。

数据计算层可以分为离线数据计算和实时数据计算。离线数据计算主要是指传统的数据仓库概念，离线数据计算主要以日为单位，还可以细分为小时或汇总为周和月，主要以 $T+1$ 的模式进行，即每日凌晨处理前一日的数据。目前比较常用的离线数据计算框架是 MapReduce，它通过 Hive 实现了对 SQL 的兼容。Spark Core 基于内存的计算设计使离线数据的计算速度得到大幅提升，并且在此基础上提供了 Spark SQL 结构化数据的计算引擎，可以很好地兼容 SQL。

随着业务的发展，部分业务对实时性的要求逐渐提高，实时数据计算开始占有较大的比重，实时数据计算的应用场景也越来越广泛，例如，电子商务（简称电商）实时交易数据更新、设备实时运行状态报告、活跃用户区域分布实时变化等。生活中比较常见的有地图与位置服务应用实时分析路况、天气应用实时分析天气变化趋势等。当前比较流行的实时数据计算框架有 Storm、Spark Streaming 和 Flink。

数据计算需要使用的资源是巨大的，大量的数据计算任务通常需要通过资源管理系统共享一个集群的资源，YARN 便是资源管理系统的一个典型代表。资源管理系统使集群的利用率更高、运维成本更低。数据的计算通常不是独立的，一个计算任务的运行很大可能会依赖另一个计算任务的结果，使用任务调度系统可以很好地处理任务之间的依赖关系，实现任务的自动化运行。常用的任务调度系统有 Oozie 和 Azkaban 等。整个数据仓库生命周期的全自动化（从源系统分析到数据的抽取、转换和加载，再到数据仓库的建立、测试和文档化）可以加快产品化进程，降低开发和管理成本，提高数据质量。

数据计算的前提是合理地规划数据，搭建规范统一的数据仓库体系，尽量规避数据冗余和重复计算的问题，使数据的价值最大限度地发挥出来。因此，数据仓库分层理念逐渐完善，目前应用得比较广泛的数据仓库分层理念将数据仓库分为四层，分别是原始数据层、明细数据层、汇总数据层和数据应用层。数据仓库不同层次之间的分工和分类，使数据更加规范化，可以更快地实现用户需求，并且可以更加清晰、明确地管理数据。

3．数据应用层

数据被整合计算完成之后，需要提供给用户使用，这就是数据应用层的工作。不同的数据平台，针对其不同的数据需求，具有各自相应的数据应用层的规划设计，数据的最终需求计算结果可以构建在不同的数据库上，如 MySQL、HBase、Doris、Elasticsearch 等。通过这些数据库，用户可以很方便地访问最终的结果数据。

最终的结果数据因为面向的用户不同，所以可能有不同层级的数据调用量，会面临不同的挑战。如何能够更稳定地为用户提供服务、满足用户各种复杂的数据业务需求、保证数据服务接口的高可用性等，是数据应用层需要考虑的问题。数据仓库的用户除了希望数据仓库能稳定地给出数据报表，还希望数据仓库可以随时给出提供的临时查询条件的结果，因此在数据仓库中，我们还需要设计即席查询系统，以满足用户即席查询的需求。此外，对数据进行可视化、对数据仓库性能进行全面监控等，也是数据应用层应该考量的。数据应用层采用的主要技术有 Superset、ECharts、Presto、Kylin、Grafana 和 FineBI 等。

1.4　数据仓库基本架构

目前数据仓库比较主流的架构有 Kimball 架构、独立数据集市架构、辐射状企业信息工厂 Inmon 架构、混合辐射状架构与 Kimball 架构。通过比较不同的数据仓库架构，可以对数据仓库有更加深入的认识。

Kimball 架构如图 1-3 所示。

Kimball 架构将数据仓库环境划分为四个不同的组成部分，分别是操作型系统、ETL（Extract-Transform-Load，数据的抽取、转换和加载）系统、数据展示区，以及 BI（Business Intelligence，商业智能）应用。Kimball 架构分工明确，资源占用合理，调用链路少，整个系统稳定、高效、有保障。其中，ETL 系统高度关注数据的完整性和一致性，在输入数据时就对其质量进行把控，将不同的操作型系统源数据维度进行统一，对数据进行规范化选择，提高用户使用的吞吐量。数据展示区中的数据必须是维度化、包含详细原子、以业务为中心的。坚持使用总线结构的企业数据仓库，数据不应按照个别部门的需要来构建。最后一个主要组成部分是 BI 应用，该部分的设计可以简单，也可以复杂，具体按照客户的需求而定。

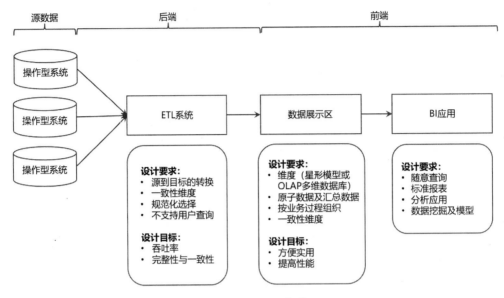

图 1-3　Kimball 架构

采用独立数据集市架构，分析型数据以部门来部署，不需要考虑企业级别的信息共享和集成，如图 1-4 所示。

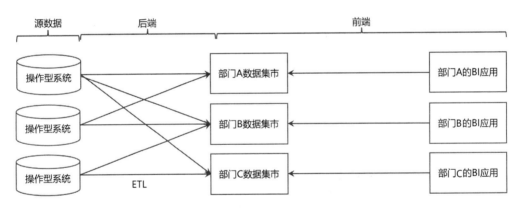

图 1-4　独立数据集市架构

数据集市是按照主题域组织的数据集合，用于支持部门级的决策。针对操作型系统源数据的数据需求，每个部门的技术人员从操作型系统中抽取自己所需的数据，并按照本部门的业务规则和标识，独立展开工作，解决本部门的数据信息需求。这种架构比较常见，从短期效果来看，不用考虑跨部门的数据协调问题，可以快速并利用较低成本进行开发，并且采用维度建模的方法，适合部门级的快速响应查询，但是从长远来看，这样的数据组织方式存在很大的弊端，分部门对操作型系统源数据进行抽取、存储造成了数据的冗余，如果不遵循统一的数据标准，那么部门间的数据协调将变得非常困难。

辐射状企业信息工厂（Corporate Information Factory，CIF）Inmon 架构由 Bill Inmon 提出，可以简称为 CIF 架构或 Inmon 架构，如图 1-5 所示。在 CIF 环境下，从操作型系统中抽取的源数据首先在 ETL 过程中被处理，这个过程被称为数据获取。从这个过程中获取的原子数据被保存在符合第三范式的数据库中，这种规范化的、存储原子数据的仓库被称为 CIF 架构下的企业数据仓库（Enterprise Data Warehouse，EDW）。EDW 与 Kimball 数据仓库架构中的数据展示区的最大区别就是数据的组织规范不同，CIF 环境下的 EDW 按照第三范式组织数据，而 Kimball 数据仓库架构中的数据展示区则符合星形模型或多维模型。与 Kimball

数据仓库架构类似，CIF 提倡协调和集成企业数据，但 CIF 认为要利用规范化的 EDW 承担这一任务，而 Kimball 数据仓库架构则强调具有一致性维度的企业总线的重要性。

采用 CIF 架构的企业，通常允许业务用户根据数据细节程度和数据可用性要求访问 EDW。各部门的数据集市通常也采用维度结构。

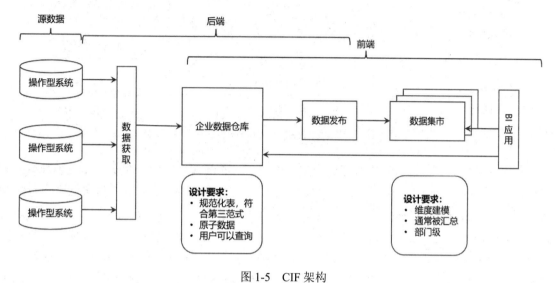

图 1-5 CIF 架构

最后一种架构是将 Kimball 架构和 CIF 架构嫁接所得到的架构，被称为混合辐射状架构与 Kimball 架构，如图 1-6 所示。

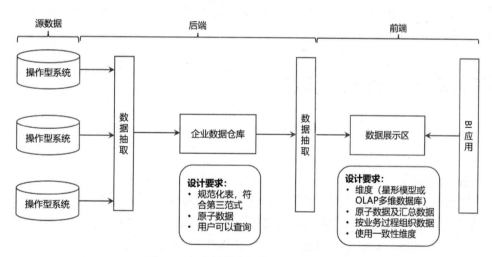

图 1-6 混合辐射状架构与 Kimball 架构

这种架构利用了 CIF 中处于中心地位的 EDW，但是此处的 EDW 与分析和报表用户完全隔离，仅作为 Kimball 数据仓库架构中数据展示区的数据来源。在 Kimball 数据仓库架构的数据展示区中的数据是维度化、原子、以过程为中心的，与企业数据仓库总线结构保持一致。这种方式综合了 Kimball 架构和 CIF 架构的优点，解决了 EDW 的第三范式的性能和可用性问题，可以离线装载查询到数据展示区，更适合为用户和 BI 应用产品提供服务。

在了解了几种主流数据仓库后可以发现，每种架构都有自己适用的场景，但也都存在一定的局限性，包括开发难度、数据展现难度或数据组织的复杂程度等，各企业在组织自己的数据仓库时，应该充分考虑自己的生产现状，选用合适的一种或多种数据仓库架构。

本数据仓库项目按照功能结构可划分为数据输入、数据分析和数据输出三个关键部分，如图 1-7 所示。

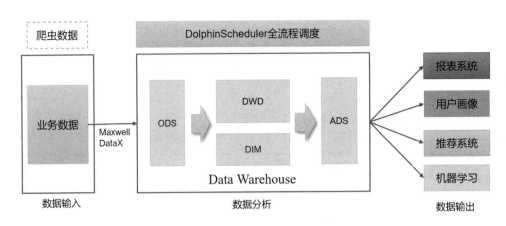

图 1-7　本数据仓库项目采用的架构

本数据仓库项目基本采用 Kimball 数据仓库架构类型，包含高粒度的企业数据，使用多维模型设计。数据仓库主要由星形模型的维度表和事实表构成。数据输入部分负责获取数据，对业务数据进行采集。数据分析部分则承担了 Kimball 数据仓库架构中的 ETL 系统和数据展示区的任务。ETL 系统主要用于对源数据进行一致性处理，还有进行必要的清洗、去重和重构工作。数据仓库的数据来源比较复杂，直接对源数据进行抽取、转换和装载往往比较困难，这部分工作主要在图 1-7 中的 ODS 层完成。在 ODS 层对数据进行统一转换后，数据结构、数据粒度等都完全一致。后续数据抽取过程的复杂性得以大大降低，同时最小化了对业务系统的侵入。

后续数据的分层搭建则按照维度模型组织，从而得到轻度聚合的维度表和事实表，并针对不同的主题进行数据的再次汇总，方便数据仓库针对多维分析、需求解析等提供支持，为下一步的报表系统、用户画像、推荐系统和机器学习提供服务。

1.5　数据库和数据仓库的区别

在前面的讲解中，频繁出现了两个概念：数据库和数据仓库。那么，数据库和数据仓库究竟存在什么区别呢？

数据库从字面上来理解，就是用来存储数据的仓库，但是这还不够精确，毕竟数据仓库也用来存储数据。现在的数据库通常指的是关系数据库。关系数据库通常由多张二元表组成，具有结构化程度高、独立性强、冗余度低等特点。关系数据库主要进行 OLTP（Online Transaction Processing，联机事务处理）分析，例如，用户去银行取一笔钱，银行账户里余额的减少就是典型的 OLTP 操作。

关系数据库对于 OLTP 操作的支持是毋庸置疑的，但是它也有解决不了的问题。例如，一家大型连锁超市拥有上万种商品，在全球拥有成百上千家门店，超市经营者想知道在某个季度某种饮料的总销售额是多少，或者对某种商品的销售额影响最大的因素是什么，此时关系数据库无法提供所需的数据，数据仓库应运而生。以上例子体现的是另外一种数据分析类型——OLAP（Online Analytical Processing，联机分析处理）。因此，数据库与数据仓库的区别实际上是 OLTP 与 OLAP 的区别。

OLTP 系统通常面向的是数据的随机读/写操作，采用满足范式理论的关系模型存储数据，从而在事务处理中解决数据的冗余和一致性问题。OLAP 系统主要面向的是数据的批量读/写操作，并不关注事务处理中的一致性问题，主要关注海量数据的整合，以及在复杂的数据处理和查询中的性能问题，支持管理决策。

1.6　学前导读

1.6.1　学习的基础要求

本书面向的主要读者是具有基本的编程基础、对大数据行业感兴趣的互联网从业人员，以及想要进一步了解数据仓库的理论知识和搭建流程的大数据行业从业人员。无论读者是想初步了解大数据行业，还是想全面研究数据仓库的搭建流程，都可以从本书中找到自己想要的内容。

在跟随本书进行数据仓库的学习之前，如果读者希望实现对数据仓库的搭建，那么可以提前了解一些基础知识，以便更快地了解本书的内容，在学习后续众多章节的内容时不会遇到太多困难。

首先，学习大数据技术，读者一定要掌握一个操作大数据技术的利器，这个利器就是一门编程语言，如 Java、Scala、Python 等。本书以 Java 为基础进行编写，因此学习本书的读者需要具备一定的 Java 基础知识和 Java 编程经验。

其次，读者还需要掌握一些数据库知识，如 MySQL、Oracle 等，并熟练使用 SQL，本书将出现大量的 SQL 操作。

最后，读者还需要掌握一项操作系统技术，即 Linux，只要能够熟练使用 Linux 的常用系统命令、文件操作命令和一些基本的 Linux Shell 编程即可。数据系统需要处理业务系统服务器产生的海量日志数据，这些数据通常存储在服务端，各大互联网公司常用的操作系统是在实际工作中安全性和稳定性较高的 Linux 或 UNIX。大数据生态圈的各框架组件也普遍运行在 Linux 上。

如果读者不具备上述基础知识，那么可以关注"尚硅谷教育"公众号获取学习资料，并根据自身需要选择相应的课程进行学习。同时，本书提供了与所讲解项目相关的视频课程资料，包括尚硅谷大数据的各种学习视频，读者在"尚硅谷教育"公众号回复"金融数仓"即可免费获取。

1.6.2　你将学到什么

本书将带领读者完成一个功能完善、数据流完整的金融租赁行业数据仓库项目，根据项目需求，搭建一套高可用、可伸缩的数据仓库项目架构，并对外展示结果数据。

本书的前三章是项目需求和框架讲解部分，对数据仓库的架构知识进行了重点讲解，并着重分析了数据仓库应满足的重要功能和需求。通过学习本部分内容，读者可以全面地了解一个数据仓库项目的具体需求，以及如何根据需求完成框架的选型。读者可以跟随本部分内容一步步搭建自己的虚拟机系统。为了完成本部分内容的学习，读者需要掌握必要的 Linux 系统操作常识。

后四章是项目框架搭建数据仓库核心部分，重点讲解了数据仓库的建模理论，并完成了数据从采集到分层搭建的全过程。在本部分内容中，读者将会了解一条数据在数据仓库中是如何流动、清洗、转换的，并将掌握 DataX、Flume、Kafka 等数据采集工具的工作原理及应用方法。本部分内容也将通过代码完成数据仓库项目的所有指标需求。

通过对数据仓库系统的学习，读者能够对数据仓库项目建立清晰、明确的概念，系统、全面地掌握各种数据仓库项目技术，轻松应对各种数据仓库的难题。

1.7　本章总结

本章首先对数据仓库的概念进行了重点说明，详细讲解了数据仓库的重要特点，介绍了数据仓库是如何伴随技术的变动而演进的。其次以大数据生态圈的结构图为基础，从数据采集、数据计算、数据应用三个层面分别介绍了目前使用得比较广泛的大数据技术。再次向读者介绍了四种主流的数据仓库架构，包括 Kimball 数据仓库架构、独立数据集市架构、辐射状企业信息工厂 Inmon 架构、混合辐射状架构与 Kimball 架构，每种架构都有优劣之处，不存在完美的数据仓库架构。最后为读者接下来的学习做好准备，向读者介绍了学习本书之前应该具备的技术基础，以及可以从本书中学到的知识。

第2章

项目需求描述

数据仓库，顾名思义就是存储数据的"仓库"，在建设"仓库"之前，我们首先需要明确以下几点：仓库主要存储的是什么、仓库主要为谁提供服务、仓库中的数据要分成哪几个部分、仓库的建设最终需要达到怎样的标准，以及在建设仓库的过程中需要用到哪些工具。在建设数据仓库之前同样需要明确这些内容，这个过程就是数据仓库的项目需求分析。本章将从前期调研、项目架构分析、项目业务概述及系统运行环境四个方面展开介绍。

2.1 前期调研

在建设数据仓库之前，要先对企业的业务和需求进行充分调研，这是搭建数据仓库的基石。业务调研与需求分析是否充分直接决定了数据仓库的搭建能否成功，这对后期数据仓库总体架构的设计、数据主题的划分有重大影响。前期调研主要从以下几个方面展开。

1. 业务调研

企业的实际业务涵盖很多业务领域，不同的业务领域包含多条业务线。数据仓库的搭建是涵盖企业的所有业务领域，还是单独建设每个业务领域，是开发人员需要重点考虑的问题，在业务线方面也面临同样的问题。在搭建数据仓库之前，要先对企业的业务进行深入调研，了解企业的各业务领域包含哪些业务线、业务线之间存在哪些相同点和不同点，以及业务线是否可以划分为不同的业务模块等。在搭建数据仓库时，要对以上问题进行充分考量，本项目的业务线主要以金融租赁审批流程为主线，围绕金融租赁审批流程的相关维度和事实构建数据仓库，为金融租赁行业的数据分析和企业决策提供全方位支持。

2. 需求调研

对业务系统有充分的了解并不意味着就可以实施数据仓库建设，操作者还需要充分收集数据分析人员、业务运营人员的数据诉求和报表需求。需求调研通常从两个方面展开，一方面是通过与数据分析人员、业务运营人员和产品人员进行沟通来获取需求；另一方面是通过对现有报表和数据进行分析，从而获取需求。

例如，业务运营人员想了解截至当日处于不同审批状态的项目分别有多少个，针对该需求，我们来分析需要使用哪些维度数据和度量数据，以及明细宽表应该如何设计。

3. 数据调研

数据调研是指在搭建数据仓库之前的数据探查工作。开发人员需要充分了解数据库类型、数据来源、每日的数据产生体量、数据库全量数据大小、数据库中表的详细分类，以及所有数据类型的数据格式。通过了解数据格式，可以确定数据是否需要清洗、是否需要做字段一致性规划，以及如何从原始数据中提炼有效信息等。

例如，本项目的数据来源主要是业务数据，因此需要重点分析业务流程，了解每个业务数据表中的数据结构和字段含义。

2.2 项目架构分析

在搭建数据仓库之前，必须先确定数据仓库的整体架构。从数据仓库的主要需求入手，先分析数据仓库整体需要哪些功能模块，再根据功能模块具体实现过程中存在的技术痛点，决定选用何种大数据框架，最终形成具体的系统流程图。

2.2.1 金融租赁行业简介

金融租赁（Financing Lease），又称"融资租赁""设备租赁""完全支付租赁"，是指在企业需要设备时，不以现汇或向金融机构借款购买，而是由租赁公司融资，把租赁来的设备或购入的设备租给承租人使用，承租人按照合同的规定，定期向租赁公司支付租金，在租赁期满后退租、续租或留购的一种融资方式。金融租赁实质上是一种转移与资产所有权有关的全部或绝大部分风险和报酬的租赁，资产的所有权最终可以转移，也可以不转移。

金融租赁的特征表现为以下几点。

（1）租赁物由承租人决定，出租人出资购买并租赁给承租人使用，并且在租赁期间内只能租给一家企业使用。

（2）至少涉及三方当事人，即出租人、承租人和供货商。因为设备或供货商是承租人选定的，这就使得承租人需先与供货商联系，再由出租人与供货商接触，最后出租人将所购设备租给承租人使用。

（3）出租人保留租赁物的所有权，承租人在租赁期间支付租金，从而享有使用权，并且负责租赁期间租赁物的管理、维修和保养。

（4）租赁设备的所有权与使用权相分离。在租赁期内，设备的所有权在法律上属于出租人，而在经济上的使用权则属于承租人。

（5）不可解约性。租赁合同一经签订，在租赁期间任何一方均无权单方面撤销合同。只有当设备自然毁坏并已证明丧失了使用效力的情况下才能终止合同，但必须以出租人不受经济损失为前提。

（6）租赁期满，承租人有退租、续租和留购的选择权。在通常情况下，出租人由于在租期内已收回了投资并获得了合理的利润，再加上设备的寿命已到，所以可以通过收取名义货价的形式，将设备的所有权转移给承租人。

金融租赁属于国际租赁方式之一，实际上是租赁公司给予用户的一种中长期信贷，出租人支付了全部设备的价款，等于对企业提供了100%的信贷，具有较浓厚的金融色彩。金融租赁被视为一项与设备有关的贷款业务，适用于价值较高和技术较为先进的大型设备。目前，发达国家企业的大型设备有近50%是通过金融租赁的方式取得或购买的，金融租赁已成为国际上应用得最为广泛的融资方式。

金融租赁具有许多不确定的风险因素，与市场、金融、贸易、技术、经济环境等紧密相关，充斥着产品市场风险、金融风险、贸易风险、技术风险、经济环境风险及不可抗力等风险因素。金融租赁以承租人占用融资成本的时间来计算租金，是市场经济发展到一定阶段而产生的一种适应性较强的融资方式。

2.2.2 金融租赁数据仓库产品描述

金融租赁行业正处于转型发展的关键时期，在推动经济高质量发展的前提下，除了要充分发挥行业跨界属性、延伸业务链，还要借助大数据等新兴技术，提升抗风险能力和业务创新能力。虽然相较于互联网、银行等行业，金融租赁行业的数字化转型尚处于初级阶段，但是在大数据浪潮下，金融租赁行业应该借鉴现有成功经验，谋求行业在新形势下的新发展。

在这个金融科技时代，数据已经成为一种资产，是企业必须努力挖掘其价值的重要资产。在金融租赁行业中，我们关注很多数据指标，例如，截至当日处于不同审批阶段、处于不同业务方向的项目数量和申请金额，以及已审批完结的项目的转化率统计等。通过对以上指标的分析，我们可以更准确地掌握企业的现状。

金融租赁行业数据的特点是不存在用户行为日志数据，即不会产生用户点击数据，因此我们只需要分析业务数据即可，这大大降低了数据的复杂程度、简化了系统架构。

针对以上金融租赁行业的特点和金融租赁行业的数据特点，我们可以简单总结本金融租赁行业数据仓库的产品特点，具体如下。

- 需要对金融租赁行业的业务数据进行准确、及时的采集，并对敏感数据进行脱敏。统一数据口径，去除脏数据，确保数据采集的可靠性。
- 对采集来的业务数据进行合理的抽取和数据组织，做到合理分层和数据建模。以合理的方式对数据仓库进行分层和分析计算，使用户和数据仓库的开发人员在较短的时间内得到想要的查询结果。
- 需要对数据分析结果进行合理且及时的展现。数据仓库的最终目的是为用户提供数据服务，数据仓库最终面向的用户是业务人员、管理人员或数据分析师，他们对组织内的相关业务非常熟悉，对数据的理解也很充分，但是对于数据仓库的使用和搭建往往不太熟悉。这就要求我们在提供数据接口时，尽量将其设计得友好和简单，让用户可以轻松地获取他们需要的数据。

2.2.3 系统功能结构

如图 2-1 所示，本数据仓库系统主要具有三个功能结构，分别是数据采集模块、数据仓库平台和数据可视化。

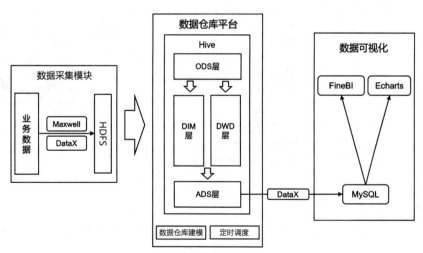

图 2-1 本数据仓库系统的功能结构

数据采集模块主要负责将金融租赁的业务数据采集到数据存储系统中。业务数据主要存储在 MySQL 中，采用 DataX 和 Maxwell 对其进行采集。业务数据中的众多表格存储的数据类型不同，根据业务产生的增改情况，需要制订不同的同步策略。

数据仓库平台负责将原始数据采集到数据仓库中，合理建表并对数据进行清洗、转义、分类、重组、合并、拆分、统计等，将数据合理分层，这极大地减少了数据重复计算的情况出现。数据仓库的建设离不开数据仓库建模理论的支持，在数据仓库建设之初，数据仓库开发人员就应对数据仓库建模理论有充分的认识，因为合理地建设数据仓库，对于后期数据仓库规模的扩大和功能拓展大有裨益。数据仓库每日需要执行的任务非常多，由于涉及分层建设，层与层之间存在密切的依赖关系，所以数据仓库平台要有一个成熟的定时调度系统，能够管理任务流依赖关系并提供报警支持。

在针对固定长期需求进行数据仓库的合理建设的同时，还应考虑用户的即席查询需求，需要对外提供即席查询接口，让用户能够更高效地使用数据和挖掘数据存在的价值。

数据可视化主要负责将最终需求结果数据导入 MySQL 中，供用户使用或对数据进行 Web 页面展示。

2.2.4　系统流程图

本数据仓库系统的主要流程如图 2-2 所示。

业务数据需要根据表格的性质，制订出适合的数据同步方案，并选用适当的数据同步工具，将数据采集至 Hadoop 的分布式文件系统 HDFS 中。

数据到达分布式文件系统 HDFS 中之后，开发人员需要对其进行多种转换操作，最重要的是需要进行初步清洗、统一格式、提取必要信息、脱敏等操作。为了使数据计算更加高效、数据复用性更高，我们还需要对数据进行分层。最终将得到的结果数据导出到 MySQL 中，方便进行可视化，同时需要为用户提供方便的即席查询通道。

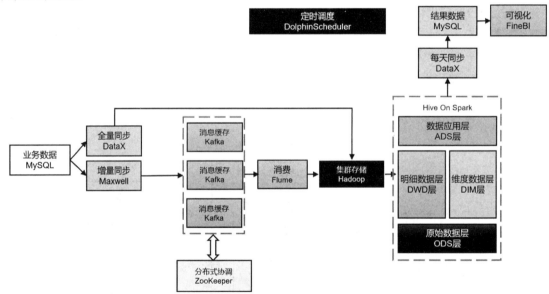

图 2-2　本数据仓库系统的主要流程

2.3　项目业务概述

2.3.1　数据采集模块业务描述

本项目的数据采集模块主要对业务数据进行采集，如图 2-3 所示为数据采集模块数据流程图。

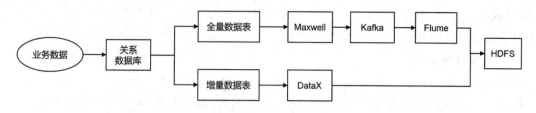

图 2-3　数据采集模块数据流程图

业务数据就是各企业在处理业务的过程中产生的数据，如用户在电商网站中注册、下单、支付等过程中产生的数据。业务数据通常存储在 MySQL、Oracle、SQL Server 等关系数据库中，并且此类数据是结构化的。那么，为什么不能直接对业务数据库中的数据进行操作，而要将其采集到数据仓库中呢？实际上，在数据仓库技术出现之前，对业务数据的分析采用的就是简单的"直接访问"方式，但是这种访问方式产生了很多问题，例如，某些业务数据出于安全性考虑不能被直接访问、误用业务数据对系统造成影响、分析工作对业务系统的性能产生影响。

在采集业务数据时需要注意以下几点。首先，需要根据现有需求和未来的业务需求，明确抽取的数据表，以及必须抽取的字段。其次，确定抽取方式，包括从源系统联机抽取或间接从一个脱机结构抽取数据。最后，根据数据表性质的不同制订不同的数据抽取策略（全量抽取或增量抽取）。在本数据仓库项目中，全量抽取的业务数据表使用 DataX 采集，直接落盘至 HDFS。增量抽取的数据表采用 Maxwell 监控数据变化并及时采集发送至 Kafka，再通过 Flume 将 Kafka 中的数据落盘至 HDFS。

2.3.2　数据仓库需求业务描述

1. 数据仓库分层建模

数据仓库被分为四层，其结构如图 2-4 所示，详细描述如下。

- 原始数据层（Operation Data Store，ODS）：用来存放原始数据，直接装载原始数据，数据保持原貌不做处理。
- 公共维度层（Dimension，DIM）：基于维度建模理论进行构建，用来存放维度模型中的维度表，保存一致性维度信息。
- 明细数据层（Data Warehouse Detail，DWD）：基于维度建模理论进行构建，用来存放维度模型中的事实表，保存各业务过程最细粒度的操作记录。
- 数据应用层（Application Data Service，ADS）：也有人将这层称为 App 层、DAL 层、DM 层等。其面向实际的数据需求，以 DWD 层、DWS 层的数据为基础，组成各种统计报表，统计结果最终被同步到关系数据库（如 MySQL）中，以供 BI 应用系统查询使用。

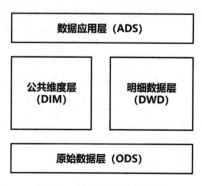

图 2-4　数据仓库分层结构

2．需求实现

本数据仓库项目要实现的主要需求如下。

（1）待审/在审项目主题。

- 截至当日各业务方向/各部门/各业务经办/各信审经办/各行业处于新建状态项目数。
- 截至当日各业务方向/各部门/各业务经办/各信审经办/各行业处于新建状态项目申请金额。
- 截至当日各业务方向/各部门/各业务经办/各信审经办/各行业处于未达风控状态项目数。
- 截至当日各业务方向/各部门/各业务经办/各信审经办/各行业处于未达风控状态项目申请金额。
- 截至当日各业务方向/各部门/各业务经办/各信审经办/各行业处于信审经办审核通过状态项目数。
- 截至当日各业务方向/各部门/各业务经办/各信审经办/各行业处于信审经办审核通过状态项目申请金额。
- 截至当日各业务方向/各部门/各业务经办/各信审经办/各行业处于已提交业务反馈状态项目数。
- 截至当日各业务方向/各部门/各业务经办/各信审经办/各行业处于已提交业务反馈状态项目申请金额。
- 截至当日各业务方向/各部门/各业务经办/各信审经办/各行业处于一级评审通过状态项目数。
- 截至当日各业务方向/各部门/各业务经办/各信审经办/各行业处于一级评审通过状态项目申请金额。
- 截至当日各业务方向/各部门/各业务经办/各信审经办/各行业处于二级评审通过状态项目数。
- 截至当日各业务方向/各部门/各业务经办/各信审经办/各行业处于二级评审通过状态项目申请金额。
- 截至当日各业务方向/各部门/各业务经办/各信审经办/各行业处于项目评审会审核通过状态项目数。
- 截至当日各业务方向/各部门/各业务经办/各信审经办/各行业处于项目评审会审核通过状态项目申请金额。
- 截至当日各业务方向/各部门/各业务经办/各信审经办/各行业处于总经理/分管总审核通过状态项目数。
- 截至当日各业务方向/各部门/各业务经办/各信审经办/各行业处于总经理/分管总审核通过状态项目申请金额。
- 截至当日各业务方向/各部门/各业务经办/各信审经办/各行业处于已出具批复状态项目数。
- 截至当日各业务方向/各部门/各业务经办/各信审经办/各行业处于已出具批复状态项目申请金额。
- 截至当日各业务方向/各部门/各业务经办/各信审经办/各行业处于已出具批复状态项目批复金额。

（2）已审项目主题。

- 截至当日各业务方向/各部门/各业务经办/各信审经办/各行业审批通过项目数。
- 截至当日各业务方向/各部门/各业务经办/各信审经办/各行业审批通过项目申请金额。
- 截至当日各业务方向/各部门/各业务经办/各信审经办/各行业审批通过项目批复金额。
- 截至当日各业务方向/各部门/各业务经办/各信审经办/各行业取消项目数。
- 截至当日各业务方向/各部门/各业务经办/各信审经办/各行业取消项目申请金额。
- 截至当日各业务方向/各部门/各业务经办/各信审经办/各行业拒绝项目数。
- 截至当日各业务方向/各部门/各业务经办/各信审经办/各行业拒绝项目申请金额。

（3）已审项目转化主题。

- 截至当日审批结束项目数。
- 截至当日审批结束项目申请金额。
- 截至当日审批通过项目数。
- 截至当日审批通过项目申请金额。
- 截至当日审批通过项目批复金额。
- 截至当日新增授信项目数。
- 截至当日新增授信项目申请金额。
- 截至当日新增授信项目批复金额。
- 截至当日新增授信项目授信金额。
- 截至当日完成授信占用项目数。
- 截至当日完成授信占用项目申请金额。
- 截至当日完成授信占用项目批复金额。
- 截至当日完成授信占用项目授信金额。
- 截至当日完成合同制作项目数。
- 截至当日完成合同制作项目申请金额。
- 截至当日完成合同制作项目批复金额。
- 截至当日完成合同制作项目授信金额。
- 截至当日签约项目数。
- 截至当日签约项目申请金额。
- 截至当日签约项目批复金额。
- 截至当日签约项目授信金额。
- 截至当日起租项目数。
- 截至当日起租项目申请金额。
- 截至当日起租项目批复金额。
- 截至当日起租项目授信金额。

现要求将全部需求实现的结果数据存储在 ADS 层，并且编写可用于工作调度的脚本，实现任务自动调度。

2.3.3　数据可视化业务描述

数据可视化是指将数据或信息转换为页面中的可见对象，如点、线、图形等，其目的是将信息更加清晰、有效地传递给用户，是数据分析的关键技术之一。通过使用数据可视化，企业可以更加快速地找到数据中隐藏的有价值的信息，最大限度地提高信息变现效率，让数据的价值实现最大化。

数据仓库项目中的数据可视化业务通常指的是需求实现后得到的结果数据的最终展示，目前常用的数据可视化工具有 Superset、DataV、FineBI、ECharts 等，它们都需要对接关系数据库，因此我们需要将需求计算的结果数据导出到关系数据库中。

在 MySQL 中，根据 ADS 层的结果数据创建对应的表，使用 DataX 工具定时将结果数据导出到 MySQL 中，并使用数据可视化工具对数据进行展示，如图 2-5 所示。

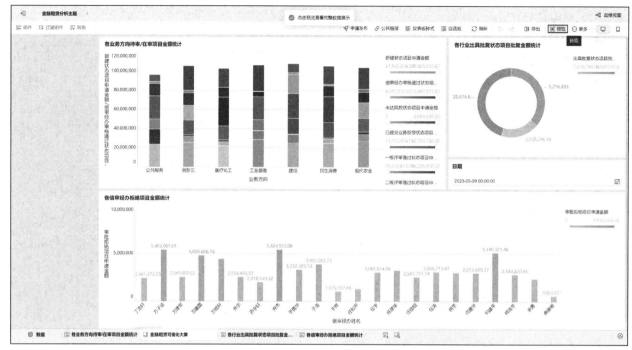

图 2-5　数据可视化

2.4　系统运行环境

2.4.1　硬件环境

在实际生产环境中，我们需要进行服务器的选型，确定是选择物理机还是云主机。

1．机器成本考虑

物理机以 128GB 内存、20 核物理 CPU、40 线程、8TB HDD 和 2TB SSD 的戴尔品牌机为例，单台报价约 4 万元，并且还需要考虑托管服务器的费用，一般物理机寿命为 5 年左右。

云主机以阿里云为例，与上述物理机的配置相似，每年的费用约为 5 万元。

2．运维成本考虑

物理机需要由专业运维人员维护，而云主机的运维工作由服务提供方完成，运维工作相对轻松。

实际上，服务器的选型除了参考上述条件，还应根据数据量来确定集群规模。

在本数据仓库项目中，读者可以在个人计算机上搭建测试集群，建议将计算机配置为 16GB 内存、8 核物理 CPU、i7 处理器、1TB SSD。测试服务器规划如表 2-1 所示。

表 2-1　测试服务器规划

服 务 名 称	子 服 务	节点服务器 hadoop102	节点服务器 hadoop103	节点服务器 hadoop104
HDFS	NameNode	√		
	DataNode	√	√	√
	SecondaryNameNode			√
YARN	NodeManager	√	√	√
	ResourceManager		√	

续表

服务名称	子服务	节点服务器 hadoop102	节点服务器 hadoop103	节点服务器 hadoop104
ZooKeeper	ZooKeeper Server	√	√	√
Maxwell	Maxwell	√		
Kafka	Kafka	√	√	√
Flume	Flume			√
DataX	DataX	√	√	√
Hive	Hive	√	√	√
Spark	Spark	√	√	√
MySQL	MySQL	√		
FineBI	FineBI	√		
DolphinScheduler	MasterServer	√		
	WorkerServer	√	√	√
	LoggerServer	√	√	√
	ApiApplicationServer	√		
	AlertServer	√		
服务数总计		16	10	11

2.4.2　软件环境

1．技术选型

在数据采集运输方面，本数据仓库项目主要完成两方面的需求：将业务数据库中的数据采集到数据仓库中；将需求计算结果导出到关系数据库中，以便于展示。为此我们选用了 Flume、Kafka、DataX、Maxwell。

Flume 是一个高可用、高可靠、分布式的海量数据收集系统，可以从多种源数据系统采集、聚集和移动大量的数据并集中存储。Flume 提供了丰富多样的组件供用户使用，不同的组件可以自由组合，组合方式基于用户设置的配置文件，非常灵活，可以满足各种数据采集传输需求。

Kafka 是一个提供容错存储、高实时性的分布式消息队列平台。我们可以将它用在应用和处理系统间高实时性和高可靠性的流式数据存储中。Kafka 也可以实时地为流式应用传送和反馈流式数据。

DataX 是一个基于 select 查询的离线、批量同步工具，通过配置可以实现多种数据源与多种目的存储介质之间的数据传输。使用离线、批量的数据同步工具可以获取业务数据库中的数据，但是无法获取所有的变动数据。

变动数据的同步和抓取工具选用的是 Maxwell。Maxwell 通过监控 MySQL 的 binlog 日志文件，可以实时抓取所有数据变动操作。Maxwell 在采集到变动数据后，可以直接将其发送至对应的 Kafka 主题中，再通过 Flume 将数据落盘至 HDFS 文件系统中。

在数据存储方面，本数据仓库项目主要完成对海量原始数据及转化后各层数据仓库中数据的存储，以及对最终结果数据的存储。对海量原始数据的存储，我们选用了 HDFS。HDFS 是 Hadoop 的分布式文件系统，适用于大规模的数据集，将大规模的数据集以分布式的方式存储于集群中的各台节点服务器上，提高文件存储的可靠性。由于数据体量比较小，并且为了方便访问，我们选用了 MySQL 存储最终结果数据。

在数据计算方面，我们选用了 Hive on Spark 作为计算组件。Hive on Spark 是由 Cloudera 发起的，由 Intel、MapR 等公司共同参与的开源项目，其目的是把 Spark 作为 Hive 的一个计算引擎，将 Hive 的查询作为 Spark 的任务提交到 Spark 的集群上进行计算。通过该项目可以提高 Hive 查询的性能，同时为计算机上已经部署了 Hive 或 Spark 的用户提供更加灵活的选择，从而进一步提高 Hive 和 Spark 的使用效率。

在数据可视化方面，我们提供了两种解决方案：一种是方便快捷的可视化工具 FineBI；另一种是 ECharts 可视化，它的配置更加灵活，但是需要用户掌握一定的 Spring Boot 知识。实现数据仓库的结果数据可视化的工具有很多，方式也多种多样，用户可以根据自己的需要进行选择。

我们选用 DolphinScheduler 作为任务流的定时调度系统。DolphinScheduler 是一个分布式、易扩展的可视化 DAG 工作流任务调度平台，致力于解决数据处理流程中错综复杂的依赖关系，使调度系统在数据处理流程中开箱即用。

总结如下。

- 数据采集传输：Flume、Kafka、DataX、Maxwell。
- 数据存储：MySQL、HDFS。
- 数据计算：Hive on Spark。
- 任务调度：DolphinScheduler。
- 可视化：FineBI、ECharts。

2．框架选型

框架选型要求满足数据仓库平台的几大核心需求：子功能不设限、国内外资料及社区尽量丰富、组件服务的成熟度和流行度较高，待选择版本如下。

- Apache：运维过程烦琐，组件间的兼容性需要自己调研（本次选用）。
- CDH：国内使用较多，不开源，不用担心组件兼容性问题。
- HDP：开源，但没有 CDH 稳定，使用较少。

笔者经过考量，决定选择 Apache 原生版本大数据框架，原因有两个：一是我们可以自由定制所需要的功能组件；二是 CDH 和 HDP 版本框架体量较大，对服务器配置要求相对较高。本数据仓库项目用到的组件较少，Apache 原生版本即可满足需求。

笔者对框架版本兼容性进行了调研，确定了版本选型，如表 2-2 所示。本数据仓库项目采用了目前大数据生态体系中最新且最稳定的框架版本，并对框架版本的兼容性进行了充分调研，对安装部署过程中可能产生的问题进行了尽可能明确的说明，读者可以放心使用。

表 2-2　版本选型

产　品	版　本
JDK	1.8.0
Hadoop	3.3.4
Flume	1.10.1
Maxwell	1.29.2
ZooKeeper	3.7.1
Kafka	3.3.1
MySQL	8.0.31
DataX	3.0
Hive	3.1.3
Spark	3.3.1
DolphinScheduler	2.0.5
FineBI	6.0

2.5　本章总结

　　本章主要对本书的项目需求进行了介绍，首先介绍了本数据仓库项目即将搭建的数据仓库产品需要实现的系统目标、系统功能结构和系统流程图；其次对各主要功能模块进行了重点描述，并对每个模块的重点需求进行了介绍；最后根据项目的整体需求对系统运行的硬件环境和软件环境进行了配置选型。

第3章

项目部署的环境准备

通过前面章节的分析，我们已经明确了将要使用的框架类型和框架版本，本章将根据前面章节所描述的需求分析，搭建一个完整的项目开发环境，即便读者的计算机中已经具备这些环境，也建议浏览一遍本章内容，因为这对后续开发过程中理解代码和命令行很有帮助。

3.1 集群规划与服务器配置

在本书中，我们需要在个人计算机上搭建一个具有 3 台节点服务器的微型集群。3 台节点服务器的具体设置如下。

- 节点服务器 1：IP 地址为 192.168.10.102，主机名为 hadoop102。
- 节点服务器 2：IP 地址为 192.168.10.103，主机名为 hadoop103。
- 节点服务器 3：IP 地址为 192.168.10.104，主机名为 hadoop104。

3 台节点服务器的安装部署情况如表 3-1 所示。

表 3-1　3 台节点服务器的安装部署情况

hadoop102	hadoop103	hadoop104
CentOS7.5	CentOS7.5	CentOS7.5
JDK8	JDK8	JDK8
Hadoop3.3.4	Hadoop3.3.4	Hadoop3.3.4

在个人计算机上安装部署 3 台节点服务器的具体流程，读者可以在通过关注"尚硅谷教育"公众号获取的本书附赠课程资料中找到，此处不再赘述。

3.2 安装 JDK 与 Hadoop

在准备好集群环境后，我们需要安装 JDK 与 Hadoop。

3.2.1 准备虚拟机环境

在正式安装 JDK 与 Hadoop 前，首先需要在 3 台节点服务器上进行一些配置。

1. 创建安装目录

（1）在/opt 目录下创建 module、software 文件夹。

```
[atguigu@hadoop102 opt]$ sudo mkdir module
[atguigu@hadoop102 opt]$ sudo mkdir software
```

（2）修改 module、software 文件夹的所有者。

```
[atguigu@hadoop102 opt]$ sudo chown atguigu:atguigu module/ software/
[atguigu@hadoop102 opt]$ ll
总用量 8
drwxr-xr-x. 2 atguigu atguigu 4096 1月  17 14:37 module
drwxr-xr-x. 2 atguigu atguigu 4096 1月  17 14:38 software
```

之后所有的软件安装操作都将在 module 和 software 文件夹中进行。

2. 配置 3 台虚拟机免密登录

为什么需要配置免密登录呢？这与 Hadoop 分布式集群的架构有关。我们搭建的 Hadoop 分布式集群是主从架构，在配置了节点服务器间免密登录之后，就可以方便地通过主节点服务器启动从节点服务器，而不用手动输入用户名和密码。

（1）免密登录原理如图 3-1 所示。

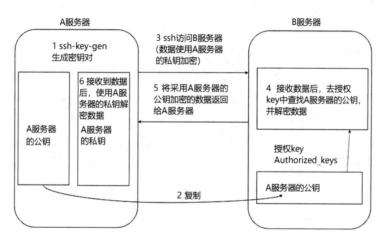

图 3-1　免密登录原理

（2）生成公钥和私钥。

```
[atguigu@hadoop102 .ssh]$ ssh-keygen -t rsa
```

然后连续按 3 次 Enter 键，就会生成 2 个文件：id_rsa（私钥）、id_rsa.pub（公钥）。

（3）将公钥复制到想要配置免密登录的目标机器上。

```
[atguigu@hadoop102 .ssh]$ ssh-copy-id hadoop102
[atguigu@hadoop102 .ssh]$ ssh-copy-id hadoop103
[atguigu@hadoop102 .ssh]$ ssh-copy-id hadoop104
```

注意：需要在 hadoop102 上采用 root 账号，配置免密登录到 hadoop102、hadoop103、hadoop104；还需要在 hadoop103 上采用 atguigu 账号，配置免密登录到 hadoop102、hadoop103、hadoop104。

.ssh 文件夹下的文件功能解释如下。

● known_hosts：记录 SSH 访问过计算机的公钥。

● id_rsa：生成的私钥。

● id_rsa.pub：生成的公钥。

● authorized_keys：存放授权过的免密登录服务器公钥。

3．配置时间同步

为什么要配置节点服务器间的时间同步呢？

即将搭建的 Hadoop 分布式集群需要解决 2 个问题：数据的存储和数据的计算。

Hadoop 对大型文件的存储采用分块的方法，将文件切分成多块，以块为单位，分发到各台节点服务器上进行存储。当这个大型文件再次被访问时，需要从 3 台节点服务器上分别拿出数据，再进行计算。由于计算机之间的通信和数据的传输一般是以时间为约定条件的，如果 3 台节点服务器的时间不一致，就会导致在读取块数据时出现时间延迟，进而可能导致访问文件时间过长，甚至失败，所以配置节点服务器间的时间同步非常重要。

第一步：配置时间服务器（必须是 root 用户）。

（1）检查所有节点服务器 ntp 服务状态和开机自启状态。

```
[root@hadoop102 ~]# systemctl status ntpd
[root@hadoop102 ~]# systemctl is-enabled ntpd
```

（2）在所有节点服务器关闭 ntp 服务和开机自启动。

```
[root@hadoop102 ~]# systemctl stop ntpd
[root@hadoop102 ~]# systemctl disable ntpd
```

（3）修改 ntp 配置文件。

```
[root@hadoop102 ~]# vim /etc/ntp.conf
```

修改内容如下。

① 修改 1（设置本地网络上的主机不受限制），将以下配置前的"#"删除，解开此行注释。

```
#restrict 192.168.10.0 mask 255.255.255.0 nomodify notrap
```

② 修改 2（设置为不采用公共的服务器）。

```
server 0.centos.pool.ntp.org iburst
server 1.centos.pool.ntp.org iburst
server 2.centos.pool.ntp.org iburst
server 3.centos.pool.ntp.org iburst
```

将上述内容修改为：

```
#server 0.centos.pool.ntp.org iburst
#server 1.centos.pool.ntp.org iburst
#server 2.centos.pool.ntp.org iburst
#server 3.centos.pool.ntp.org iburst
```

③ 修改 3（添加一个默认的内部时钟数据，使用它为局域网用户提供服务）。

```
server 127.127.1.0
fudge 127.127.1.0 stratum 10
```

（4）修改/etc/sysconfig/ntpd 文件。

```
[root@hadoop102 ~]# vim /etc/sysconfig/ntpd
```

增加如下内容（让硬件时间与系统时间一起同步）。

```
SYNC_HWCLOCK=yes
```

重新启动 ntpd 文件。

```
[root@hadoop102 ~]# systemctl status ntpd
ntpd 已停
[root@hadoop102 ~]# systemctl start ntpd
正在启动 ntpd:                                    [确定]
```

执行：

```
[root@hadoop102 ~]# systemctl enable ntpd
```

第二步：配置其他服务器（必须是 root 用户）。

配置服务器每 10 分钟与时间服务器同步一次。

```
[root@hadoop103 ~]# crontab -e
```

编写脚本。

```
*/10 * * * * /usr/sbin/ntpdate hadoop102
```

修改 hadoop103 的节点服务器时间，使其与另外 2 台节点服务器时间不同步。

```
[root@hadoop103 hadoop]# date -s "2023-1-11 11:11:11"
```

10 分钟后查看该服务器是否与时间服务器同步。

```
[root@hadoop103 hadoop]# date
```

4．编写集群分发脚本

集群间数据的复制通用的 2 个命令是 scp 和 rsync，其中，rsync 命令可以只对差异文件进行更新，使用起来非常方便，但是在使用时需要操作者频繁输入各种命令参数，为了能够更方便地使用该命令，我们编写一个集群分发脚本，主要实现目前集群间的数据分发功能。

第一步：脚本需求分析。循环复制文件到所有节点服务器的相同目录下。

（1）原始复制。

```
rsync -rv /opt/module root@hadoop103:/opt/
```

（2）期望脚本效果。

```
xsync path/filename #要同步的文件路径或文件名
```

（3）在/home/atguigu/bin 目录下存放的脚本，atguigu 用户可以在系统任何地方直接执行。

第二步：脚本实现。

（1）在/home/atguigu 目录下创建 bin 目录，并在 bin 目录下使用 vim 命令创建文件 xsync，文件内容如下。

```
[atguigu@hadoop102 ~]$ mkdir bin
[atguigu@hadoop102 ~]$ cd bin/
[atguigu@hadoop102 bin]$ touch xsync
[atguigu@hadoop102 bin]$ vim xsync
#!/bin/bash
#获取输入参数个数，如果没有参数，就直接退出
pcount=$#
if((pcount==0)); then
echo no args;
exit;
fi

#获取文件名称
p1=$1
fname=`basename $p1`
echo fname=$fname

#获取上级目录到绝对路径
pdir=`cd -P $(dirname $p1); pwd`
echo pdir=$pdir

#获取当前用户名称
user=`whoami`

#循环
for((host=103; host<105; host++)); do
        echo ---------------- hadoop$host ----------------
        rsync -rvl $pdir/$fname $user@hadoop$host:$pdir
done
```

（2）修改脚本 xsync，使其具有执行权限。

```
[atguigu@hadoop102 bin]$ chmod +x xsync
```

（3）调用脚本的形式：xsync 文件名称。

```
[atguigu@hadoop102 bin]$ xsync /home/atguigu/bin
```

3.2.2 安装 JDK

JDK 是 Java 的开发工具箱，是整个 Java 的核心，包括 Java 运行环境、Java 工具和 Java 基础类库，JDK 是学习大数据技术的基础。即将搭建的 Hadoop 分布式集群的安装程序就是使用 Java 开发的，所有 Hadoop 分布式集群要想正常运行，必须安装 JDK。

（1）在 3 台虚拟机上分别卸载现有的 JDK。

```
[atguigu@hadoop102 opt]# sudo rpm -qa | grep -i java | xargs -n1 sudo rpm -e --nodeps
[atguigu@hadoop103 opt]# sudo rpm -qa | grep -i java | xargs -n1 sudo rpm -e --nodeps
[atguigu@hadoop104 opt]# sudo rpm -qa | grep -i java | xargs -n1 sudo rpm -e --nodeps
```

（2）将 JDK 导入 opt 目录下的 software 文件夹中。

① 在 Linux 下的 opt 目录中查看软件包是否导入成功。

```
[atguigu@hadoop102 opt]$ cd software/
[atguigu@hadoop102 software]$ ls
jdk-8u212-linux-x64.tar.gz
```

② 解压 JDK 到/opt/module 目录下，使用 tar 命令来解压.tar 或.tar.gz 格式的压缩包，使用-z 选项指定解压.tar.gz 格式的压缩包。使用-f 选项指定解压文件，使用-x 选项指定解包操作，使用-v 选项显示解压过程，使用-C 选项指定解压路径。

```
[atguigu@hadoop102 software]$ tar -zxvf jdk-8u212-linux-x64.tar.gz -C /opt/module/
```

（3）配置 JDK 环境变量，方便使用 JDK 的程序调用 JDK。

① 先获取 JDK 路径。

```
[atgui@hadoop102 jdk1.8.0_144]$ pwd
/opt/module/jdk1.8.0_212
```

② 新建/etc/profile.d/my_env.sh 文件，需要注意的是，/etc/profile.d 路径属于 root 用户，需要使用 sudo vim 命令才可以对它进行编辑。

```
[atguigu@hadoop102 software]$ sudo vim /etc/profile.d/my_env.sh
```

在 profile 文件末尾添加 JDK 路径，添加的内容如下。

```
#JAVA_HOME
export JAVA_HOME=/opt/module/jdk1.8.0_212
export PATH=$PATH:$JAVA_HOME/bin
```

保存后退出。

```
:wq
```

③ 修改环境变量后，需要执行 source 命令使修改后的文件生效。

```
[atguigu@hadoop102 jdk1.8.0_212]$ source /etc/profile.d/my_env.sh
```

（4）通过执行 java -version 命令，测试 JDK 是否安装成功。

```
[atguigu@hadoop102 jdk1.8.0_212]# java -version
java version "1.8.0_212"
```

如果执行 java -version 命令后无法显示 Java 版本，就执行以下命令重启服务器。

```
[atguigu@hadoop102 jdk1.8.0_212]$ sync
[atguigu@hadoop102 jdk1.8.0_212]$ sudo reboot
```

（5）分发 JDK 给所有节点服务器。

```
[atguigu@hadoop102 jdk1.8.0_212]$ xsync /opt/module/jdk1.8.0_212
```

（6）分发环境变量。

```
[atguigu@hadoop102 jdk1.8.0_212]$ xsync /etc/profile.d/my_env.sh
```

（7）执行 source 命令，使环境变量在每台虚拟机上生效。

```
[atguigu@hadoop103 jdk1.8.0_212]$ source /etc/profile.d/my_env.sh
[atguigu@hadoop104 jdk1.8.0_212]$ source /etc/profile.d/my_env.sh
```

3.2.3　安装 Hadoop

在搭建 Hadoop 分布式集群时，每台节点服务器上的 Hadoop 配置基本相同，因此只需要在 hadoop102 节点服务器上进行操作，配置完成之后同步到另外 2 台节点服务器上即可。

（1）将 Hadoop 的安装包 hadoop-3.3.4.tar.gz 导入 opt 目录下的 software 文件夹，该文件夹被指定用来存储各软件的安装包。

① 进入 Hadoop 安装包路径。

```
[atguigu@hadoop102 ~]$ cd /opt/software/
```

② 解压安装包到/opt/module 文件中。

```
[atguigu@hadoop102 software]$ tar -zxvf hadoop-3.3.4.tar.gz -C /opt/module/
```

③ 查看是否解压成功。

```
[atguigu@hadoop102 software]$ ls /opt/module/
hadoop-3.3.4
```

（2）将 Hadoop 添加到环境变量中，可以直接使用 Hadoop 的相关指令进行操作，而不用指定 Hadoop 的目录。

① 获取 Hadoop 安装路径。

```
[atguigu@ hadoop102 hadoop-3.3.4]$ pwd
/opt/module/hadoop-3.3.4
```

② 打开/etc/profile 文件。

```
[atguigu@ hadoop102 hadoop-3.3.4]$ sudo vim /etc/profile.d/my_env.sh
```

在 profile 文件末尾添加 Hadoop 路径，添加的内容如下。

```
##HADOOP_HOME
export HADOOP_HOME=/opt/module/hadoop-3.3.4
export PATH=$PATH:$HADOOP_HOME/bin
export PATH=$PATH:$HADOOP_HOME/sbin
```

③ 保存后退出。

```
:wq
```

④ 执行 source 命令，使修改后的文件生效。

```
[atguigu@ hadoop102 hadoop-3.3.4]$ source /etc/profile.d/my_env.sh
```

（3）测试是否安装成功。

```
[atguigu@hadoop102 ~]$ hadoop version
Hadoop 3.3.4
```

（4）如果执行 hadoop version 命令后无法显示 Java 版本，就执行以下命令重启服务器。

```
[atguigu@ hadoop101 hadoop-3.3.4]$ sync
[atguigu@ hadoop101 hadoop-3.3.4]$ sudo reboot
```

（5）分发 Hadoop 给所有节点服务器。

```
[atguigu@hadoop100 hadoop-3.3.4]$ xsync /opt/module/hadoop-3.3.4
```

（6）分发环境变量。

```
[atguigu@hadoop100 hadoop-3.3.4]$ xsync /etc/profile.d/my_env.sh
```

（7）执行 source 命令，使环境变量在每台虚拟机上生效。

```
[atguigu@hadoop103 hadoop-3.3.4]$ source /etc/profile.d/my_env.sh
```

```
[atguigu@hadoop104 hadoop-3.3.4]$ source /etc/profile.d/my_env.sh
```

3.2.4 Hadoop 的分布式集群部署

Hadoop 的运行模式包括本地模式、伪分布式模式和完全分布式模式。本次主要搭建实际生产环境中比较常用的完全分布式模式，在搭建完全分布式模式之前，需要对集群部署进行提前规划，不要将过多的服务集中到一台节点服务器上。我们将负责管理工作的 NameNode 和 ResourceManager 分别部署在两台节点服务器上，在另一台节点服务器上部署 SecondaryNameNode，所有节点服务器均承担 DataNode 和 NodeManager 角色，并且 DataNode 和 NodeManager 通常存储在同一台节点服务器上，所有角色尽量做到均衡分配。

（1）集群部署规划如表 3-2 所示。

表 3-2　集群部署规划

节点服务器	hadoop102	hadoop103	hadoop104
HDFS	NameNode DataNode	DataNode	SecondaryNameNode DataNode
YARN	NodeManager	ResourceManager NodeManager	NodeManager

（2）对集群角色的分配主要依靠配置文件，配置集群文件的细节如下。

① 核心配置文件为 core-site.xml，该配置文件属于 Hadoop 的全局配置文件，我们主要对分布式文件系统 NameNode 的入口地址和分布式文件系统中数据落地到服务器本地磁盘的位置进行配置，代码如下。

```
[atguigu@hadoop102 hadoop]$ vim core-site.xml
<?xml version="1.0" encoding="UTF-8"?>
<?xml-stylesheet type="text/xsl" href="configuration.xsl"?>

<configuration>
    <!-- 指定 NameNode 的地址 -->
    <property>
        <name>fs.defaultFS</name>
        <value>hdfs://hadoop102:8020</value>
    </property>
    <!-- 指定 Hadoop 数据的存储目录 -->
    <property>
        <name>hadoop.tmp.dir</name>
        <value>/opt/module/hadoop-3.3.4/data</value>
    </property>
    <!-- 配置 HDFS 网页登录使用的静态用户为 atguigu -->
    <property>
        <name>hadoop.http.staticuser.user</name>
        <value>atguigu</value>
    </property>
    <!-- 配置该 atguigu(superUser)允许通过代理访问的主机节点 -->
    <property>
        <name>hadoop.proxyuser.atguigu.hosts</name>
        <value>*</value>
    </property>
```

```
    <!-- 配置该 atguigu(superUser)允许通过代理用户所属组 -->
    <property>
        <name>hadoop.proxyuser.atguigu.groups</name>
        <value>*</value>
    </property>
    <!-- 配置该 atguigu(superUser)允许通过代理的用户-->
    <property>
        <name>hadoop.proxyuser.atguigu.users</name>
        <value>*</value>
    </property>
</configuration>
```

② HDFS 的配置文件为 hdfs-site.xml，在这个配置文件中，我们主要对 HDFS 文件系统的属性进行配置。

```
[atguigu@hadoop102 hadoop]$ vim hdfs-site.xml
<?xml version="1.0" encoding="UTF-8"?>
<?xml-stylesheet type="text/xsl" href="configuration.xsl"?>

<configuration>
    <!-- NameNode Web 端访问地址-->
    <property>
        <name>dfs.namenode.http-address</name>
        <value>hadoop102:9870</value>
    </property>
    <!-- SecondaryNameNode Web 端访问地址-->
    <property>
        <name>dfs.namenode.secondary.http-address</name>
        <value>hadoop104:9868</value>
    </property>
    <!-- 测试环境指定 HDFS 副本的数量为 1 -->
    <property>
        <name>dfs.replication</name>
        <value>1</value>
    </property>
</configuration >
```

③ 关于 YARN 的配置文件 yarn-site.xml，主要配置如下两个参数。

```
[atguigu@hadoop102 hadoop]$ vim yarn-site.xml
<?xml version="1.0" encoding="UTF-8"?>
<?xml-stylesheet type="text/xsl" href="configuration.xsl"?>

<configuration>
    <!-- 为 NodeManager 配置额外的 shuffle 服务 -->
    <property>
        <name>yarn.nodemanager.aux-services</name>
        <value>mapreduce_shuffle</value>
    </property>
    <!-- 指定 ResourceManager 的地址-->
    <property>
        <name>yarn.resourcemanager.hostname</name>
        <value>hadoop103</value>
    </property>
    <!-- task 继承 NodeManager 环境变量-->
    <property>
        <name>yarn.nodemanager.env-whitelist</name>
```

```
<value>JAVA_HOME,HADOOP_COMMON_HOME,HADOOP_HDFS_HOME,HADOOP_CONF_DIR,CLASSPATH_PREPEND_D
ISTCACHE,HADOOP_YARN_HOME,HADOOP_MAPRED_HOME</value>
    </property>
    <!-- YARN 容器允许分配的最大和最小内存 -->
    <property>
        <name>yarn.scheduler.minimum-allocation-mb</name>
        <value>512</value>
    </property>
    <property>
        <name>yarn.scheduler.maximum-allocation-mb</name>
        <value>4096</value>
    </property>
    <!-- YARN 容器允许管理的物理内存大小 -->
    <property>
        <name>yarn.nodemanager.resource.memory-mb</name>
        <value>4096</value>
    </property>
    <!-- 关闭 YARN 对物理内存和虚拟内存的限制检查 -->
    <property>
        <name>yarn.nodemanager.pmem-check-enabled</name>
        <value>false</value>
    </property>
    <property>
        <name>yarn.nodemanager.vmem-check-enabled</name>
        <value>false</value>
    </property>
    <!-- 开启日志聚集功能 -->
    <property>
        <name>yarn.log-aggregation-enable</name>
        <value>true</value>
    </property>
    <!-- 设置日志聚集服务器地址 -->
    <property>
        <name>yarn.log.server.url</name>
        <value>http://hadoop102:19888/jobhistory/logs</value>
    </property>
    <!-- 设置日志保留时间为 7 天 -->
    <property>
        <name>yarn.log-aggregation.retain-seconds</name>
        <value>604800</value>
    </property>
</configuration >
```

④ 关于 MapReduce 的配置文件 mapred-site.xml，主要配置一个参数，指明 MapReduce 的运行框架为 YARN。

```
[atguigu@hadoop102 hadoop]$ cp mapred-site.xml.template mapred-site.xml
[atguigu@hadoop102 hadoop]$ vim mapred-site.xml
<?xml version="1.0" encoding="UTF-8"?>
<?xml-stylesheet type="text/xsl" href="configuration.xsl"?>

<configuration>
    <!-- 指定 MapReduce 程序运行在 YARN 上 -->
    <property>
        <name>mapreduce.framework.name</name>
```

```
        <value>yarn</value>
    </property>
    <!-- 历史服务器端地址 -->
    <property>
        <name>mapreduce.jobhistory.address</name>
        <value>hadoop102:10020</value>
    </property>
    <!-- 历史服务器Web端地址 -->
    <property>
        <name>mapreduce.jobhistory.webapp.address</name>
        <value>hadoop102:19888</value>
    </property>
</configuration >
```

⑤ 主节点服务器 NameNode 和 ResourceManager 的角色在配置文件中已经进行了配置，而从节点服务器的角色还需指定，配置文件 workers 就是用来配置 Hadoop 分布式集群中各从节点服务器的角色的。如下方代码所示，对 workers 文件进行修改，将三台节点服务器全部指定为从节点服务器，启动 DataNode 和 NodeManager 进程。

```
/opt/module/hadoop-3.3.4/etc/hadoop/workers
[atguigu@hadoop102 hadoop]$ vim workers
hadoop102
hadoop103
hadoop104
```

⑥ 在集群上分发配置好的 Hadoop 配置文件，这样三台节点服务器都可以享有相同的 Hadoop 配置。

```
[atguigu@hadoop102 hadoop]$ xsync /opt/module/hadoop-3.3.4/
```

⑦ 查看文件分发情况。

```
[atguigu@hadoop103 hadoop]$ cat /opt/module/hadoop-3.3.4/etc/hadoop/core-site.xml
```

（3）启动 Hadoop 分布式集群。

① 如果是第一次启动集群，就需要格式化 NameNode。

```
[atguigu@hadoop102 hadoop-3.3.4]$ hadoop namenode -format
```

② 在配置了 NameNode 的节点服务器后，通过执行 start-dfs.sh 命令启动 HDFS，即可同时启动所有的 DataNode 和 SecondaryNameNode。

```
[atguigu@hadoop102 hadoop-3.3.4]$ sbin/start-dfs.sh
[atguigu@hadoop102 hadoop-3.3.4]$ jps
4166 NameNode
4482 Jps
4263 DataNode
[atguigu@hadoop103 hadoop-3.3.4]$ jps
3218 DataNode
3288 Jps
[atguigu@hadoop104 hadoop-3.3.4]$ jps
3221 DataNode
3283 SecondaryNameNode
3364 Jps
```

③ 通过执行 start-yarn.sh 命令启动 YARN，即可同时启动 ResourceManager 和所有的 NodeManager。需要注意的是，NameNode 和 ResourceManger 如果不在同一台服务器上，就不能在 NameNode 上启动 YARN，应该在 ResouceManager 所在的服务器上启动 YARN。

```
[atguigu@hadoop103 hadoop-3.3.4]$ sbin/start-yarn.sh
```

通过执行 jps 命令，可在各台节点服务器上查看进程启动情况，若显示如下内容，则表示启动成功。

```
[atguigu@hadoop103 hadoop-3.3.4]$ sbin/start-yarn.sh
```

```
[atguigu@hadoop102 hadoop-3.3.4]$ jps
4166 NameNode
4482 Jps
4263 DataNode
4485 NodeManager
[atguigu@hadoop103 hadoop-3.3.4]$ jps
3218 DataNode
3288 Jps
3290 ResourceManager
3299 NodeManager
[atguigu@hadoop104 hadoop-3.3.4]$ jps
3221 DataNode
3283 SecondaryNameNode
3364 Jps
3389 NodeManager
```

（4）通过 Web UI 查看集群是否启动成功。

① 在 Web 端输入之前配置的 NameNode 的节点服务器地址和端口 9870，即可查看 HDFS 文件系统。例如，在浏览器中输入 http://hadoop102:9870，可以检查 NameNode 和 DataNode 是否正常。NameNode 的 Web 端如图 3-2 所示。

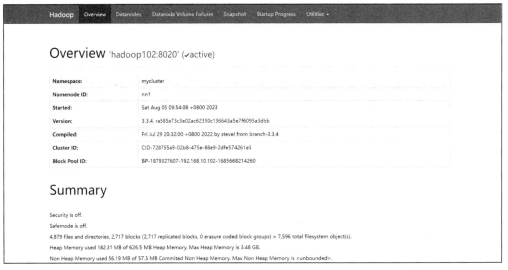

图 3-2　NameNode 的 Web 端

② 通过在 Web 端输入 ResourceManager 地址和端口 8088，可以查看 YARN 上任务的运行情况。例如，在浏览器输入 http://hadoop103:8088，即可查看本集群 YARN 的运行情况。YARN 的 Web 端如图 3-3 所示。

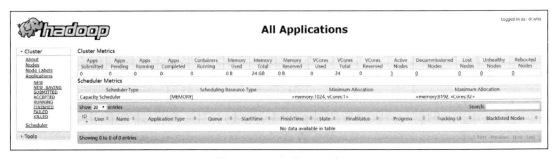

图 3-3　YARN 的 Web 端

（5）运行 PI 实例，检查集群是否启动成功。

在集群的任意节点服务器上执行下面的命令，如果看到如图 3-4 所示的 PI 实例运行结果，就说明集群启动成功。

```
[atguigu@hadoop102 hadoop]$ cd /opt/module/hadoop-3.3.4/share/hadoop/mapreduce/
[atguigu@hadoop102 mapreduce]$ hadoop jar hadoop-mapreduce-examples-3.3.4.jar pi 10 10
```

图 3-4　PI 实例运行结果

最后输出 Estimated value of Pi is 3.20000000000000000000。

（6）编写 Hadoop 集群启动脚本。

①在/home/atguigu/bin 目录下创建脚本 hdp.sh。

```
[atguigu@hadoop102 bin]$ cd /home/atguigu/bin
[atguigu@hadoop102 bin]$ vim hdp.sh
```

②在脚本文件中编写以下内容。

```
#!/bin/bash
if [ $# -lt 1 ]
then
    echo "No Args Input..."
    exit ;
fi
case $1 in
"start")
    echo " =================== 启动 Hadoop 集群 ==================="

    echo " --------------- 启动 HDFS ---------------"
    ssh hadoop102 "/opt/module/hadoop/sbin/start-dfs.sh"
    echo " --------------- 启动 YARN ---------------"
    ssh hadoop103 "/opt/module/hadoop/sbin/start-yarn.sh"
    echo " --------------- 启动 历史服务器 ---------------"
    ssh hadoop102 "/opt/module/hadoop/bin/mapred --daemon start historyserver"
;;
"stop")
    echo " =================== 关闭 Hadoop 集群 ==================="

    echo " --------------- 关闭 历史服务器 ---------------"
    ssh hadoop102 "/opt/module/hadoop/bin/mapred --daemon stop historyserver"
```

```
        echo " -------------- 关闭 YARN ----------------"
        ssh hadoop103 "/opt/module/hadoop/sbin/stop-yarn.sh"
        echo " -------------- 关闭 HDFS ----------------"
        ssh hadoop102 "/opt/module/hadoop/sbin/stop-dfs.sh"
;;
*)
    echo "Input Args Error..."
;;
esac
```

③为脚本增加执行权限。

```
[atguigu@hadoop102 bin]$ chmod +x hdp.sh
```

④启动 Hadoop 集群。

```
[atguigu@hadoop102 bin]$ hdp.sh start
=================== 启动 Hadoop 集群 ===================
--------------- 启动 HDFS ---------------
Starting namenodes on [hadoop102]
Starting datanodes
Starting secondary namenodes [hadoop104]
--------------- 启动 YARN ---------------
Starting resourcemanager
Starting nodemanagers
--------------- 启动 历史服务器 ---------------
```

查看进程。

```
[atguigu@hadoop102 bin]$ xcall jps
--------- hadoop102 ----------
3074 Jps
2116 NameNode
2245 DataNode
2761 JobHistoryServer
2590 NodeManager
--------- hadoop103 ----------
3270 NodeManager
2952 DataNode
3148 ResourceManager
3854 Jps
--------- hadoop104 ----------
1889 DataNode
2100 NodeManager
2446 Jps
1967 SecondaryNameNode
```

⑤关闭 Hadoop 集群。

```
[atguigu@hadoop102 bin]$ hdp.sh stop
=================== 关闭 Hadoop 集群 ===================
--------------- 关闭 历史服务器 ---------------
--------------- 关闭 YARN ---------------
Stopping nodemanagers
Stopping resourcemanager
--------------- 关闭 HDFS ---------------
Stopping namenodes on [hadoop102]
Stopping datanodes
Stopping secondary namenodes [hadoop104]
```

查看进程。

```
[atguigu@hadoop102 bin]$ xcall jps
--------- hadoop102 ----------
3691 Jps
--------- hadoop103 ----------
4221 Jps
--------- hadoop104 ----------
2647 Jps
```

（7）编写集群所有进程查看脚本。

在启动集群后，用户需要通过 jps 命令查看各节点服务器进程的启动情况，操作起来比较麻烦，因此我们通过编写一个集群所有进程查看脚本，来实现使用一个脚本查看所有节点服务器的所有进程的目的。

①在/home/atguigu/bin 目录下创建脚本 xcall.sh。

```
[atguigu@hadoop102 bin]$ vim xcall.sh
```

②脚本思路：通过 i 变量在 hadoop102、hadoop103 和 hadoop104 节点服务器间遍历，分别通过 ssh 命令进入三台节点服务器，执行传入参数指定命令。

在脚本中编写如下内容。

```
#! /bin/bash

for i in hadoop102 hadoop103 hadoop104
do
        echo --------- $i ----------
        ssh $i "$*"
done
```

③增加脚本执行权限。

```
[atguigu@hadoop102 bin]$ chmod +x xcall.sh
```

④执行脚本。

```
[atguigu@hadoop102 bin]$ xcall.sh jps
--------- hadoop102 ----------
1506 NameNode
2231 Jps
2088 NodeManager
1645 DataNode
--------- hadoop103 ----------
2433 Jps
1924 ResourceManager
1354 DataNode
2058 NodeManager
--------- hadoop104 ----------
1384 DataNode
1467 SecondaryNameNode
1691 NodeManager
1836 Jps
```

3.3　本章总结

本章主要对项目运行所需的环境进行了安装和部署，主要对 JDK 的安装和 Hadoop 的安装部署过程进行了详细介绍。本章是整个项目的基础，重点在于 Hadoop 集群的搭建和配置，请读者务必掌握。

第4章

业务数据采集模块

金融租赁行业产生的数据主要是业务数据，业务数据体现了金融租赁的流程进度，因此金融租赁行业的数据仓库需要分析的主要数据源就是业务数据。业务数据通常存储在关系数据库中，如 MySQL。在对业务数据进行采集之前，需要先建立对项目业务流程的总体认知，并充分熟悉业务表的结构，这些都是本章将会重点讲解的内容。通过学习本章内容，读者应了解如何梳理项目的业务流程和业务表类型等信息，并学会构建一个高效且实用的业务数据采集模块。

4.1 金融租赁业务概述

在进行需求实现之前，先对业务数据仓库的基础理论进行讲解，其中包含本数据仓库项目主要涉及的金融租赁方面的相关常识及业务流程、业务数据表的结构等。

4.1.1 金融租赁业务流程

以客户申请贷款的全流程为例来说明金融租赁的完整业务流程，如图 4-1 所示。

1. 新增申请

客户发起融资租赁申请，提交申请表格、财务报表、企业营业执照或个人身份证件、融资需求信息和其他支持文件。客户提交的这些材料和信息将用于评估客户的信用状况、还款能力和融资需求。

2. 待分配信审经办状态

风控员（员工）对本次申请进行风险评估，风控审核的内容包括信用评估、资产评估、还款能力分析、借款目的和用途、行业和市场分析、风险定价和策略、合规审核等。风控审核的目的是保护金融机构的利益，降低信用风险，并确保合规性。通过有效的风控审核，金融机构可以更好地管理风险并提供可持续的信贷金融服务。

若风控审核通过，则切换至待分配信审经办状态。

若风控审核未通过，则处于未达风控状态，应交由风控经理执行风控再审核。若仍未通过，则拒绝申请，流程结束；若通过，则切换至待分配信审经办状态。

若客户取消，则流程结束。

3. 已分配信审经办状态

信审经办是信贷金融业务中的一个角色，负责具体执行信审工作。信审更专注于对借款申请人的信用状况和还款能力进行评估，主要考量个人身份信息、职业和就业情况、财务状况、信用历史、还款能力、抵押品评估、借款用途。

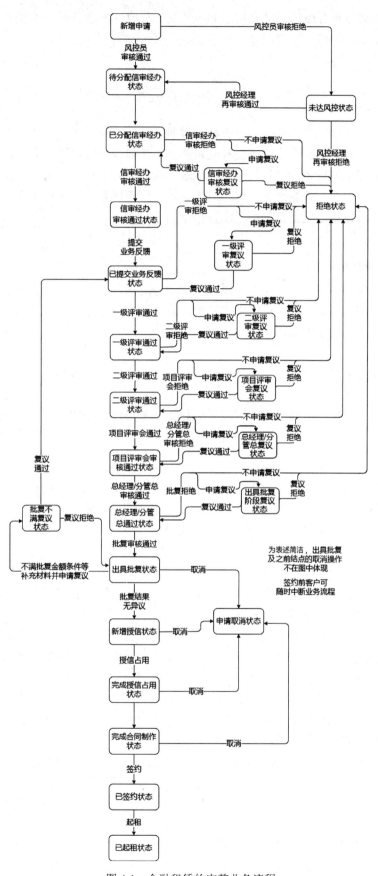

图 4-1　金融租赁的完整业务流程

若客户不取消，则处于待分配信审经办状态的申请在一段时间后会分配信审经办，并切换至已分配信审经办状态。若客户取消，则流程结束。

4. 信审经办审核通过状态

信审经办审核客户申请，并生成信审报告，该报告通常包含借款人信息、信用评估、还款能力分析、风险评估、建议和决策等。

若信审经办审核通过，则切换至信审经办审核通过状态。

若信审经办审核未通过，则客户可以提交补充材料并申请复议，也可以放弃申请。

（1）若客户提交补充材料申请复议且复议申请通过，则信审经办再次审核。

（2）若客户提交补充材料申请复议且复议申请未通过，则审核拒绝，流程结束。

（3）若客户不再申请复议，则审核拒绝，流程结束。

若客户取消，则流程结束。

5. 已提交业务反馈状态

客户申请交由业务经办，后者整理现有材料，生成业务反馈。业务经办负责与客户沟通、收集和审核申请资料，确保申请程序顺利进行。从新建申请开始，流程中各节点都有业务经办的参与。业务经办的主要工作包括贷款申请处理、客户信息收集、文件准备和管理、内部政策遵循、协调与沟通、数据记录和报告。

业务反馈的内容主要包括申请处理结果、申请人信息汇总、审核过程和步骤、审核结论和意见、风险评估和建议、文件和资料清单。

若客户未取消，则信审经办审核通过后一段时间提交业务反馈，并切换至已提交业务反馈状态。

若客户取消，则流程结束。

6. 一级评审通过状态

业务反馈被提交给一级评审人（也被称为初审人）/加签人（也被称为复审人）。一级评审人/加签人负责进行贷款申请审核，他们在贷款审批流程中扮演着重要的角色。加签人是指对某项工作或文件的审核、确认或批准结果进行再次确认的人员。加签是一种常见的授权和审批机制，旨在增加决策的准确性和权威性。

一级评审人是首先对贷款申请进行审核和评估的人员，他们会仔细审查申请人提交的贷款申请和相关资料，包括个人信息、财务状况、信用记录等。一级评审人的主要任务是初步筛选和评估申请人的信用风险和贷款可行性，并提供初步的贷款审批意见。

加签人是在一级评审人评审之后对贷款申请进行复审的人员，他们对一级评审人的审核结果进行进一步核对和确认，确保贷款审批决策的准确性和合规性。加签人通常具有更高级别或权限，负责发现和解决审核过程中可能出现的问题或疑点，他们的加签确认可以增加决策的权威性和约束力。

一级评审人/加签人通常是经验丰富、熟悉贷款产品和风险控制的专业人员，他们的审核意见和决策对于贷款申请的最终批准与否具有重要影响。这两个角色的存在旨在确保贷款申请经过了多个层面的审核和核实，提高贷款决策的准确性和可靠性。

与信审经办相比，一级评审人/加签人的审核内容更加综合和全面，除了信审经办已审核的内容，他们还会对客户的财务状况、担保物价值、还款能力等进行更深入的评估和分析。总的来说，信审经办主要关注客户的信用和还款能力，而一级评审人/加签人会在此基础上进行更全面的审核和决策。

若一级评审人/加签人审核通过，则切换至一级评审通过状态。

若一级评审人/加签人审核未通过，则客户可以提交补充材料并申请复议，也可以放弃申请。

（1）若客户提交补充材料申请复议且复议申请通过，则重新执行一级评审。

（2）若客户提交补充材料申请复议且复议申请未通过，则审核拒绝，流程结束。

（3）若客户不再申请复议，则审核拒绝，流程结束。

若客户取消，则流程结束。

7. 二级评审通过状态

二级评审人是比一级评审人/加签人更高一级的审核人员，在一级评审人/加签人审核通过后，负责进行更详细和深入的审核和评估。

若二级评审人审核通过，则切换至二级评审通过状态。

若二级评审人审核未通过，则客户可以提交补充材料并申请复议，也可以放弃申请。

（1）若客户提交补充材料申请复议且复议申请通过，则重新执行二级评审。

（2）若客户提交补充材料申请复议且复议申请未通过，则审核拒绝，流程结束。

（3）若客户不再申请复议，则审核拒绝，流程结束。

若客户取消，则流程结束。

8. 项目评审会审核通过状态

项目评审会旨在对贷款申请中的项目进行全面评估和审核，以决定是否批准贷款并制订相关的条件和要求。该评审会的成员通常由公司内部的高级管理层、风险管理团队、贷款官员等组成。审核内容包含项目可行性评估、风险管理、决策制定、内部合规和规定、决策记录和跟踪等。

若项目评审会审核通过，则切换至项目评审会审核通过状态。

若项目评审会审核未通过，则客户可以提交补充材料申请复议，也可以放弃申请。

（1）若客户提交补充材料申请复议且复议申请通过，则重新组织项目评审会。

（2）若客户提交补充材料申请复议且复议申请未通过，则审核拒绝，流程结束。

（3）若客户不再申请复议，则审核拒绝，流程结束。

若客户取消，则流程结束。

9. 总经理/分管总审核通过状态

总经理/分管总审核是信贷金融业务中的高级审核环节。此环节涉及公司的高级管理层，通常由总经理或负责信贷业务的高级职位（如分管总）担任审核者。总经理/分管总审核在信贷金融业务中扮演着重要的角色，他们具有高级决策权和战略眼光，能够对整个贷款申请进行全面的审核和决策，以保证公司的贷款决策符合公司的战略目标、风险管理和合规要求。

若总经理/分管总审核通过，则切换至总经理和分管总审核通过状态。

若总经理/分管总审核未通过，则客户可以提交补充材料申请复议，也可以放弃申请。

（1）若客户提交补充材料申请复议且复议申请通过，则重新交由总经理和分管总审核。

（2）若客户提交补充材料申请复议且复议申请未通过，则审核拒绝，流程结束。

（3）若客户不再申请复议，则审核拒绝，流程结束。

若客户取消，则流程结束。

10. 出具批复状态

审核团队或决策层在信贷申请经过评估和审查后，做出最终的贷款批复决策并生成批复文件。批复文件中包含对贷款申请的决策结果和相应的条件。如果贷款申请被批准，那么批复文件会明确指定贷款金额、贷款期限、利率、还款方式等具体条款和条件。如果贷款申请被拒绝，那么不会出具正式的批复文件，而是通过邮件或电话等方式给出拒绝的原因和解释，客户可以选择申请复议，也可以放弃申请。

出具批复状态这一环节是贷款审核流程的最终步骤，负责做出最终的贷款决策并向申请人通知决策结果。该环节对于确保贷款决策的准确性、合规性和一致性至关重要。

11. 新增授信状态

在客户接受出具批复的授信额度后，该额度将被确认为新增的授信额度，并作为客户可用的资金额度，这一过程被称为新增授信。在新增授信完成后，切换至新增授信状态。

若客户取消，则流程结束。

12. 完成授信占用状态

客户在需要使用授信额度时，可以提出授信占用请求，机构会根据客户的需求释放相应的资金额度，使其可供客户使用，这一过程被称为授信占用。在授信占用完成后，切换至完成授信占用状态。

若客户取消，则流程结束。

13. 完成合同制作状态

在客户开始使用授信额度之前，机构将准备和生成与授信额度和条件相关的合同文件。这些合同文件包括金融租赁合同、授信协议或其他相关文件，明确双方的权益和义务。在合同制作完成后，切换至完成合同制作状态。

若客户取消，则流程结束。

14. 已签约状态

客户与金融机构进行面对面签约，双方确认并承诺遵守合同条款和条件。签约的目的是确保双方在交易过程中达成一致，明确各自的权益和责任。

注意，在签约前，客户可随时中断业务流程而不必承担损失，一旦签约，业务流程将进入实施阶段，双方都有义务按照合同约定履行各自的责任和义务，此时中断业务流程将会受到合同条款的约束，承担相应的法律和经济后果。

在签约完成后，切换至已签约状态。

若签约前取消，则流程结束。

15. 已起租状态

在签约完成后，机构将根据客户的资金需求和授信额度释放相应的租赁资产或资金。这表示客户开始正式使用金融租赁服务，根据合同约定支付租金或履行其他付款义务，这一过程被称为起租。在起租开始后，切换至已起租状态，审核流程结束。

4.1.2 业务表结构

如表 4-1 至表 4-9 所示为本数据仓库项目业务系统中所有的相关表。业务表结构对于数据仓库的搭建非常重要，在进行数据导入之前，开发人员首先要做的就是熟悉业务表结构。

开发人员可按照以下三步来熟悉业务表结构。

第一步：大概观察所有表的类型，了解表大概分为几类，以及每张表包含哪些数据。

第二步：应认真分析了解每张表的每行数据所代表的含义。

第三步：要详细查看每张表的每个字段的含义及业务逻辑，通过了解每个字段的含义，可以知道每张表都与哪些表产生了关联。

通过执行以上三步，开发人员可以对所有表都了然于胸，这对后续数据仓库需求的分析也是大有裨益的。

第 4 章 业务数据采集模块

表 4-1 客户表（business_partner）

字 段 名	字 段 说 明
id	编号（主键）
name	客户姓名
create_time	创建时间
update_time	更新时间

表 4-2 合同表（contract）

字 段 名	字 段 说 明
id	编号（主键）
execution_time	起租时间
signed_time	签约时间
status	合同状态：1.新建 2.已签约 3.已起租 4.已取消
credit_id	授信 ID
create_time	创建时间
update_time	更新时间

表 4-3 授信表（credit）

字 段 名	字 段 说 明
id	编号（主键）
cancel_time	取消时间
contract_produce_time	合同制作时间
credit_amount	授信金额
credit_occupy_time	授信占用时间
status	授信状态：1.新建 2.已占用 3.已制作合同 4.已取消
contract_id	合同 ID
credit_facility_id	授信申请 ID
create_time	创建时间
update_time	更新时间

表 4-4 授信申请表（credit_facility）

字 段 名	字 段 说 明
id	编号（主键）
credit_amount	授信金额
lease_organization	业务方向
status	所处环节：1.新建 2.未达到风控 3.待分配 4.已分配信审经办 5.信审经办审核通过 6.信审经办审核复议 7.业务反馈已提交 8.一级评审通过 9.一级评审复议 10.二级评审通过 11.二级评审复议 12.项目评审会审核通过 13.项目评审会复议 14.总经理/分管总审核通过 15.总经理/分管总审核复议 16.出具批复审核通过 17.出具批复审核复议 18.不满批复金额 19.新增授信 20.拒绝 21.取消
business_partner_id	客户 ID
credit_id	授信 ID
industry_id	行业 ID
reply_id	批复 ID
salesman_id	业务经办 ID
create_time	创建时间
update_time	更新时间

41

表 4-5　审核记录表（credit_facility_status）

字　段　名	字　段　说　明
id	编号（主键）
action_taken	批复结果：1.通过 2.未通过
status	所处环节：1.新建 2.未达到风控 3.待分配 4.已分配信审经办 5.信审经办审核通过 6.信审经办审核复议 7.业务反馈已提交 8.一级评审通过 9.一级评审复议 10.二级评审通过 11.二级评审复议 12.项目评审会审核通过 13.项目评审会复议 14.总经理/分管总审核通过 15.总经理/分管总审核复议 16.出具批复审核通过 17.出具批复审核复议 18.不满批复金额 19.新增授信 20.拒绝 21.取消
credit_facility_id	授信申请 ID
employee_id	相关责任人员工 ID
signatory_id	加签人
create_time	创建时间
update_time	更新时间

表 4-6　部门表（department）

字　段　名	字　段　说　明
id	编号（主键）
department_level	部门级别
department_name	部门名称
superior_department_id	上级部门 ID
create_time	创建时间
update_time	更新时间

表 4-7　员工表（employee）

字　段　名	字　段　说　明
id	编号（主键）
name	员工姓名
type	员工类型：1.业务经办 2.风控员 3.风控经理 4.信审经办 5.一级评审人 6.加签人 7.二级评审人 8.总经理/分管总
department_id	部门 ID
create_time	创建时间
update_time	更新时间

表 4-8　行业表（industry）

字　段　名	字　段　说　明
id	编号（主键）
industry_level	行业级别
industry_name	行业名称
superior_industry_id	上级行业 ID
create_time	创建时间
update_time	更新时间

表 4-9　批复表（reply）

字　段　名	字　段　说　明
Id	编号（主键）
credit_amount	批复授信金额
credit_facility_id	授信申请 ID
irr	还款利率
period	还款期数
create_time	创建时间
update_time	更新时间

如图 4-2 所示，为本数据仓库系统涉及的业务数据表关系图。

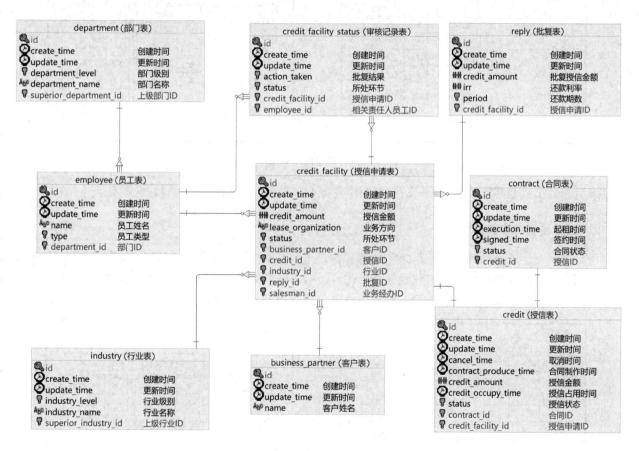

图 4-2　业务数据表关系图

4.2　数据同步

4.2.1　数据同步策略

数据同步是指将数据从关系数据库同步到数据存储系统中。业务数据是数据仓库的重要数据来源，我们需要每日定时从业务数据库中抽取数据，传输到数据仓库中，之后再对数据进行分析统计。

为保证统计结果的正确性，需要保证数据仓库中的数据与业务数据库中的数据是同步的。离线数据仓库的计算周期通常为日，因此数据同步周期也通常为日，即每日同步一次。

针对不同类型的表，应该设置不同的同步策略，本数据仓库项目主要使用的同步策略为每日全量同步策略和每日增量同步策略。

1．每日全量同步策略

每日全量同步策略，就是每日存储一份完整数据，作为一个分区，如图 4-3 所示。该同步策略适用于表数据量不大，并且每日既有新数据插入又有旧数据修改的场景。

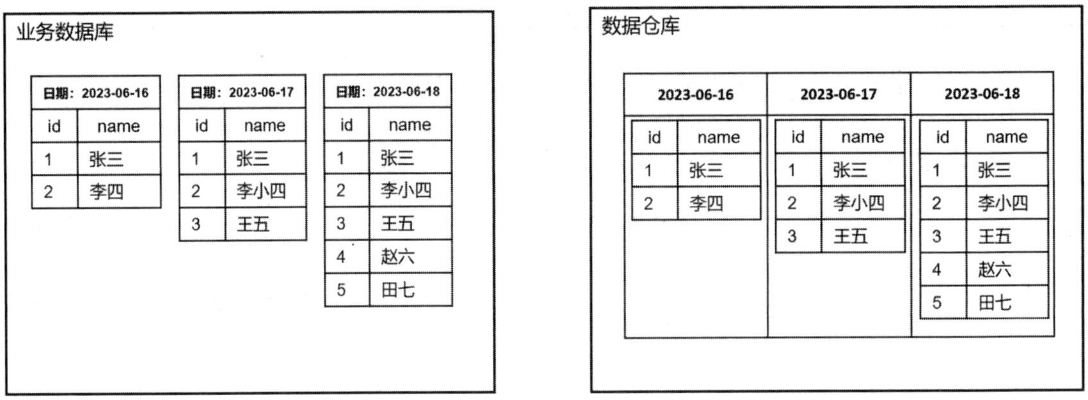

图 4-3　每日全量同步策略示意图

维度表数据量通常比较小，可以进行每日全量同步，即每日存储一份完整数据。

2．每日增量同步策略

每日增量同步策略，就是每日存储一份增量数据作为一个分区，如图 4-4 所示。该同步策略每日只将业务数据中的新增及变化数据同步到数据仓库中。采用每日增量同步策略的表，通常需要在首日先进行一次全量同步。每日增量同步策略适用于表数据量大，并且每日只有新数据插入的场景。

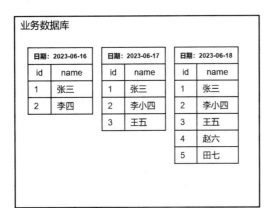

图 4-4　每日增量同步策略示意图

例如，支付表每日只会发生数据的新增，不会发生历史数据的修改，适合采用每日增量同步策略。

以上两种数据同步策略都能保证数据仓库和业务数据库的数据同步，那么应该如何选择呢？下面对这两种策略进行简要对比，如表 4-10 所示。

表 4-10 同步策略对比

同步策略	优 点	缺 点
每日全量同步策略	逻辑简单	在某些情况下效率较低。例如，某张表数据量较大，但是每日数据的变化比例很低，若采用每日全量同步策略，则会重复同步和存储大量相同的数据
每日增量同步策略	效率高，无须同步和存储重复数据	逻辑复杂，需要将每日的新增及变化数据与原来的数据进行整合才能使用

根据上述对比，可以得出以下结论：若业务表的数据量比较大，并且每日数据变化的比例比较低，则应采用每日增量同步策略，否则采用每日全量同步策略。针对现有的 9 张表的特点制定各表的同步策略，如图 4-5 所示。

图 4-5 业务数据表同步策略

4.2.2 数据同步工具选择

数据同步工具种类繁多，大致可分为两类：一类是以 DataX、Sqoop 为代表的基于 select 查询的离线批量同步工具；另一类是以 Maxwell、Canal 为代表的基于数据库数据变动日志（如 MySQL 的 binlog，它会实时记录数据库所有的 insert、update 及 delete 操作）的实时流式同步工具。

全量同步通常使用 DataX、Sqoop 等基于 select 查询的离线批量同步工具，而增量同步既可以使用 DataX、Sqoop 等工具，又可以使用 Maxwell、Canal 等工具。增量同步工具的对比如表 4-11 所示。

表 4-11 增量同步工具的对比

增量同步工具	对数据库的要求	数据的中间状态
DataX/Sqoop	基于 select 查询，如果想通过 select 查询获取新增及变化数据，就要求数据表中存在 create_time、update_time 等字段，然后根据这些字段获取变动数据	由于是离线批量同步，所以若一条数据在一日内变化多次，则该方案只能获取最后一个状态，无法获取中间状态
Maxwell/Canal	要求数据库记录变动操作，例如，MySQL 需要开启 binlog	由于是实时获取所有的数据变动操作，所以可以获取变动数据的所有中间状态

基于表 4-11，本数据仓库项目选用 Maxwell 作为增量同步工具，以保证采集到所有的数据变动操作，获取变动数据的所有中间状态。同时，选用 DataX 作为全量同步工具。

4.3 环境准备

回顾第 2 章对数据采集模块的分析和 4.2.2 节数据同步工具选择的结论，数据采集模块使用的重要工具有 DataX、Maxwell、Kafka 和 Flume，本节就带领读者完成以上工具的安装部署。

4.3.1 安装 DataX

DataX 是阿里巴巴开源的一个异构数据源离线同步工具，致力于实现关系数据库（MySQL、Oracle 等）、HDFS、Hive、ODPS、HBase、FTP 等各种异构数据源之间稳定、高效的数据同步功能。为了解决异构数据源同步问题，DataX 将复杂的同步链路变成了星形数据链路，如图 4-6 所示，DataX 作为中间传输载体负责连接各种数据源。当需要接入一个新的数据源时，只需要将此数据源对接到 DataX，便能与已有数据源实现无缝数据同步。

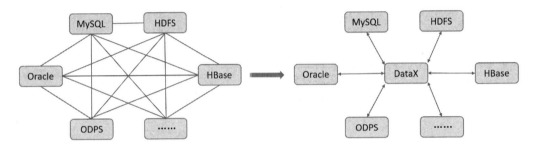

图 4-6　DataX 数据同步链路

DataX 作为离线数据同步框架，采用 Framework+Plugin 架构。将数据源的读取和写入操作抽象为 Reader/Writer 插件，纳入整个同步框架中。其中，Reader 插件是数据采集模块，负责采集数据并将数据发送给 Framework；Writer 插件是数据写入模块，负责从 Framework 读取数据并写入目的端。

DataX 目前已经拥有比较全面的插件体系，主流的 RDBMS（关系数据库管理系统）、NoSQL、大数据计算系统都已接入，其目前支持的数据库插件如表 4-12 所示。

表 4-12　DataX 目前支持的数据库插件

类　　　型	数　据　源	Reader（读）	Writer（写）
RDBMS	MySQL	√	√
	Oracle	√	√
	OceanBase	√	√
	SQL Server	√	√
	PostgreSQL	√	√
	DRDS	√	√
	通用 RDBMS	√	√
阿里云数据仓库数据存储	ODPS	√	√
	ADS		√
	OSS	√	√
	OCS	√	√
NoSQL 数据存储	OTS	√	√
	HBase 0.94	√	√

类　　型	数　据　源	Reader（读）	Writer（写）
NoSQL 数据存储	HBase 1.1	√	√
	Phoenix 4.x	√	√
	Phoenix 5.x	√	√
	MongoDB	√	√
	Hive	√	√
	Cassandra	√	√
无结构化数据存储	TxtFile	√	√
	FTP	√	√
	HDFS	√	√
	Elasticsearch		√
时间序列数据库	OpenTSDB	√	
	TSDB	√	√

DataX 的使用十分简单，用户只需根据自己同步数据的数据源和目的地选择相应的 Reader 插件和 Writer 插件，并将 Reader 插件和 Writer 插件的信息配置在一个 JSON 格式的文件中，然后执行对应的命令行提交数据同步任务即可。

DataX 采集到的数据可以在 HDFS Reader 中配置格式，在本数据仓库项目中，其将落盘为使用 "\t" 分隔的 TEXT 格式文件。

DataX 的安装步骤如下。

（1）将安装包 datax.tar.gz 上传至 hadoop102 节点服务器的/opt/software 目录下。

（2）将安装包解压缩至/opt/module 目录下。

```
[atguigu@hadoop102 software]$ tar -zxvf datax.tar.gz -C /opt/module/
```

（3）执行如下自检命令。

```
[atguigu@hadoop102 ~]$ python /opt/module/datax/bin/datax.py /opt/module/datax/job/
job.json
```

若出现以下内容，则说明安装成功。

```
... ...
2021-10-12 21:51:12.335 [job-0] INFO  JobContainer -
任务启动时刻                    : 2021-10-12 21:51:02
任务结束时刻                    : 2021-10-12 21:51:12
任务总计耗时                    :                  10s
任务平均流量                    :          253.91KB/s
记录写入速度                    :          10000rec/s
读出记录总数                    :              100000
读写失败总数                    :                   0
```

4.3.2　安装 Maxwell

Maxwell 是由美国 Zendesk 公司开源，使用 Java 编写的 MySQL 变动数据抓取软件。它会实时监控 MySQL 的数据变动操作（包括 insert、update、delete），并将变动数据以 JSON 格式发送给 Kafka、Kinesis 等流数据处理平台。

Maxwell 的工作原理是实时读取 MySQL 的二进制日志（binlog），并从中获取变动数据，再将变动数据以 JSON 格式发送至 Kafka 等流数据处理平台。binlog 是 MySQL 服务端非常重要的一种日志，它会保存 MySQL 的所有数据变动记录。

Maxwell 在监控到 MySQL 的变动数据后，会将其输出至 Kafka，其格式示例如图 4-7 所示。

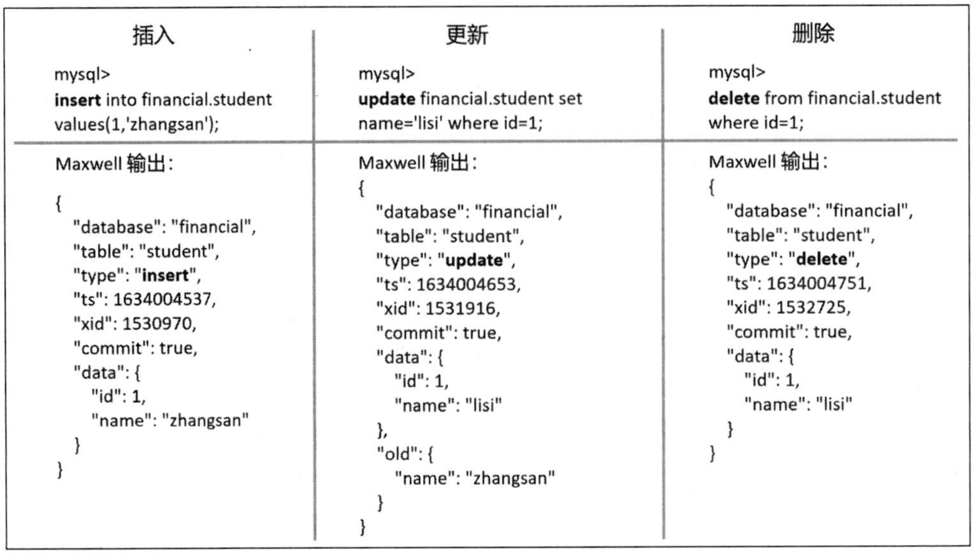

图 4-7　Maxwell 输出数据格式示例

对图 4-7 中的 JSON 字段进行说明，如表 4-13 所示。

表 4-13　JSON 字段说明

字　　段	说　　明
database	变动数据所属的数据库
table	变动数据所属的表
type	数据变动类型
ts	数据变动发生的时间
xid	事务 id
commit	事务提交标志，可用于重新组装事务
data	对于 insert 类型，表示插入的数据；对于 update 类型，表示修改之后的数据；对于 delete 类型，表示删除的数据
old	对于 update 类型，表示修改之前的数据，只包含变动字段

Maxwell 除了提供监控 MySQL 数据变动的功能，还提供历史数据的 bootstrap（全量初始化）功能，命令如下。

```
[atguigu@hadoop102 maxwell]$ /opt/module/maxwell/bin/maxwell-bootstrap --database financial_lease --table business_partner --config /opt/module/maxwell/config.properties
```

采用 bootstrap 功能输出的数据与图 4-7 中所示的变动数据格式有所不同，代码如下所示。第一条 type 字段为 bootstrap-start 和最后一条 type 字段为 bootstrap-complete 的内容是 bootstrap 开始和结束的标志，不包含数据，中间 type 字段为 bootstrap-insert 的内容中的 data 字段才是表格数据，并且一次 bootstrap 输出的所有记录的 ts 字段都相同，为 bootstrap 开始的时间。

```
{
    "database": "fooDB",
    "table": "barTable",
    "type": "bootstrap-start",
    "ts": 1450557744,
    "data": {}
}
```

```
{
    "database": "fooDB",
    "table": "barTable",
    "type": "bootstrap-insert",
    "ts": 1450557744,
    "data": {
        "txt": "hello"
    }
}
{
    "database": "fooDB",
    "table": "barTable",
    "type": "bootstrap-insert",
    "ts": 1450557744,
    "data": {
        "txt": "bootstrap!"
    }
}
{
    "database": "fooDB",
    "table": "barTable",
    "type": "bootstrap-complete",
    "ts": 1450557744,
    "data": {}
}
```

读者应该对 Maxwell 输出数据的格式有所了解，以便后续对数据进行分析解读。

Maxwell 的安装与配置步骤如下。

1．下载并解压缩安装包

（1）下载安装包。Maxwell-1.30 及以上的版本不再支持 JDK 1.8，若读者的集群环境为 JDK 1.8，则需下载 Maxwell-1.29 及以下的版本。

（2）将安装包 maxwell-1.29.2.tar.gz 上传至/opt/software 目录下。

（3）将安装包解压缩至/opt/module 目录下。

```
[atguigu@hadoop102 maxwell]$ tar -zxvf maxwell-1.29.2.tar.gz -C /opt/module/
```

（4）修改名称。

```
[atguigu@hadoop102 module]$ mv maxwell-1.29.2/ maxwell
```

2．配置 MySQL

MySQL 服务器的 binlog 默认是关闭的，若需同步 binlog 数据，则需要在配置文件中将其开启。

（1）打开 MySQL 的配置文件 my.cnf。

```
[atguigu@hadoop102 ~]$ sudo vim /etc/my.cnf
```

（2）增加如下配置。

```
[mysqld]

#数据库 id
server-id = 1
#启动 binlog，log-bin 参数的值会被作为 binlog 的文件名
log-bin=mysql-bin
#binlog 类型，Maxwell 要求 binlog 类型为 row
binlog_format=row
```

```
#启用 binlog 的数据库，需要根据实际情况进行修改
binlog-do-db=financial_lease
```

其中，binlog_format 参数配置的是 MySQL 的 binlog 类型，共有如下 3 种可选类型。

① statement：基于语句。binlog 会记录所有会修改数据的 SQL 语句，包括 insert、update、delete 等。

优点：节省空间。

缺点：有可能造成数据不一致，例如，insert 语句中包含 now()函数，当写入 binlog 和读取 binlog 时，函数的所得值不同。

② row：基于行。binlog 会记录每次写操作后，被操作行记录的变化。

优点：保持数据的绝对一致性。

缺点：占用较大空间。

③ mixed：混合模式。默认为 statement，如果使用 SQL 语句可能导致数据不一致，就自动切换为 row 类型。

Maxwell 要求 binlog 必须采用 row 类型。

3．创建 Maxwell 所需的数据库和用户

因为 Maxwell 需要在 MySQL 中存储其运行过程中所需的一些数据，包括 binlog 同步的断点位置（Maxwell 支持断点续传）等，所以需要在 MySQL 中为 Maxwell 创建数据库及用户。

（1）创建数据库。

```
msyql> CREATE DATABASE maxwell;
```

（2）更改 MySQL 数据库密码策略。

```
mysql> set global validate_password_policy=0;
mysql> set global validate_password_length=4;
```

（3）创建 maxwell 用户并赋予其必要权限。

```
mysql> CREATE USER 'maxwell'@'%' IDENTIFIED BY 'maxwell';
mysql> GRANT ALL ON maxwell.* TO 'maxwell'@'%';
mysql> GRANT SELECT, REPLICATION CLIENT, REPLICATION SLAVE ON *.* TO 'maxwell'@'%';
```

4．配置 Maxwell

（1）修改 Maxwell 配置文件的名称。

```
[atguigu@hadoop102 maxwell]$ cd /opt/module/maxwell
[atguigu@hadoop102 maxwell]$ cp config.properties.example config.properties
```

（2）修改 Maxwell 配置文件。

```
[atguigu@hadoop102 maxwell]$ vim config.properties

#Maxwell 数据发送目的地，可选配置有 stdout、file、kafka、kinesis、pubsub、sqs、rabbitmq、redis
producer=kafka
#目标 Kafka 集群地址
kafka.bootstrap.servers=hadoop102:9092,hadoop103:9092,hadoop104:9092
#目标 Kafka topic，可采用静态配置，如 maxwell，也可采用动态配置，如%{database}_%{table}
kafka_topic=topic_db

#MySQL 相关配置
host=hadoop102
user=maxwell
password=maxwell
jdbc_options=useSSL=false&serverTimezone=Asia/Shanghai
```

5. Maxwell 的启动与停止

若 Maxwell 发送数据的目的地为 Kafka 集群，则需要先确保 Kafka 集群为启动状态。

（1）启动 Maxwell。

```
[atguigu@hadoop102 ~]$ /opt/module/maxwell/bin/maxwell --config /opt/module/maxwell/
config.properties --daemon
```

（2）停止 Maxwell。

```
[atguigu@hadoop102 ~]$ ps -ef | grep maxwell | grep -v grep | grep maxwell | awk '{print
$2}' | xargs kill -9
```

（3）Maxwell 启动、停止脚本。

① 创建 Maxwell 启动、停止脚本。

```
[atguigu@hadoop102 bin]$ vim mxw.sh
```

② 脚本内容如下，根据脚本传入参数判断是执行启动命令还是停止命令。

```bash
#!/bin/bash

MAXWELL_HOME=/opt/module/maxwell

status_maxwell(){
    result=`ps -ef | grep maxwell | grep -v grep | wc -l`
    return $result
}

start_maxwell(){
    status_maxwell
    if [[ $? -lt 1 ]]; then
        echo "启动 Maxwell"
        $MAXWELL_HOME/bin/maxwell --config $MAXWELL_HOME/config.properties --daemon
    else
        echo "Maxwell 正在运行"
    fi
}

stop_maxwell(){
    status_maxwell
    if [[ $? -gt 0 ]]; then
        echo "停止 Maxwell"
        ps -ef | grep maxwell | grep -v grep | awk '{print $2}' | xargs kill -9
    else
        echo "Maxwell 未运行"
    fi
}

case $1 in
    start )
        start_maxwell
    ;;
    stop )
        stop_maxwell
```

```
  ;;
  restart )
    stop_maxwell
    start_maxwell
  ;;
esac
```

4.3.3　安装 ZooKeeper

ZooKeeper 是一个能够高效开发和维护分布式应用的协调服务，主要用于为分布式应用提供一致性服务，功能包括维护配置信息、名字服务、分布式同步、组服务等。

ZooKeeper 的安装步骤如下。

1．集群规划

在 hadoop102、hadoop103 和 hadoop104 这 3 台节点服务器上部署 ZooKeeper。

2．解压缩安装包

（1）将 ZooKeeper 安装包解压缩到/opt/module/目录下。

```
[atguigu@hadoop102 software]$ tar -zxvf apache-zookeeper-3.7.1-bin.tar.gz -C /opt/module/
```

（2）将 apache-zookeeper-3.7.1-bin 名称修改为 zookeeper-3.7.1。

```
[atguigu@hadoop102 module]$ mv apache-zookeeper-3.7.1-bin/ zookeeper-3.7.1
```

（3）将/opt/module/zookeeper-3.7.1 目录内容同步到 hadoop103、hadoop104 节点服务器上。

```
[atguigu@hadoop102 module]$ xsync zookeeper-3.7.1/
```

3．配置 zoo.cfg 文件

（1）将/opt/module/zookeeper-3.7.1/conf 目录下的 zoo_sample.cfg 重命名为 zoo.cfg。

```
[atguigu@hadoop102 conf]$ mv zoo_sample.cfg zoo.cfg
```

（2）打开 zoo.cfg 文件。

```
[atguigu@hadoop102 conf]$ vim zoo.cfg
```

在文件中找到如下内容，将数据存储目录 dataDir 做如下配置，这个目录需要自行创建。

```
dataDir=/opt/module/zookeeper-3.7.1/zkData
```

增加如下配置，指出 ZooKeeper 集群的 3 台节点服务器信息。

```
#######################cluster#########################
server.2=hadoop102:2888:3888
server.3=hadoop103:2888:3888
server.4=hadoop104:2888:3888
```

（3）配置参数解读。

```
Server.A=B:C:D。
```

- A 是一个数字，表示第几台服务器。
- B 是这台服务器的 IP 地址。
- C 是这台服务器与集群中的 Leader 服务器交换信息的端口。
- D 表示当集群中的 Leader 服务器无法正常运行时，需要通过一个端口来重新选举出一个新的 Leader 服务器，而这个端口就是执行选举时服务器相互通信的端口。

在集群模式下需要配置一个 myid 文件，这个文件存储在配置的 dataDir 的目录下，其中有一个数据就是 A 的值，ZooKeeper 在启动时读取此文件并将其中的数据与 zoo.cfg 文件中的配置信息进行比较，从而判断是哪台服务器。

（4）分发 zoo.cfg 文件。

```
[atguigu@hadoop102 conf]$ xsync zoo.cfg
```

4．配置服务器编号

（1）在/opt/module/zookeeper-3.7.1/目录下创建 zkData 文件夹。

```
[atguigu@hadoop102 zookeeper-3.7.1]$ mkdir zkData
```

（2）在/opt/module/zookeeper-3.7.1/zkData 目录下创建一个 myid 文件。

```
[atguigu@hadoop102 zkData]$ vi myid
```

在文件中添加与 Server 对应的编号，应根据在 zoo.cfg 文件中配置的 Server id 与节点服务器的 IP 地址的对应关系进行添加，例如，在 hadoop102 节点服务器中添加 2。

```
2
```

注意：一定要在 Linux 中创建 myid 文件，在文本编辑工具中创建有可能会出现乱码。

（3）将配置好的 myid 文件复制到其他节点服务器上，并分别在 hadoop103、hadoop104 节点服务器上将 myid 文件中的内容修改为 3、4。

```
[atguigu@hadoop102 zookeeper-3.7.1]$ xsync zkData
```

5．集群操作

（1）在 3 台节点服务器中分别启动 ZooKeeper。

```
[atguigu@hadoop102 zookeeper-3.7.1]# bin/zkServer.sh start
[atguigu@hadoop103 zookeeper-3.7.1]# bin/zkServer.sh start
[atguigu@hadoop104 zookeeper-3.7.1]# bin/zkServer.sh start
```

（2）执行如下命令，在 3 台节点服务器中查看 ZooKeeper 的服务状态。

```
[atguigu@hadoop102 zookeeper-3.7.1]# bin/zkServer.sh status
JMX enabled by default
Using config: /opt/module/zookeeper-3.7.1/bin/../conf/zoo.cfg
Mode: follower
[atguigu@hadoop103 zookeeper-3.7.1]# bin/zkServer.sh status
JMX enabled by default
Using config: /opt/module/zookeeper-3.7.1/bin/../conf/zoo.cfg
Mode: leader
[atguigu@hadoop104 zookeeper-3.7.1]# bin/zkServer.sh status
JMX enabled by default
Using config: /opt/module/zookeeper-3.7.1/bin/../conf/zoo.cfg
Mode: follower
```

6．ZooKeeper 集群启动、停止脚本

由于 ZooKeeper 没有提供令多台服务器同时启动、停止的脚本，而使用单台节点服务器执行服务器启动、停止命令的操作较烦琐，所以可将 ZooKeeper 启动、停止命令编写成脚本，具体操作步骤如下。

（1）在 hadoop102 节点服务器的/home/atguigu/bin 目录下创建脚本 zk.sh。

```
[atguigu@hadoop102 bin]$ vim zk.sh
```

脚本思路：首先执行 ssh 命令分别登录集群节点服务器，其次执行启动、停止或查看服务状态的命令。
在脚本中编写如下内容。

```
#! /bin/bash

case $1 in
"start"){
 for i in hadoop102 hadoop103 hadoop104
 do
  ssh $i "/opt/module/zookeeper-3.7.1/bin/zkServer.sh start"
```

```
 done
};;
"stop"){
 for i in hadoop102 hadoop103 hadoop104
 do
  ssh $i "/opt/module/zookeeper-3.7.1/bin/zkServer.sh stop"
 done
};;
"status"){
 for i in hadoop102 hadoop103 hadoop104
 do
  ssh $i "/opt/module/zookeeper-3.7.1/bin/zkServer.sh status"
 done
};;
esac
```
（2）增加脚本执行权限。
```
[atguigu@hadoop102 bin]$ chmod +x zk.sh
```
（3）执行 ZooKeeper 集群启动脚本。
```
[atguigu@hadoop102 module]$ zk.sh start
```
（4）执行 ZooKeeper 集群停止脚本。
```
[atguigu@hadoop102 module]$ zk.sh stop
```

4.3.4 安装 Kafka

Kafka 是一个优秀的分布式消息队列系统。将日志消息先发送至 Kafka，可以规避数据丢失的风险，增加数据处理的可扩展性，提高数据处理的灵活性和峰值处理能力，提高系统可用性，为消息消费提供顺序保证，并且可以控制优化数据流经系统的速度，解决消息生产和消息消费速度不一致的问题。

Kafka 集群需要依赖 ZooKeeper 提供服务来保存一些元数据信息，以保证系统的可用性。在完成 ZooKeeper 的安装之后，即可安装 Kafka。

1. 具体安装步骤

（1）Kafka 集群规划如表 4-14 所示。

表 4-14　Kafka 集群规划

hadoop102	hadoop103	hadoop104
ZooKeeper	ZooKeeper	ZooKeeper
Kafka	Kafka	Kafka

（2）下载 Kafka 的安装包。
（3）解压缩安装包。
```
[atguigu@hadoop102 software]$ tar -zxvf kafka_2.12-3.3.1.tgz -C /opt/module/
```
（4）修改解压缩后的文件名称。
```
[atguigu@hadoop102 module]$ mv kafka_2.12-3.3.1/ kafka
```
（5）进入 Kafka 的配置目录，打开 server.properties 配置文件，并修改该配置文件。Kafka 的配置文件都是以键/值对的形式存在的，需要修改的内容如下。
```
[atguigu@hadoop102 kafka]$ cd config/
[atguigu@hadoop102 config]$ vim server.properties
```

修改以下内容。

```
# broker 的全局唯一编号，不能重复（修改）
broker.id=0
#broker 对外暴露的 IP 和端口 （每台节点服务器单独配置）
advertised.listeners=PLAINTEXT://hadoop102:9092
#处理网络请求的线程数量
num.network.threads=3
#用来处理磁盘 IO 的线程数量
num.io.threads=8
#发送套接字的缓冲区大小
socket.send.buffer.bytes=102400
#接收套接字的缓冲区大小
socket.receive.buffer.bytes=102400
#请求套接字的缓冲区大小
socket.request.max.bytes=104857600
#Kafka 运行日志(数据)存放的路径，路径不需要提前创建，Kafka 会自动帮你创建，可以配置多个磁盘路径，路径与路
径之间可以用","分隔
log.dirs=/opt/module/kafka/datas
#topic 在当前 broker 上的分区个数
num.partitions=1
#用来恢复和清理 data 下数据的线程数量
num.recovery.threads.per.data.dir=1
# 每个 topic 创建时的副本数，默认 1 个副本
offsets.topic.replication.factor=1
#segment 文件保留的最长时间，超时将被删除
log.retention.hours=168
#每个 segment 文件的大小，默认最大 1GB
log.segment.bytes=1073741824
# 检查过期数据的时间，默认每 5 分钟检查一次是否数据过期
log.retention.check.interval.ms=300000
# 配置连接 ZooKeeper 集群的地址
zookeeper.connect=hadoop102:2181,hadoop103:2181,hadoop104:2181/kafka
```

（6）配置环境变量。将 Kafka 的安装目录配置到系统环境变量中，可以方便用户执行 Kafka 的相关命令。在配置完环境变量后，需要执行 source 命令使环境变量生效。

```
[atguigu@hadoop102 module]# sudo vim /etc/profile.d/my_env.sh
#KAFKA_HOME
export KAFKA_HOME=/opt/module/kafka
export PATH=$PATH:$KAFKA_HOME/bin

[atguigu@hadoop102 module]# source /etc/profile.d/my_env.sh
```

（7）将安装包和环境变量分发到集群其他节点服务器上。

```
[atguigu@hadoop102 ~]# sudo /home/atguigu/bin/xsync /etc/profile.d/my_env.sh
[atguigu@hadoop102 module]$ xsync kafka/
```

分别在 hadoop103 和 hadoop104 节点服务器上修改配置文件/opt/module/kafka/config/server.properties 中的 broker.id 及 advertised.listeners。

```
[atguigu@hadoop103 module]$ vim kafka/config/server.properties
broker.id=1
advertised.listeners=PLAINTEXT://hadoop103:9092
[atguigu@hadoop104 module]$ vim kafka/config/server.properties
```

```
broker.id=2
advertised.listeners=PLAINTEXT://hadoop104:9092
```

（8）分别在 hadoop103 和 hadoop104 节点服务器上执行以下命令，使环境变量生效。

```
[atguigu@hadoop103 module]# source /etc/profile.d/my_env.sh
[atguigu@hadoop104 module]# source /etc/profile.d/my_env.sh
```

（9）启动集群。

依次在 hadoop102、hadoop103 和 hadoop104 节点服务器上启动 Kafka。在启动之前，应保证 ZooKeeper 处于运行状态。

```
[atguigu@hadoop102 kafka]$ bin/kafka-server-start.sh -daemon config/server.properties
[atguigu@hadoop103 kafka]$ bin/kafka-server-start.sh -daemon config/server.properties
[atguigu@hadoop104 kafka]$ bin/kafka-server-start.sh -daemon config/server.properties
```

（10）关闭集群。

```
[atguigu@hadoop102 kafka]$ bin/kafka-server-stop.sh
[atguigu@hadoop103 kafka]$ bin/kafka-server-stop.sh
[atguigu@hadoop104 kafka]$ bin/kafka-server-stop.sh
```

2. Kafka 集群启动、停止脚本

同 ZooKeeper 一样，将 Kafka 集群的启动、停止命令编写成脚本，方便以后调用执行。

（1）在/home/atguigu/bin 目录下创建脚本 kf.sh。

```
[atguigu@hadoop102 bin]$ vim kf.sh
```

在脚本中编写如下内容。

```
#! /bin/bash

case $1 in
"start"){
    for i in hadoop102 hadoop103 hadoop104
    do
        echo " --------启动 $i Kafka-------"

        ssh $i "source /etc/profile ; /opt/module/kafka/bin/kafka-server-start.sh -
daemon /opt/module/kafka/config/server.properties "
    done
};;
"stop"){
    for i in hadoop102 hadoop103 hadoop104
    do
        echo " --------停止 $i Kafka-------"
        ssh $i " source /etc/profile ; /opt/module/kafka/bin/kafka-server-stop.sh"
    done
};;
esac
```

（2）增加脚本执行权限。

```
[atguigu@hadoop102 bin]$ chmod +x kf.sh
```

（3）执行 Kafka 集群启动脚本。

```
[atguigu@hadoop102 module]$ kf.sh start
```

（4）执行 Kafka 集群停止脚本。

```
[atguigu@hadoop102 module]$ kf.sh stop
```

3. Kafka topic 相关操作

（1）查看 Kafka topic 列表。

```
[atguigu@hadoop102 kafka]$ bin/kafka-topics.sh --bootstrap-server hadoop102:9092 --
list
```

（2）创建 Kafka topic。

进入/opt/module/kafka/目录，创建一个 Kafka topic。

```
[atguigu@hadoop102 kafka]$ bin/kafka-topics.sh --bootstrap-server hadoop102:9092 --create
--partitions 1 --replication-factor 3 --topic first
```

（3）删除 Kafka topic 的命令。

若在创建主题时出现错误，则可以使用删除 Kafka topic 的命令对主题进行删除。

```
[atguigu@hadoop102 kafka]$ bin/kafka-topics.sh --delete --bootstrap-server hadoop102:9092
--delete --topic first
```

（4）Kafka 控制台生产消息测试。

```
 [atguigu@hadoop102 kafka]$ bin/kafka-console-producer.sh \
--bootstrap-server hadoop102:9092 --topic first
>hello world
>atguigu atguigu
```

（5）Kafka 控制台消费消息测试。

```
[atguigu@hadoop102 kafka]$ bin/kafka-console-consumer.sh \
--bootstrap-server hadoop102:9092 --from-beginning --topic first
```

其中，--from-beginning 表示将主题中以往所有的数据都读取出来。用户可根据业务场景选择是否增加该配置。

（6）查看 Kafka topic 详情。

```
[atguigu@hadoop102  kafka]$  bin/kafka-topics.sh  --bootstrap-server  hadoop102:9092  --
describe --topic first
```

4.3.5 安装 Flume

Flume 整体上是 Source-Channel-Sink 的三层架构，其中，Source 层用于完成日志的收集，将日志封装成 event 传入 Channel 层；Channel 层主要提供队列的功能，为从 Source 层中传入的数据提供简单的缓存功能；Sink 层用于取出 Channel 层中的数据，将数据送入存储文件系统，或者对接其他的 Source 层。

Flume 以 Agent 为最小独立运行单位，一个 Agent 就是一个 JVM，单个 Agent 由 Source、Sink 和 Channel 三大组件构成。

Flume 将数据表示为 event（事件），event 由一字节数组的主体 body 和一个 key/value 结构的报头 header 构成。其中，主体 body 中封装了 Flume 传送的数据，报头 header 中容纳的 key-value 信息则是为了给数据增加标识，用于跟踪发送事件的优先级，用户可通过拦截器（Interceptor）进行修改。

Flume 的数据流由 event 贯穿始终，这些 event 由 Agent 外部的 Source 生成，Source 在捕获事件后会先对其进行特定的格式化，然后 Source 会把事件推入 Channel 中，Channel 中的 event 会由 Sink 来拉取，Sink 在拉取 event 后可以将 event 持久化或推向另一个 Source。

此外，Flume 还有一些使其应用更加灵活的组件：拦截器、Channel 选择器（Selector）、Sink 组和 Sink 处理器，其功能如下。

- 拦截器可以部署在 Source 和 Channel 之间，用于对事件进行预处理或过滤。Flume 内置了多种类型的拦截器，用户也可以自定义自己的拦截器。
- Channel 选择器可以决定 Source 接收的一个特定事件写入哪些 Channel 组件中。

- Sink 组和 Sink 处理器可以帮助用户实现负载均衡和故障转移。

在了解了 Flume 的基本组成后，我们来进行 Flume 的安装。Flume 需要被安装部署到每一台节点服务器上，具体安装步骤如下。

（1）将 apache-flume-1.10.1-bin.tar.gz 上传到 Linux 的/opt/software 目录下。

（2）将 apache-flume-1.10.1-bin.tar.gz 解压缩到/opt/module/目录下。

```
[atguigu@hadoop102 software]$ tar -zxvf apache-flume-1.10.1-bin.tar.gz -C /opt/module/
```

（3）将 apache-flume-1.10.1-bin 的名称修改为 flume。

```
[atguigu@hadoop102 module]$ mv apache-flume-1.10.1-bin flume
```

（4）修改 conf 目录下的 log4j2.xml 配置文件，配置日志文件的存储路径。

```
[atguigu@hadoop102 conf]$ vim log4j2.xml

<?xml version="1.0" encoding="UTF-8"?>
<!--

Licensed to the Apache Software Foundation (ASF) under one or more
contributor license agreements.  See the NOTICE file distributed with
this work for additional information regarding copyright ownership.
The ASF licenses this file to You under the Apache License, Version 2.0
(the "License"); you may not use this file except in compliance with
the License.  You may obtain a copy of the License at

    http://www.apache.org/licenses/LICENSE-2.0

Unless required by applicable law or agreed to in writing, software
distributed under the License is distributed on an "AS IS" BASIS,
WITHOUT WARRANTIES OR CONDITIONS OF ANY KIND, either express or implied.
See the License for the specific language governing permissions and
limitations under the License.

-->
<Configuration status="ERROR">
  <Properties>
    <Property name="LOG_DIR">/opt/module/flume/log</Property>
  </Properties>
  <Appenders>
    <Console name="Console" target="SYSTEM_ERR">
      <PatternLayout pattern="%d (%t) [%p - %l] %m%n" />
    </Console>
    <RollingFile name="LogFile" fileName="${LOG_DIR}/flume.log" filePattern="${LOG_DIR}/
archive/flume.log.%d{yyyyMMdd}-%i">
      <PatternLayout pattern="%d{dd MMM yyyy HH:mm:ss,SSS} %-5p [%t] (%C.%M:%L) %equals{%x}
{[]}{} - %m%n" />
      <Policies>
        <!-- Roll every night at midnight or when the file reaches 100MB -->
        <SizeBasedTriggeringPolicy size="100 MB"/>
        <CronTriggeringPolicy schedule="0 0 0 * * ?"/>
      </Policies>
      <DefaultRolloverStrategy min="1" max="20">
        <Delete basePath="${LOG_DIR}/archive">
          <!-- Nested conditions: the inner condition is only evaluated on files for which
the outer conditions are true. -->
```

```
        <IfFileName glob="flume.log.*">
          <!-- Only allow 1 GB of files to accumulate -->
          <IfAccumulatedFileSize exceeds="1 GB"/>
        </IfFileName>
      </Delete>
    </DefaultRolloverStrategy>
  </RollingFile>
</Appenders>

<Loggers>
  <Logger name="org.apache.flume.lifecycle" level="info"/>
  <Logger name="org.jboss" level="WARN"/>
  <Logger name="org.apache.avro.ipc.netty.NettyTransceiver" level="WARN"/>
  <Logger name="org.apache.hadoop" level="INFO"/>
<Logger name="org.apache.hadoop.hive" level="ERROR"/>
# 引入控制台输出，方便学习查看日志
  <Root level="INFO">
    <AppenderRef ref="LogFile" />
    <AppenderRef ref="Console" />
  </Root>
</Loggers>

</Configuration>
```

（5）将配置好的 Flume 分发到集群中的其他节点服务器上。

```
[atguigu@hadoop102 module]$ xsync flume/
```

4.4 模拟业务数据

4.4.1 安装 MySQL

1. 安装包准备

将本书附赠资料中的 MySQL 安装包和后续需要执行的脚本文件全部上传至/opt/software/mysql 目录下。

```
[atguigu@hadoop102~]# mkdir /opt/software/mysql
[atguigu@hadoop102 software]$ cd /opt/software/mysql/
[atguigu@hadoop102 mysql]$ ll
install_mysql.sh
mysql-community-client-8.0.31-1.el7.x86_64.rpm
mysql-community-client-plugins-8.0.31-1.el7.x86_64.rpm
mysql-community-common-8.0.31-1.el7.x86_64.rpm
mysql-community-icu-data-files-8.0.31-1.el7.x86_64.rpm
mysql-community-libs-8.0.31-1.el7.x86_64.rpm
mysql-community-libs-compat-8.0.31-1.el7.x86_64.rpm
mysql-community-server-8.0.31-1.el7.x86_64.rpm
mysql-connector-j-8.0.31.jar
```

2. 安装

（1）如果读者使用的是阿里云服务器，就需要执行这一步；如果读者使用的是个人计算机上的虚拟机系统，就跳过这一步。

阿里云服务器默认安装的是 Linux 最小版系统，缺乏 libaio 依赖，因此需要单独安装 libaio 依赖。

①卸载 MySQL 依赖。虽然此时服务器上尚未安装 MySQL，但是这一步必不可少。

```
[atguigu@hadoop102 mysql]# sudo yum remove mysql-libs
```

②下载 libaio 依赖并安装。

```
[atguigu@hadoop102 mysql]# sudo yum install libaio
[atguigu@hadoop102 mysql]# sudo yum -y install autoconf
```

（2）在 hadoop102 节点服务器上执行以下命令，切换至 root 用户。

```
[atguigu@hadoop102 mysql]$ su root
```

（3）执行/opt/software/mysql/目录下的 install_mysql.sh 脚本。

脚本的内容如下所示，通过执行以下脚本安装 MySQL 后，MySQL 的 root 用户登录密码为 000000。

```
[root@hadoop102 mysql]# vim install_mysql.sh

#!/bin/bash
set -x
[ "$(whoami)" = "root" ] || exit 1
[ "$(ls *.rpm | wc -l)" = "7" ] || exit 1
test -f mysql-community-client-8.0.31-1.el7.x86_64.rpm && \
test -f mysql-community-client-plugins-8.0.31-1.el7.x86_64.rpm && \
test -f mysql-community-common-8.0.31-1.el7.x86_64.rpm && \
test -f mysql-community-icu-data-files-8.0.31-1.el7.x86_64.rpm && \
test -f mysql-community-libs-8.0.31-1.el7.x86_64.rpm && \
test -f mysql-community-libs-compat-8.0.31-1.el7.x86_64.rpm && \
test -f mysql-community-server-8.0.31-1.el7.x86_64.rpm || exit 1

# 卸载 MySQL
systemctl stop mysql mysqld 2>/dev/null
rpm -qa | grep -i 'mysql\|mariadb' | xargs -n1 rpm -e --nodeps 2>/dev/null
rm -rf /var/lib/mysql /var/log/mysqld.log /usr/lib64/mysql /etc/my.cnf /usr/my.cnf

set -e
# 安装并启动 MySQL
yum install -y *.rpm >/dev/null 2>&1
systemctl start mysqld

#更改密码级别并重启 MySQL
sed -i '/\[mysqld\]/avalidate_password.length=4\nvalidate_password.policy=0' /etc/my.cnf
systemctl restart mysqld

# 更改 MySQL 配置
tpass=$(cat /var/log/mysqld.log | grep "temporary password" | awk '{print $NF}')
cat << EOF | mysql -uroot -p"${tpass}" --connect-expired-password >/dev/null 2>&1
set password='000000';
update mysql.user set host='%' where user='root';
alter user 'root'@'%' identified with mysql_native_password by '000000';
flush privileges;
EOF
```

执行脚本。

```
[root@hadoop102 mysql]# sh install_mysql.sh
```

（4）在 hadoop102 节点服务器上，从 root 用户退出并切换至 atguigu 用户。

```
[root@hadoop102 mysql]# exit
```

4.4.2　数据模拟

本数据仓库项目需要读者自行模拟业务数据，读者可通过"尚硅谷教育"公众号提供的项目资料获取这部分代码，同时可获取完整的 jar 包。

1. 相关文件准备

（1）将 application.yml、mock-finance-1.3.0.jar 上传到 hadoop102 节点服务器的/opt/module/financial_mock_app 目录下。

```
[atguigu@hadoop102 module]$ mkdir financial_mock_app
[atguigu@hadoop102 applog]$ ls
application.yml mock-finance-1.3.0.jar
```

（2）application.yml 文件的内容如下。

```
# 注意修改数据地址、用户名、密码
spring:
  datasource:
    driver-class-name: com.mysql.cj.jdbc.Driver
    url:
jdbc:mysql://hadoop102:3306/financial_lease?useSSL=false&allowPublicKeyRetrieval=true
    username: root
    password: "000000"
  jpa:
    show-sql: true
    database: mysql
    hibernate:
      ddl-auto: update
    properties:
      hibernate:
        dialect: org.hibernate.dialect.MySQL8Dialect
logging:
  level:
    root: fatal
mock:
  # 模拟数据的起始日期
  date: 2023-05-08
  # 取值范围为 0-1，数值越大，数据时间越紧凑
  enthusiasm: 0.1
```

2. jar 包的使用方式

首次使用 java -jar 命令运行 jar 包 mock-finance-1.3.0.jar 时，会生成维度表数据和 date 参数指定日期的业务数据。之后每次运行该 jar 包时，日期会自动向前推进 1 日，不用再单独修改配置文件。

（1）初始化业务数据库。

```
[atguigu@hadoop102 financial_mock_app]$ mysql -uroot -p000000 -e"create database financial_lease charset utf8mb4 default collate utf8mb4_general_ci"
```

（2）生成数据。

```
[atguigu@hadoop102 financial_mock_app]$ java -jar mock-finance-1.3.0.jar
```

3. 数据模拟脚本

重复执行 java -jar 命令模拟生成数据的操作比较复杂，我们可以将这个命令封装成脚本，脚本内容和使用方式如下所示。

（1）在/home/atguigu/bin 目录下创建脚本 financial_mock.sh。

```
[atguigu@hadoop102 bin]$ vim financial_mock.sh
```

（2）在脚本中编写如下内容。

```bash
#!/bin/bash

for((i=0;i<$1;i++)){
    echo "========== 正在执行第 $(($i+1)) 次数据模拟 =========="
    nohup ssh hadoop102 "cd /opt/module/financial_mock_app/; java -jar mock-finance-1.3.0.jar" >/opt/module/financial_mock_app/mock_log.txt 2>&1
}
```

注意：/opt/module/financial_mock_app 为 jar 包及配置文件所在的路径。

（3）为脚本增加执行权限。

```
[atguigu@hadoop102 bin]$ chmod +x financial_mock.sh
```

（4）使用脚本生成数据。

```
[atguigu@hadoop102 bin]$ financial_mock.sh 1
```

注：脚本会接收传入的第一个参数，表示 jar 包的执行次数。

4.5　业务数据的采集

完整业务数据的采集流程如图 4-8 所示，本节将参照图中所示流程实现业务数据的采集。

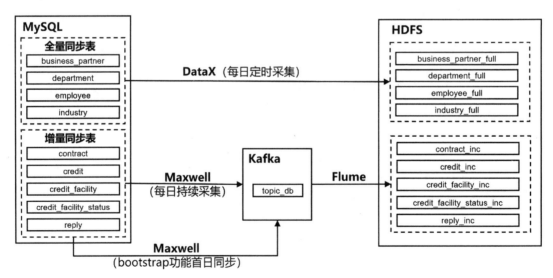

图 4-8　完整业务数据的采集流程

4.5.1　全量同步

全量数据由 DataX 从 MySQL 业务数据库直接同步到 HDFS 中，具体数据流向如图 4-9 所示。

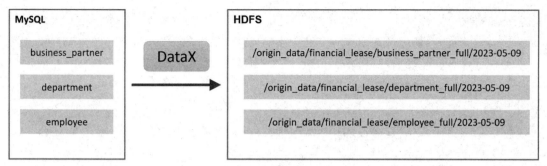

注：目标路径中表名须包含后缀full，表示该表为全量同步；
目标路径中包含一层日期，用以对不同日期的数据进行区分。

图 4-9　全量同步数据流向

1. DataX 配置文件示例

我们需要为每张需要执行全量同步策略的表编写一个 DataX 的 JSON 配置文件，此处以 business_partner 表为例，配置文件内容如下。

```json
{
  "job": {
    "content": [
      {
        "reader": {
          "name": "mysqlreader",
          "parameter": {
            "column": [
              "id",
              "create_time",
              "update_time",
              "name"
            ],
            "connection": [
              {
                "jdbcUrl": [
                  "jdbc:mysql://hadoop102:3306/financial_lease?useSSL=false&allowPublicKey
Retrieval=true&useUnicode=true&characterEncoding=utf-8"
                ],
                "table": [
                  "business_partner"
                ]
              }
            ],
            "password": "000000",
            "splitPk": "",
            "username": "root"
          }
        },
        "writer": {
          "name": "hdfswriter",
          "parameter": {
            "column": [
              {
                "name": "id",
```

```
          "type": "bigint"
        },
        {
          "name": "create_time",
          "type": "string"
        },
        {
          "name": "update_time",
          "type": "string"
        },
        {
          "name": "name",
          "type": "string"
        }
      ],
      "compress": "gzip",
      "defaultFS": "hdfs://hadoop102:8020",
      "fieldDelimiter": "\t",
      "fileName": "business_partner",
      "fileType": "text",
      "path": "${targetdir}",
      "writeMode": "truncate",
      "nullFormat": ""
      }
    }
  }
  ],
  "setting": {
    "speed": {
      "channel": 1
    }
  }
}
}
```

注意：由于目标路径中包含一层日期，用于对不同日期的数据进行区分，所以 path 参数并未写入固定值，而是需要在提交任务时通过参数动态传入，参数名称为 targetdir。

2．DataX 配置文件生成器

本数据仓库项目需要执行全量同步策略的表一共有四张，在实际生产环境中会有更多，依次编写配置文件意味着会产生巨大的工作量。方便起见，本书提供了 DataX 配置文件生成器，生成器的使用方式如下。

（1）在 hadoop102 节点服务器的/opt/module 目录下创建 gen_datax_config 目录，并上传生成器 jar 包 datax-config-generator-1.0-SNAPSHOT-jar-with-dependencies.jar 和配置文件 configuration.properties。

```
[atguigu@hadoop102 ~]$ mkdir /opt/module/gen_datax_config
[atguigu@hadoop102 ~]$ cd /opt/module/gen_datax_config
[atguigu@hadoop102 gen_datax_config]$ ls
datax-config-generator-1.0-SNAPSHOT-jar-with-dependencies.jar
configuration.properties
```

（2）配置文件 configuration.properties 的内容如下所示。

```
#MySQL 用户名
mysql.username=root
```

```
#MySQL 密码
mysql.password=000000
#MySQL 服务所在 host
mysql.host=hadoop102
#MySQL 端口号
mysql.port=3306
#需要导入 HDFS 的 MySQL 数据库
mysql.database.import=financial_lease
#从 HDFS 导出数据的目的 MySQL 数据库
#mysql.database.export=
#需要导入的表，若为空，则表示数据库下的所有表全部导入
mysql.tables.import=business_partner,department,employee,industry
#需要导出的表，若为空，则表示数据库下所有表全部导出
#mysql.tables.export=
#是否为分表，1 为是，0 为否
is.seperated.tables=0
#HDFS 集群的 Namenode 地址
hdfs.uri=hdfs://hadoop102:8020
#生成的导入配置文件的存储目录
import_out_dir=/opt/module/datax/job/financial_lease/import
#生成的导出配置文件的存储目录
#export_out_dir=
```

（3）执行 DataX 配置文件生成器 jar 包。

```
[atguigu@hadoop102 gen_datax_config]$ java -jar datax-config-generator-1.0-SNAPSHOT-jar-
with-dependencies.jar
```

（4）查看生成的导入配置文件的存储目录。

```
[atguigu@hadoop102 ~]$ ll /opt/module/datax/job/financial_lease/import

总用量 16
-rw-rw-r-- 1 atguigu atguigu 1093 6月   6 08:52 financial_lease.business_partner.json
-rw-rw-r-- 1 atguigu atguigu 1241 6月   6 08:52 financial_lease.department.json
-rw-rw-r-- 1 atguigu atguigu 1173 6月   6 08:52 financial_lease.employee.json
-rw-rw-r-- 1 atguigu atguigu 1225 6月   6 08:52 financial_lease.industry.json
```

3．测试生成的 DataX 配置文件

以 business_partner 表为例，测试用脚本生成的 DataX 配置文件是否可用。

（1）由于 DataX 同步任务要求目标路径提前存在，所以需要用户手动创建路径，当前 business_partner 表的目标路径应为/origin_data/financial_lease/business_partner_full/2023-05-09。

```
[atguigu@hadoop102 bin]$ hadoop  fs  -mkdir  -p  /origin_data/financial_lease/business_
partner_full/2023-05-09
```

（2）执行 DataX 同步命令。

```
[atguigu@hadoop102 bin]$ python /opt/module/datax/bin/datax.py -p"-Dtargetdir=/origin_
data/financial_lease/business_partner_full/2023-05-09"/opt/module/datax/job/financial_lease/
import/financial_lease.business_partner.json
```

（3）观察 HDFS 目标路径是否出现同步数据，如图 4-10 所示。

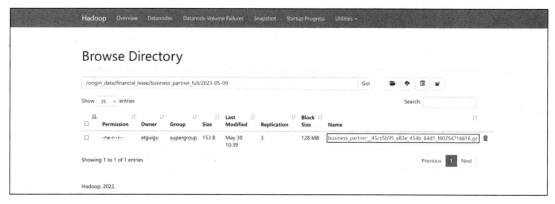

图 4-10　HDFS 目标路径出现同步数据

4．全量同步脚本

为便于使用及后续的任务调度，此处编写一个全量同步脚本。

（1）在/home/atguigu/bin 目录下创建 financial_mysql_to_hdfs_full.sh 脚本。

```
[atguigu@hadoop102 bin]$ vim ~/bin/financial_mysql_to_hdfs_full.sh
```

脚本内容如下。

```
#!/bin/bash
DATAX_HOME=/opt/module/datax
DATAX_DATA=/opt/module/datax/job/import

#如果传入参数，就使用传入的日期；如果不传参数，就使用默认值前一日的日期
if [[ -n "$2" ]]; then
  #statements
  do_date=$2
else
  do_date=${date -d "-1 day" +%F}
fi


handle_targetdir(){
  hadoop fs -rm -r $1 >/dev/null 2>&1
  hadoop fs -mkdir -p $1
}


#数据同步
import_data(){
  target_dir=$1
  datax_config=$2
  handle_targetdir $target_dir
  echo "导入表格数据$datax_config"
  python ${DATAX_HOME}/bin/datax.py  -p"-Dtargetdir=$target_dir"  $datax_config  >/tmp/
datax_run.log 2>&1
  if [[ $? -ne 0 ]]; then
    #statements
    echo "导入数据失败 日志如下"
    cat /tmp/datax_run.log
  fi
}


case $1 in
 "business_partner" | "department" | "employee" | "industry"  )
```

```
import_data   "/origin_data/financial_lease/${1}_full/$do_date"   $DATAX_DATA/financial_
lease.$1.json


    ;;
 "all" )
 for table in "business_partner"  "department"  "employee"  "industry";
 do
 import_data "/origin_data/financial_lease/${table}_full/$do_date" $DATAX_DATA/financial
 _lease.${table}.json
 done


    ;;
esac
```

（2）为 financial_mysql_to_hdfs_full.sh 脚本增加执行权限。

```
[atguigu@hadoop102 bin]$ chmod +x ~/bin/ financial_mysql_to_hdfs_full.sh
```

（3）测试同步脚本。

```
[atguigu@hadoop102 bin]$ financial_mysql_to_hdfs_full.sh all 2023-05-09
```

（4）查看 HDFS 目标路径是否出现全量数据，全量表共有四张，如图 4-11 所示。

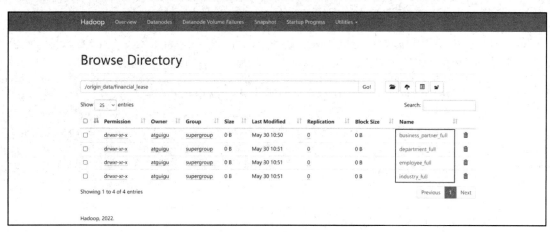

图 4-11　HDFS 目标路径出现全量数据

4.5.2　增量同步

在选择数据同步工具时，我们已经决定使用 Maxwell 进行增量同步。如图 4-12 所示，首先通过 Maxwell 将需要执行增量同步策略的表的变动数据发送至 Kafka 的对应 topic 中，其次使用 Flume 将 Kafka 中的数据采集落盘至 HDFS。

1.　Maxwell 配置及启动测试

（1）启动 ZooKeeper 及 Kafka 集群。

```
[atguigu@hadoop102 module]$ zk.sh start
[atguigu@hadoop102 module]$ kf.sh start
```

（2）启动一个 Kafka 控制台消费者，消费 topic_db 的数据。

```
[atguigu@hadoop103 kafka]$ bin/kafka-console-consumer.sh --bootstrap-server hadoop102:
9092 --topic topic_db
```

（3）启动 Maxwell。

```
[atguigu@hadoop102 bin]$ mxw.sh start
```

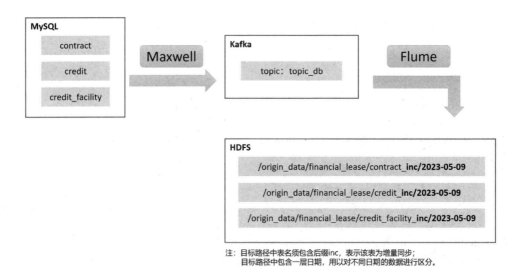

图 4-12　增量同步数据流向

（4）模拟业务数据生成。

```
[atguigu@hadoop102 ~]$ financial_mock.sh 1
```

（5）观察 Kafka 消费者能否消费到数据。

```
{"database":"financial_lease","table":"credit_facility_status","type":"update","ts":1698
376431,"xid":2474,"xoffset":3896,"data":{"id":1218,"create_time":"2023-05-10  16:54:00.000000",
"update_time":"2023-05-10  16:54:00.000000","action_taken":1,"status":1,"credit_facility_
id":423,"employee_id":227,"signatory_id":null},"old":{"credit_facility_id":null}}
{"database":"financial_lease","table":"credit_facility_status","type":"update","ts":1698
376431,"xid":2474,"xoffset":3900,"data":{"id":1243,"create_time":"2023-05-10  16:59:00.000000",
"update_time":"2023-05-10 16:59:00.000000","action_taken":1,"status":1,"credit_facility_id":
427,"employee_id":77,"signatory_id":null},"old":{"credit_facility_id":null}}
```

2．Flume 配置

在编写 Flume Agent 配置文件之前，需要进行组件选型。

Flume 需要将 Kafka 中 topic_db 的数据传输到 HDFS 中，因此需要选用 Kafka Source 及 HDFS Sink，Channel 则选用 File Channel。

需要注意的是，因为 Maxwell 将监控到的业务数据库中的全部变动数据均发往了同一个 Kafka 主题，所以不同表格的变动数据是混合在一起的。因此，我们需要自定义一个拦截器，在拦截器中识别数据中的表格信息，获取 tableName，并添加至 header 中。HDFS Sink 在将数据落盘至 HDFS 时，通过识别 header 中的 tableName，可以将不同表格的数据写入不同的路径下。Flume 关键配置如图 4-13 所示。

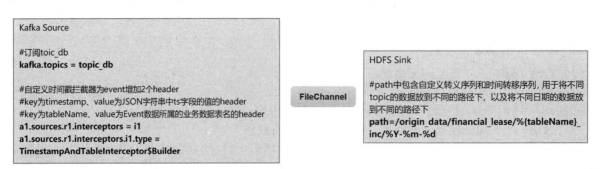

图 4-13　Flume 关键配置

Flume 具体数据示例如图 4-14 所示，一条变动数据被 Maxwell 采集并发送到 Kafka 的 topic_db 主题中，其中包含时间戳 ts。Flume 的 Kafka Source 在采集到这条数据之后，通过图 4-13 中所示的关键配置，将 tableName→credit 和 timestamp→1683611760000 两个键值对写入 header。HDFS 在将这条数据落盘时，即可根据 header 中封装的 tableName 和 ts 信息写入对应的文件夹中。通过以上操作，数据可以存放于以对应表名命名的文件夹下的对应时间命名的文件中。

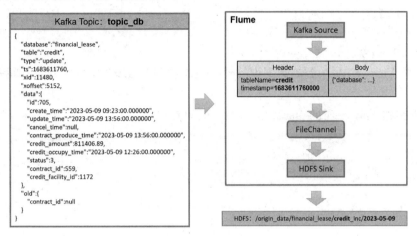

图 4-14　Flume 具体数据示例

Flume 的具体配置过程如下。

（1）在 hadoop104 节点服务器的 Flume 的 job 目录下创建 financial_kafka_to_hdfs_db.conf 文件。

```
[atguigu@hadoop104 flume]$ mkdir job
[atguigu@hadoop104 flume]$ vim job/financial_kafka_to_hdfs_db.conf
```

（2）配置文件内容如下。

```
a1.sources = r1
a1.channels = c1
a1.sinks = k1
a1.sources.r1.type = org.apache.flume.source.kafka.KafkaSource
a1.sources.r1.kafka.bootstrap.servers = hadoop102:9092,hadoop103:9092
a1.sources.r1.kafka.topics = topic_db
a1.sources.r1.kafka.consumer.group.id = flume
a1.sources.r1.interceptors = i1
a1.sources.r1.interceptors.i1.type = com.atguigu.financial.flume.interceptor.Timestamp
AndTableInterceptor$Builder

a1.channels.c1.type = file
a1.channels.c1.checkpointDir = /opt/module/flume/checkpoint/behavior1
a1.channels.c1.dataDirs = /opt/module/flume/data/behavior1/
a1.channels.c1.maxFileSize = 2146435071
a1.channels.c1.capacity = 1000000
a1.channels.c1.keep-alive = 6

## sink1
a1.sinks.k1.type = hdfs
a1.sinks.k1.hdfs.path = /origin_data/financial_lease/%{tableName}_inc/%Y-%m-%d
a1.sinks.k1.hdfs.round = false

a1.sinks.k1.hdfs.rollInterval = 10
a1.sinks.k1.hdfs.rollSize = 134217728
a1.sinks.k1.hdfs.rollCount = 0
```

```
a1.sinks.k1.hdfs.fileType = CompressedStream
a1.sinks.k1.hdfs.codeC = gzip

## 拼装
a1.sources.r1.channels = c1
a1.sinks.k1.channel= c1
```

（3）编写 Flume 拦截器。

此拦截器用于将 Maxwell 采集到的数据中的时间戳添加到 header 中，并将秒级时间戳转换为毫秒级时间戳。

① 在 IDEA 中创建 Maven 项目 financial_lease，如图 4-15 所示。

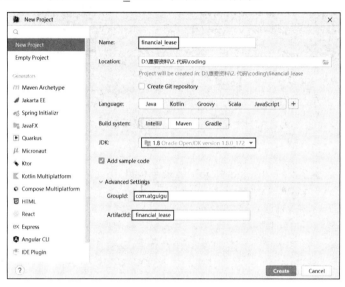

图 4-15　创建 Maven 项目 financial_lease

② 在 pom.xml 文件中添加如下配置。

```xml
<dependencies>
   <dependency>
      <groupId>org.apache.flume</groupId>
      <artifactId>flume-ng-core</artifactId>
      <version>1.10.1</version>
      <scope>provided</scope>
   </dependency>
   <dependency>
      <groupId>com.alibaba</groupId>
      <artifactId>fastjson</artifactId>
      <version>1.2.62</version>
   </dependency>
</dependencies>

<build>
   <plugins>
      <plugin>
         <artifactId>maven-compiler-plugin</artifactId>
         <version>2.3.2</version>
         <configuration>
```

```
                <source>1.8</source>
                <target>1.8</target>
            </configuration>
        </plugin>
        <plugin>
            <artifactId>maven-assembly-plugin</artifactId>
            <configuration>
                <descriptorRefs>
                    <descriptorRef>jar-with-dependencies</descriptorRef>
                </descriptorRefs>
            </configuration>
            <executions>
                <execution>
                    <id>make-assembly</id>
                    <phase>package</phase>
                    <goals>
                        <goal>single</goal>
                    </goals>
                </execution>
            </executions>
        </plugin>
    </plugins>
</build>
```

③ 在 com.atguigu.financial.flume.interceptor 包下创建 TimestampAndTableInterceptor 类，代码如下。

```java
package com.atguigu.financial.flume.interceptor;

import com.alibaba.fastjson.JSONException;
import com.alibaba.fastjson.JSONObject;
import org.apache.flume.Context;
import org.apache.flume.Event;
import org.apache.flume.interceptor.Interceptor;

import java.nio.charset.StandardCharsets;
import java.util.Iterator;
import java.util.List;
import java.util.Map;

public class TimestampAndTableInterceptor implements Interceptor {
    /**
     * 初始化方法
     */
    @Override
    public void initialize() {
    }

    /**
     * 处理单个 event
     * @param event
     * @return
     */
    @Override
```

```
public Event intercept(Event event) {
    // 需要向event的header中添加业务数据的时间戳和表格的名称
    Map<String, String> headers = event.getHeaders();
    // 从event的body中提取JSON格式的数据
    String log = new String(event.getBody(), StandardCharsets.UTF_8);
    try {
        JSONObject jsonObject = JSONObject.parseObject(log);
        String tableName = jsonObject.getString("table");
        // Maxwell采集数据中的时间戳是10位的，正常时间戳一般是13位的，因此需要乘1000
        String ts = jsonObject.getString("ts") + "000";
        headers.put("tableName",tableName);
        headers.put("timestamp",ts);
    }catch (JSONException e){
        // 如果不是JSON格式的数据，即为脏数据，过滤掉
        return null;
    }
    return event;
}


/**
 * 处理多条数据
 * @param events
 * @return
 */
@Override
public List<Event> intercept(List<Event> events) {
    // 批量处理event，同时实现过滤功能
    Iterator<Event> iterator = events.iterator();
    while (iterator.hasNext()) {
        Event next = iterator.next();
        if (intercept(next) == null){
            iterator.remove();
        }
    }
    return events;
}


/**
 * 关闭方法
 */
@Override
public void close() {
}

public static class Builder implements Interceptor.Builder{
    @Override
    public Interceptor build() {
        return new TimestampAndTableInterceptor();
    }

    @Override
```

```
    public void configure(Context context) {
    }
}
}
```

④ 重新打包，打包结果如图 4-16 所示。

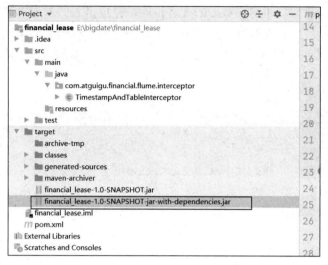

图 4-16 打包结果

⑤将打好的包放入 hadoop104 节点服务器的/opt/module/flume/lib 目录下。

```
[atguigu@hadoop104 lib]$ ls | grep financial
financial_lease-1.0-SNAPSHOT-jar-with-dependencies.jar
```

3. 采集通道测试

（1）确保 ZooKeeper、Kafka 集群、Maxwell 已经启动。

（2）启动 hadoop104 节点服务器的 Flume Agent。

```
[atguigu@hadoop104 flume]$ bin/flume-ng agent -n a1 -c conf/ -f job/financial_kafka_
to_hdfs_db.conf -Dflume.root.logger=info,console
```

（3）模拟生成数据。

```
[atguigu@hadoop104 bin]$ financial_mock.sh 1
```

（4）观察 HDFS 目标路径是否有增量数据出现，如图 4-17 所示。

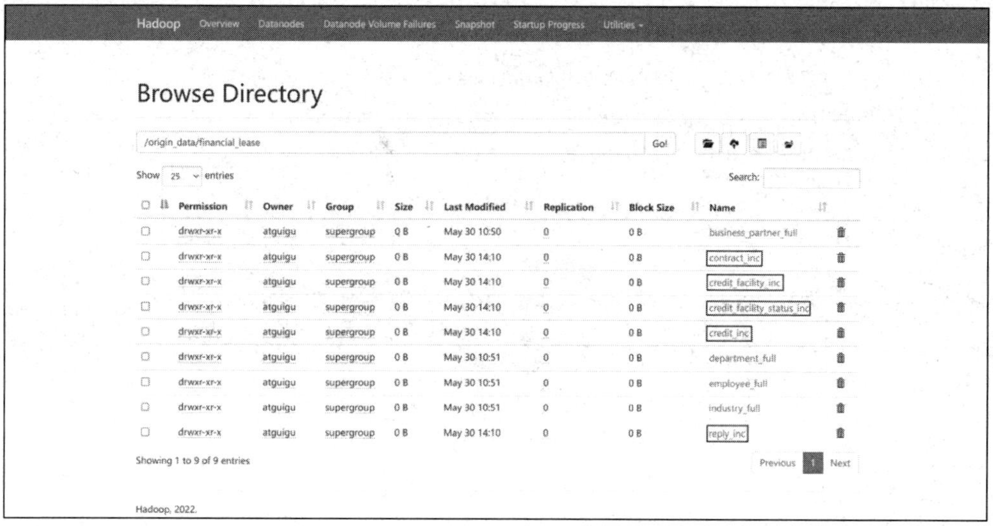

图 4-17 HDFS 目标路径出现增量数据

若 HDFS 目标路径已有以 inc 结尾的增量数据出现，则证明数据通道已经打通。

4. 数据目标路径的日期说明

如果打开图 4-17 中任意一个以 inc 结尾的增量数据文件，就会发现路径中的日期并非是模拟数据的业务日期，而是当前日期。这是由于 Maxwell 输出的 JSON 字符串中的 ts 字段的值，就是 MySQL 中 binlog 日志的数据变动日期。在本模拟项目中，数据的业务日期在模拟日志的过程中通过修改配置文件来指定，因此与数据变动日期可能不一致。而在真实场景下，数据的业务日期与变动日期应当是一致的。

此处为了模拟真实环境，对 Maxwell 源码进行改动，增加一个参数 mock_date，该参数的作用就是指定 Maxwell 输出 JSON 字符串中 ts 字段的日期。

接下来进行测试。

（1）修改 Maxwell 配置文件 config.properties，增加 mock_date 参数，代码如下。

```
#该日期需要和/opt/module/financial_mock_app/application.yml 中的 mock.date 参数值保持一致
mock_date=2023-05-09
```

注意：该参数仅供学习使用，修改该参数后重启 Maxwell 才可生效。

（2）重启 Maxwell，使修改的参数生效。

```
[atguigu@hadoop102 bin]$ mxw.sh restart
```

（3）重新生成模拟数据。

```
[atguigu@hadoop102 bin]$ financial_mock.sh 1
```

（4）观察 HDFS 目标路径的日期是否与模拟数据的业务日期一致。

在增加以上配置项后，在每次需要生成新一日的业务数据并进行采集之前，都需要先修改 Maxwell 配置文件 config.properties 中的 mock_date 参数。例如，需要生成 2023-05-10 的业务数据并进行采集，首先将 Maxwell 配置文件 config.properties 中的 mock_date 参数修改为 2023-05-10，重启 Maxwell；其次执行 financial_mock.sh；最后查看 HDFS 目标路径的日期是否与模拟数据的业务日期一致。

5. 编写 Flume 启动、停止脚本

为便于使用，此处编写一个 Flume 启动、停止脚本。

（1）在 hadoop102 节点服务器的/home/atguigu/bin 目录下创建脚本 financial_f1.sh。

```
[atguigu@hadoop102 bin]$ vim financial_f1.sh
```

在脚本中填写如下内容。

```bash
#!/bin/bash

case $1 in
"start")
    echo " --------启动 hadoop104 业务数据 Flume-------"
    ssh hadoop104 "nohup /opt/module/flume/bin/flume-ng agent -n a1 -c /opt/module/flume/conf -f /opt/module/flume/job/financial_kafka_to_hdfs_db.conf >/dev/null 2>&1 &"
;;
"stop")

    echo " --------停止 hadoop104 业务数据 Flume-------"
    ssh hadoop104 "ps -ef | grep financial_kafka_to_hdfs_db | grep -v grep |awk '{print \$2}' | xargs -n1 kill"
;;
esac
```

（2）增加脚本执行权限。

```
[atguigu@hadoop102 bin]$ chmod +x financial_f1.sh
```

（3）启动 Flume。

```
[atguigu@hadoop102 module]$ financial_f1.sh start
```

（4）停止 Flume。

```
[atguigu@hadoop102 module]$ financial_f1.sh stop
```

6. 增量数据首日全量初始化

在通常情况下，增量数据需要在首日进行一次全量初始化，将现有数据一次性同步至数据仓库中，后续每日再进行增量同步。首日全量初始化可以使用 Maxwell 的 bootstrap 功能实现，方便起见，下面编写一个增量数据首日全量初始化脚本。

（1）在/home/atguigu/bin 目录下创建 financial_mysql_to_kafka_inc_init.sh 脚本。

```
[atguigu@hadoop102 bin]$ vim financial_mysql_to_kafka_inc_init.sh
```

脚本内容如下。

```
#!/bin/bash

# 该脚本的作用是初始化所有的增量表，只需执行一次
MAXWELL_HOME=/opt/module/maxwell

import_data() {
 $MAXWELL_HOME/bin/maxwell-bootstrap  --database  financial_lease  --table  $1  --config
$MAXWELL_HOME/config.properties
}

case $1 in
"contract" | "credit" | "credit_facility" | "credit_facility_status" | "reply")
  import_data $1
  ;;
"all")
  for table in "contract" "credit" "credit_facility" "credit_facility_status" "reply";
  do
    #statements
    import_data $table
  done
  ;;
esac
```

（2）为 financial_mysql_to_kafka_inc_init.sh 脚本增加执行权限。

```
[atguigu@hadoop102 bin]$ chmod +x ~/bin/financial_mysql_to_kafka_inc_init.sh
```

（3）清理历史数据。

为便于查看结果，现将之前 HDFS 上同步的增量数据删除。

```
[atguigu@hadoop102 ~]$ hadoop fs -ls /origin_data/financial_lease  | grep  inc | awk
'{print $8}' | xargs hadoop fs -rm -r -f
```

（4）执行 financial_mysql_to_kafka_inc_init.sh 脚本。

```
[atguigu@hadoop102 bin]$ financial_mysql_to_kafka_inc_init.sh all
```

（5）检查同步结果。

观察 HDFS 上是否重新出现同步数据。

7. 增量同步总结

在进行增量同步时，需要先在首日进行一次全量初始化，后续每日进行增量同步。在首日进行全量初始化时，需要先启动数据通道，包括 Maxwell、Kafka、Flume，然后执行增量数据首日全量初始化脚本

financial_mysql_to_kafka_inc_init.sh 进行初始化，后续每日只需保证采集通道正常运行即可，Maxwell 便会实时将变动数据发往 Kafka。

4.6　采集通道启动和停止脚本

通过以上内容的讲解，我们已经知道，整个采集通道涉及多个框架。在实际开发过程中，需要按照顺序依次启动这些框架和进程，过程十分烦琐。我们将整个采集通道涉及的所有命令和脚本统一封装成脚本，可以大大简化流程。

（1）在/home/atguigu/bin 目录下创建脚本 cluster.sh。

```
[atguigu@hadoop102 bin]$ vim cluster.sh
```

在脚本中编写如下内容。

```
#! /bin/bash

case $1 in
"start"){
        echo ================== 启动 集群 ==================
        #启动 ZooKeeper 集群
        zk.sh start
        #启动 Hadoop 集群
        hdp.sh start
        #启动 Kafka 采集集群
        kf.sh start
        #启动业务消费 Flume
        financial_f1.sh start
        #启动 Maxwell
        mxw.sh start
        };;
"stop"){
        echo ================== 停止 集群 ==================
        #停止 Maxwell
        mxw.sh stop
        #停止 业务消费 Flume
        financial_f1.sh stop
        #停止 Kafka 采集集群
        kf.sh stop
        #停止 Hadoop 集群
        hdp.sh stop
        #循环直至 Kafka 集群进程全部停止
        kafka_count=$(xcall jps | grep Kafka | wc -l)
        while [ $kafka_count -gt 0 ]
        do
            sleep 1
            kafka_count=$(jpsall | grep Kafka | wc -l)
            echo "当前未停止的 Kafka 进程数为 $kafka_count"
        done
        #停止 ZooKeeper 集群
        zk.sh stop
};;
esac
```

（2）增加脚本执行权限。

```
[atguigu@hadoop102 bin]$ chmod +x cluster.sh
```

（3）执行脚本启动采集通道。

```
[atguigu@hadoop102 bin]$ cluster.sh start
```

（4）执行脚本停止采集通道。

```
[atguigu@hadoop102 bin]$ cluster.sh stop
```

4.7　本章总结

本章主要对业务数据采集模块进行了搭建，在搭建过程中，读者可以发现，业务数据的数据表数量众多且多种多样，因此需要针对不同类型的数据表制订不同的数据同步策略，在制订好策略的前提下选用合适的数据采集工具。通过本章的学习，希望读者对业务数据的采集工作能有更多的了解。

第 5 章

数据仓库搭建模块

在搭建数据采集模块后，业务数据已经采集到数据存储系统中。此时，数据在数据存储系统中还没有发挥出任何价值，本章将完成数据仓库搭建的核心工作，对采集到的数据进行计算和分析。想从海量数据中获取有用的信息并不像想象中那么简单，不是执行简单的数据提取操作就可以做到的。在进行数据的分析和计算之前，我们首先讲解数据仓库的关键理论知识，其次搭建数据分析处理的开发环境，最后以数据仓库的理论知识为指导，分层搭建数据仓库，得到最终需求数据。

5.1 数据仓库理论准备

无论数据仓库的规模有多大，在搭建数据仓库之初，读者都应掌握一定的基础理论知识，对数据仓库的整体架构有所规划，这样才能搭建出合理高效的数据仓库体系。

本章将围绕数据建模展开，向读者介绍数据仓库建模理论的深层内核知识。

5.1.1 数据建模概述

数据模型是描述数据、数据联系、数据语义，以及一致性约束的概念工具的集合。数据建模，简单来说就是基于对业务的理解，将各种数据进行整合和关联，最终使这些数据具有较强的可用性和可读性，让数据使用者可以快速地获取自己关心的、有价值的数据，提高数据响应速度，为企业带来更高的效益。

那么，为什么要进行数据建模呢？

如果把数据看作图书馆里的书，我们希望看到它们被分门别类地放置在书架上；如果把数据看作城市的建筑，我们希望城市规划布局合理；如果把数据看作计算机中的文件和文件夹，我们希望按照自己的习惯来整理文件夹，而不希望看到糟糕混乱的桌面，经常为找一个文件而不知所措。

数据建模是一套面向数据的方法，用来指导数据的整合和存储，使数据的存储和组织更有意义，其具有以下优点。

（1）进行全面的业务梳理，改进业务流程。

在进行数据建模之前，必须对企业进行全面的业务梳理。通过建立业务模型，我们可以全面了解企业的业务架构和整个业务的运行情况，能够将业务按照一定的标准进行分类和规范，提高业务效率。

（2）建立全方位的数据视角，消除信息孤岛和数据差异。

通过构建数据模型，可以为企业提供一个整体的数据视角，而不再是每个部分各自为政。通过构建数据模型，勾勒出各部门之间内在的业务联系，消除部门之间的信息孤岛。通过规范化的数据模型建设，实现各部门间的数据一致性，消除部门间的数据差异。

（3）提高数据仓库的灵活性。

通过构建数据模型，能够很好地将底层技术与上层业务分离开。当上层业务发生变化时，通过查看数据模型，底层技术可以轻松完成业务变动，从而提高整个数据仓库的灵活性。

（4）加快数据仓库系统建设速度。

通过构建数据模型，开发人员和业务人员可以更加清晰地制订系统建设任务，以及进行长期目标的规划，明确当前开发任务，加快系统建设速度。

综上所述，合理的数据建模可以提升查询性能、提高用户效率、改善用户体验、提升数据质量、降低企业成本。

因此，数据存储系统需要使用数据模型来指导数据的组织和存储，以便在性能、成本、效率和质量之间取得平衡。数据建模要遵循的原则如下。

- 高内聚和低耦合。将业务相近或相关、粒度相同的数据设计为一个逻辑或物理模式，将高概率同时访问的数据放在一起，将低概率同时访问的数据分开存储。
- 核心模型与扩展模型分离。建立核心模型与扩展模型体系，核心模型包括的字段支持常用的核心业务，扩展模型包括的字段支持个性化或少量应用的业务，两种模型尽量分离，以提高核心模型体系的简洁性和可维护性。
- 成本与性能平衡。适当的数据冗余可以换取数据查询性能的提升，但是不宜过度冗余。
- 数据可回滚。在不改变处理逻辑、不修改代码的情况下，重新执行任务后结果不变。
- 一致性。不同表的相同字段命名与定义具有一致性。
- 命名清晰、可理解。表名要清晰、一致，并且易于理解，方便使用。

5.1.2　关系模型与范式理论

在数据仓库搭建过程中应采用哪种建模理论是大数据领域绕不过去的一个讨论命题。主流的数据仓库设计模型有两种，分别是 Bill Inmon 支持的关系模型（Relation Model）及 Ralph Kimball 支持的维度模型。

关系模型用表的集合来表示数据和数据之间的关系。每张表有多个列，每列有唯一的列名。关系模型是一种基于记录的模型。每张表包含某种特定类型的记录，每个记录类型定义了固定数目的字段（或属性）。表的列对应记录类型的属性。在商用数据处理应用中，关系模型已经成为当今主要使用的数据模型，之所以占据主要位置，是因为与早期的数据模型（如网络模型或层次模型）相比，关系模型以其简易性简化了编程者的工作。

Bill Inmon 的建模理论将数据建模分为三个层次：高层建模（ER 模型，Entity Relationship）、中间层建模（称为数据项集或 DIS）、底层建模（称为物理模型）。高层建模是指站在全企业的高度，以实体（Entity）和关系（Relationship）为特征来描述企业业务。中间层建模以 ER 模型为基础，将每一个主题域进一步扩展成各自的中间层模型。底层建模是从中间层数据模型创建扩展而来的，使模型中开始包含一些关键字和物理特性。

通过上文可以看到，关系数据库基于关系模型，使用一系列表来表达数据及这些数据之间的联系。一般而言，关系数据库设计的目的是生成一组关系模式，使用户在存储信息时可以避免不必要的冗余，并且让用户可以方便地获取信息。这是通过设计满足范式（Normal Form）的模式来实现的。目前，业界的范式包括第一范式（1NF）、第二范式（2NF）、第三范式（3NF）、巴斯-科德范式（BCNF）、第四范式（4NF）和第五范式（5NF）。范式可以理解为一张数据表的表结构所符合的设计标准的级别。使用范式的根本目的包括如下两点。

- 减少数据冗余，尽量让每个数据只出现一次。
- 保证数据的一致性。

以上两点非常重要，因为在数据仓库发展之初，磁盘是很贵的存储介质，必须减少数据冗余，才能减少磁盘存储空间，降低开发成本。而且以前是没有分布式系统的，若想扩充存储空间，则只能增加磁盘，而磁盘的个数也是有限的，若数据冗余严重，则对数据进行一次修改，需要修改多张表，很难保证数据的一致性。

严格遵循范式理论的缺点是，在获取数据时需要通过表与表之间的关联拼接出最后的数据。

1．什么是函数依赖

函数依赖示例如表 5-1 所示。

表 5-1 函数依赖示例：学生成绩表

学　号	姓　名	系　名	系 主 任	课　名	分数（分）
1	李小明	经济系	王强	高等数学	95
1	李小明	经济系	王强	大学英语	87
1	李小明	经济系	王强	普通化学	76
2	张莉莉	经济系	王强	高等数学	72
2	张莉莉	经济系	王强	大学英语	98
2	张莉莉	经济系	王强	计算机基础	82
3	高芳芳	法律系	刘玲	高等数学	88
3	高芳芳	法律系	刘玲	法学基础	84

函数依赖分为完全函数依赖、部分函数依赖和传递函数依赖。

（1）完全函数依赖。

设 (X, Y) 是关系 R 的两个属性集合，X' 是 X 的真子集，存在 $X \rightarrow Y$，但对每一个 X' 都有 $X' ! \rightarrow Y$，则称 Y 完全依赖于 X。

例如，通过（学号,课名）可推出分数，但是单独使用学号推不出分数，就可以说分数完全依赖于（学号,课名）。

即通过 (A, B) 能得出 C，但是单独通过 A 或 B 得不出 C，那么可以说 C 完全依赖于 (A, B)。

（2）部分函数依赖。

假如 Y 依赖于 X，但同时 Y 并不完全依赖于 X，那么可以说 Y 部分依赖于 X。

例如，通过（学号,课名）可推出姓名，也可以直接通过学号推出姓名，因此姓名部分依赖于（学号,课名）。

即通过 (A, B) 能得出 C，通过 A 也能得出 C，或者通过 B 也能得出 C，那么可以说 C 部分依赖于 (A, B)。

（3）传递函数依赖。

设 (X, Y, Z) 是关系 R 中互不相同的属性集合，存在 $X \rightarrow Y(Y ! \rightarrow X), Y \rightarrow Z$，则称 Z 传递依赖于 X。

例如，通过学号可推出系名，通过系名可推出系主任，但是通过系主任推不出学号，系主任主要依赖于系名，这种情况可以说系主任传递依赖于学号。

即通过 A 可得到 B，通过 B 可得到 C，但是通过 C 得不到 A，那么可以说 C 传递依赖于 A。

2．第一范式

第一范式（1NF）的核心原则是属性不可分割。

如表 5-2 所示，商品列中的数据不是原子数据项，是可以分割的，明显不符合第一范式。

表 5-2 不符合第一范式的表格设计

id	商　品	商 家 id	用 户 id
001	5 台计算机	×××旗舰店	00001

对表 5-2 进行修改，使表格符合第一范式的要求，如表 5-3 所示。

表 5-3　符合第一范式的表格设计

id	商　品	数　量	商　家 id	用　户 id
001	计算机	5 台	×××旗舰店	00001

实际上，第一范式是对所有关系数据库的最基本要求，在关系数据库（如 SQL Server、Oracle、MySQL）中创建数据表时，如果数据表的设计不符合这个最基本的要求，那么操作一定无法成功。也就是说，只要在关系数据库中已经存在的数据表，就一定是符合第一范式的。

3. 第二范式

第二范式（2NF）的核心原则是不能存在部分函数依赖。

表 5-1 明显存在部分函数依赖。这张表的主键是（学号,课名），分数确实完全依赖于（学号,课名），但是姓名并不完全依赖于（学号,课名）。

将表 5-1 进行调整，去掉部分函数依赖，使其符合第二范式，如表 5-4 和表 5-5 所示。

表 5-4　学号-课名-分数表

学　号	课　名	分数（分）
1	高等数学	95
1	大学英语	87
1	普通化学	76
2	高等数学	72
2	大学英语	98
2	计算机基础	82
3	高等数学	88
3	法学基础	84

表 5-5　学号-姓名-系明细表

学　号	姓　名	系　名	系 主 任
1	李小明	经济系	王强
2	张莉莉	经济系	王强
3	高芳芳	法律系	刘玲

4. 第三范式

第三范式（3NF）的核心原则是不能存在传递函数依赖。

表 5-5 中存在传递函数依赖，通过系主任不能推出学号，将表格进行进一步拆分，使其符合第三范式，如表 5-6 和表 5-7 所示。

表 5-6　学号-姓名表

学　号	姓　名	系　名
1	李小明	经济系
2	张莉莉	经济系
3	高芳芳	法律系

表 5-7　系名-系主任表

系　　名	系　主　任
经济系	王强
法律系	刘玲

　　关系模型示意图如图 5-1 所示，其严格遵循第三范式，从图 5-1 中可以看出，模型较为松散、零碎，物理表数量多，但数据冗余程度低。由于数据分布在众多的表中，所以这些数据可以更为灵活地被应用，功能性较强。关系模型主要应用于 OLTP（On-Line Transaction Processing，联机事务处理）系统，OLTP 是传统的关系数据库的主要应用，主要用于基本的、日常的事务处理，如银行交易等。为了保证数据的一致性及避免冗余，大部分业务系统的表都遵循第三范式。

　　规范化带来的好处是显而易见的，但是在数据仓库的搭建中，规范化程度越高，意味着划分的表越多，在查询数据时就会出现更多的表连接操作。

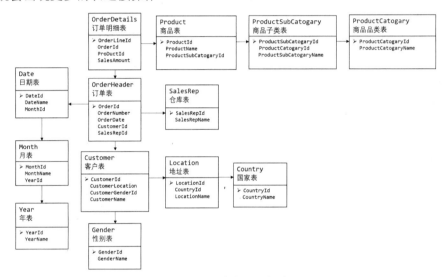

图 5-1　关系模型示意图

5.1.3　维度模型

　　当今的数据处理大致可以分成两大类：联机事务处理（OLTP）、联机分析处理（On-Line Analytical Processing，OLAP）。OLTP 已经讲过，它是传统的关系数据库的主要应用，而 OLAP 是数据仓库系统的主要应用，支持复杂的分析操作，侧重决策支持，并且可提供直观、易懂的查询结果。OLTP 与 OLAP 的主要区别如表 5-8 所示。

表 5-8　OLTP 与 OLAP 的主要区别

对 比 属 性	OLTP	OLAP
读特性	每次查询只返回少量记录	对大量记录进行汇总
写特性	随机、低延时写入用户的输入	批量导入
使用场景	用户，Java EE 项目	内部分析师，为决策提供支持
数据表征	最新数据状态	随时间变化的历史状态
数据规模	GB	TP 到 PB

　　维度模型是一种将大量数据结构化的逻辑设计手段，包含维度和度量指标。维度模型不像关系模型

（其目的是消除冗余数据），它面向分析设计，最终目的是提高查询性能，最终结果会增加数据冗余，并且违反第三范式。

维度建模是数据仓库领域的另一位大师——Ralph Kimball 所支持和倡导的数据仓库建模理论。维度模型将复杂的业务通过事实和维度两个概念呈现。事实通常对应业务过程，而维度通常对应业务过程发生时所处的环境。

典型的维度模型示意图如图 5-2 所示，其中位于中心的 SalesOrder（销售流水表）为事实表，保存的是下单这个业务过程的所有记录。位于周围的每张表都是维度表，包括 Customer（客户表）、Date（日期表）、Location（地址表）和 Product（商品表）等，这些维度表组成了每个订单发生时所处的环境，即何人、何时、在何地购买了何种商品。从图 5-2 中可以看出，维度模型相对清晰、简洁。

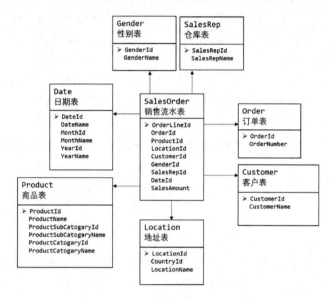

图 5-2 典型的维度模型示意图

维度模型主要应用于 OLAP 系统，通常以某一张事实表为中心进行表的组织，主要面向查询，特征是可能存在数据冗余，但是用户能方便地获取数据。

采用关系模型建模，虽然数据冗余程度低，但是在大规模数据中进行跨表分析统计查询时，会造成多表关联，这会大大降低执行效率。因此，通常我们采用维度模型建模，把各种相关表整理成事实表和维度表，所有的维度表围绕事实表进行解释。

5.1.4 维度建模理论之事实表

在数据仓库维度建模理论中，通常将表分为事实表和维度表两大类。事实表加维度表能够描述一个完整的业务事件。

事实表是指存储有事实记录的表。事实表中的每行数据代表一个业务事件，如下单、支付、退款、评价等。"事实"这个术语表示的是业务事件中的度量，如可统计次数、个数、金额等。例如，2020 年 5 月 21 日，宋老师在京东网花费 2500 元买了一部手机，在这个业务事件中，涉及的维度有时间、用户、商家、商品，涉及的事实则是 2500 元、一部。

事实表作为数据仓库建模的核心，需要根据业务过程来设计，包含引用的维度和与业务过程有关的度量。事实表中的每行数据包括具有可加性的数值类型的度量和与维度表相连接的外键，并且通常都具有两个及两个以上的外键。

事实表的特征有以下三点。

（1）通常数据量会比较大。

（2）内容相对比较窄，列数通常比较少，主要是一些外键 id 和度量字段。

（3）经常会发生变化，每日都会增加新数据。

作为度量业务过程的事实，一般为整型或浮点型的十进制数值类型，有可加性、半可加性和不可加性三种类型。

（1）可加性事实。最灵活、最有用的事实是完全可加的，可加性事实可以按照与事实表关联的任意维度进行汇总，如订单金额。

（2）半可加性事实。半可加性事实可以对某些维度进行汇总，但不能对所有维度进行汇总。差额是常见的半可加性事实，除时间维度外，差额可以跨所有维度进行汇总操作，如每日的余额加起来毫无意义。

（3）不可加性事实。一些事实是完全不可加的，如比率。对于不可加性事实，一种好的方法是将其分解为可加的组件，从而实现聚集。

事实表通常有以下几种。

（1）事务事实表。事务事实表是指以每个事务或事件为单位的表，例如，一笔支付记录作为事实表中的一行数据。

（2）周期快照事实表。周期快照事实表中不会保留所有数据，只保留固定时间间隔的数据，例如，每日或每月的销售额，以及每月的账户余额等。

（3）累积快照事实表。累积快照事实表用于跟踪业务事实的变化。

下面对各事实表进行详细介绍。

1．事务事实表

事务事实表用来记录各业务过程，它保存的是各业务过程的原子操作事件，即最细粒度的操作事件。粒度是指事实表中一行数据所表达的业务细节程度。

事务事实表可用于分析与各业务过程相关的各项统计指标，由于其保存了最细粒度的记录，所以可以提供最大限度的灵活性，可以支持无法预期的各种细节层次的统计需求。

在构建事务事实表时，一般可遵循以下四个步骤：选择业务过程→声明粒度→确认维度→确认事实。

（1）选择业务过程。

在业务系统中，挑选我们感兴趣的业务过程。业务过程可以概括为一个个不可拆分的行为事件，例如，电商交易中的下单、取消订单、付款、退单等都是业务过程。在通常情况下，一个业务过程对应一张事务事实表。

（2）声明粒度。

在确定了业务过程后，需要为每个业务过程声明粒度，即精确定义每张事务事实表的每行数据表示的是什么。应该尽可能选择最细粒度，以此来满足各种细节程度的统计需求。

典型的粒度声明为，订单事实表中的一行数据表示的是一个订单中的一个商品项。

（3）确定维度。

确定维度具体是指确定与每张事务事实表相关的维度。

在确定维度时，应尽可能多地选择与业务过程相关的环境信息，因为维度的丰富程度决定了维度模型能够支持的指标丰富程度。

（4）确定事实。

此处的"事实"一词，指的是每个业务过程的度量（通常是可累加的数值类型的值，如次数、个数、件数、金额等）。

经过上述四个步骤，事务事实表基本设计完成。第一步可以确定有哪些事务事实表，第二步可以确定每张事务事实表的每行数据是什么，第三步可以确定每张事务事实表的维度外键，第四步可以确定每张事务事实表的度量字段。

事务事实表可以保存所有业务过程的最细粒度的操作事件，因此在理论上可以满足与各业务过程相关的各种统计粒度的需求，但对于某些特定类型的需求，其逻辑可能会比较复杂，或者效率会比较低，具体情况如下。

① 存量型指标。

存量型指标包括商品库存、账户余额等。此处以电商中的虚拟货币业务为例，虚拟货币业务主要包含的业务过程为获取货币和使用货币，两个业务过程各自对应一张事务事实表，一张用于存储所有获取货币的原子操作事件，另一张用于存储所有使用货币的原子操作事件。

假定现在有一个需求，要求统计截至当日各用户的虚拟货币余额。由于获取货币和使用货币均会影响余额，所以需要对两张事务事实表进行聚合，并且需要区分二者对余额的影响（加或减），另外需要对这两张表的全表数据进行聚合才能得到统计结果。

可以看到，无论是从逻辑上还是从效率上考虑，这都不是一个好的方案。

② 多事务关联统计。

例如，现在需要统计最近 30 日，用户下单到支付的时间间隔的平均值。统计思路应该是先找到下单事务事实表和支付事务事实表，过滤出最近 30 日的记录，然后按照订单 id 对这两张事实表进行关联，之后使用支付时间减去下单时间，再求出平均值。

逻辑上虽然并不复杂，但是其效率较低，因为下单事务事实表和支付事务事实表均为大表，大表与大表的关联操作应尽量避免。

可以看到，在上述两种场景下，事务事实表的表现并不理想。下面将介绍的另外两种类型的事实表可用来弥补事务事实表的不足。

2．周期快照事实表

周期快照事实表以具有规律性的、可预见的时间间隔来记录事实，主要用于分析一些存量型（如商品库存、账户余额）或状态型（如空气温度、行驶速度）指标。

如表 5-9 所示，为某电商网站商品的周期快照事实表中的一行数据，记录了商品历史至今的交易数量、交易金额、加入购物车次数、收藏次数。

表 5-9　周期快照事实表

商品 id	业 务 日 期	交易数量（件）	交易金额（元）	加入购物车次数（次）	收藏次数（次）
001	2020-06-24	100	5000	203	323

对于商品库存、账户余额这些存量型指标，业务系统中通常会计算并保存最新结果，因此定期同步一份全量数据到数据仓库，构建周期快照事实表，就能轻松应对此类统计需求，无须再对事务事实表中大量的历史记录进行聚合。

对于空气温度、行驶速度这些状态型指标，由于它们的值往往是连续的，我们无法捕获其变动的原子事务操作，所以无法使用事务事实表统计此类数据，只能定期对其进行采样，构建周期快照事实表。

构建周期快照事实表的步骤如下。

（1）确定粒度。

周期快照事实表的粒度可由采样周期和维度描述，因此在确定采样周期和维度后即可确定粒度。采样周期通常选择每日。维度可根据统计指标决定，例如，若统计指标为统计每个仓库中每种商品的库存，则可确定维度为仓库和商品。

确定完采样周期和维度后，即可确定该表的粒度为每日、仓库、商品。

（2）确认事实。

事实也可根据统计指标决定，例如，若统计指标为统计每个仓库中每种商品的库存，则事实为商品库存。

3. 累积快照事实表

累积快照事实表是基于一个业务流程中的多个关键业务过程联合处理而构建的事实表，如交易流程中的下单、支付、发货、确认收货业务过程。

如表 5-10 所示，数据仓库中可能需要累计或存储从下单开始到订单商品被打包、运输和签收的各业务阶段的时间点数据，以此跟踪订单生命周期的进展情况。在进行这个业务过程时，事实表的记录也要不断更新。

表 5-10　累积快照事实表

订 单 id	用 户 id	下 单 时 间	打 包 时 间	发 货 时 间	签 收 时 间
001	000001	2020-02-12 10:10	2020-02-12 11:10	2020-02-12 12:10	2020-02-12 13:10

累积快照事实表通常具有多个日期字段，每个日期对应业务流程中的一个关键业务过程（里程碑）。

累积快照事实表主要用于分析业务过程（里程碑）之间的时间间隔等需求。例如，前文提到的用户下单到支付的平均时间间隔，使用累积快照事实表进行统计就能避免两个事务事实表的关联操作，从而使操作变得简单、高效。

累积快照事实表的构建流程与事务事实表类似，也可采用以下四个步骤，下面重点描述其与事务事实表的不同之处。

（1）选择业务过程。选择一个业务流程中需要进行关联分析的多个关键业务过程，多个业务过程对应一张累积快照事实表。

（2）声明粒度。精确定义每行数据表示的含义，尽量选择最细粒度。

（3）确认维度。选择与各业务过程相关的维度，需要注意的是，每个业务过程均需要一个日期维度。

（4）确认事实。选择各业务过程的度量。

5.1.5　维度建模理论之维度表

维度表又称维表，有时也被称为查找表，是与事实表相对应的一种表。维度表保存了维度的属性值，可以与事实表进行关联，相当于将事实表中经常重复出现的属性抽取、规范出来，使用一张表进行管理。维度表一般存储的是对事实的描述信息。每一张维度表对应现实世界中的一个对象或概念，如用户、商品、日期和地区等。例如，订单状态表、商品品类表等，如表 5-11 和表 5-12 所示。

表 5-11　订单状态表

订单状态编号	订单状态名称
1	未支付
2	支付
3	发货中
4	已发货
5	已完成

表 5-12　商品品类表

商品品类编号	品 类 名 称
1	服装
2	保健品
3	电器
4	图书

维度表通常具有以下三个特征。

● 维度表的范围很宽，通常具有很多属性，列比较多。

● 与事实表相比，维度表的行数相对较少，通常小于 10 万行。

● 维度表的内容相对固定，不会轻易发生改变。

使用维度表可以大大缩小事实表的大小，便于对维度进行管理和维护，当增加、删除和修改维度的属性时，不必对事实表的大量记录进行改动。维度表可以为多张事实表服务，减少重复工作。

维度表的构建步骤如下所示。

（1）确定维度（表）。

在构建事实表时，已经确定了与每张事实表相关的维度，理论上每个相关维度均需对应一张维度表。需要注意的是，可能存在多张事实表与同一个维度都相关的情况，这种情况需要保证维度的唯一性，即只创建一张维度表。另外，如果某些维度表的维度属性很少，如只有一个国家名称，则可不创建该维度表，而是把该表的维度属性直接增加到与它相关的事实表中，这个操作被称为维度退化。

（2）确定主维表和相关维表。

此处的主维表和相关维表均指业务系统中与某维度相关的表。例如，在电商业务系统中与商品相关的表有 sku_info、spu_info、base_trademark、base_category3、base_category2、base_category1 等，其中，sku_info 被称为商品维度的主维表，其余表则被称为商品维度的相关维表。维度表的粒度通常与主维表相同。

（3）确定维度属性。

确定维度属性即确定维度表字段。维度属性主要来自业务系统中与该维度对应的主维表和相关维表。维度属性既可直接从主维表或相关维表中选择，又可通过进一步加工得到。

在确定维度属性时，需要遵循以下原则。

● 尽可能生成丰富的维度属性。

维度属性是后续进行分析统计时的查询约束条件、分组字段的基本来源，是数据易用性的关键。维度属性的丰富程度直接影响数据模型能够支持的指标的丰富程度。

● 尽量不使用编码，而是使用明确的文字说明，一般编码和文字说明可以共存。

● 尽量沉淀出通用的维度属性。

有些维度属性的获取需要进行比较复杂的逻辑处理，例如，需要通过多个字段拼接得到。为避免后续每次使用时进行重复处理，可将这些维度属性沉淀到维度表中。

维度表的四大设计要点如下。

1．规范化与反规范化

规范化是指使用一系列范式设计数据库的过程，其目的是减少数据冗余，增强数据的一致性。在通常情况下，在规范化之后，一张表中的字段会被拆分到多张表中。

反规范化是指将多张表的数据合并到一张表中，其目的是减少表之间的关联操作，提高查询性能。

在构建维度表时，如果对其进行规范化，那么得到的维度模型被称为雪花模型，如果对其进行反规范化，那么得到的模型被称为星形模型。

关于雪花模型与星形模型，将在 5.1.6 节中做详细讲解。

数据仓库系统主要用于数据分析和统计，因此是否方便用户进行统计和分析决定了模型的优劣。采用雪花模型，用户在统计和分析的过程中需要进行大量的关联操作，使用复杂度高，同时查询性能很差；而星形模型则方便、易用且性能好。因此，出于易用性和性能的考虑，维度表一般不是很规范化。

2．维度变化

维度属性通常不是静态的，而是随时间变化的，数据仓库的一个重要特点就是反映历史的变化，因此，如何保存维度数据的历史状态是维度设计的重要工作之一。通常采用全量快照表或拉链表保存维度数据的历史状态。

（1）全量快照表。

离线数据仓库的计算周期通常为每日一次，因此可以每日保存一份全量的维度数据。这种方式的优点和缺点都很明显。

优点是简单有效，开发和维护成本低，方便理解和使用。

缺点是浪费存储空间，尤其是当数据的变化比例比较低时。

（2）拉链表。

拉链表的意义在于，能够更加高效地保存维度数据的历史状态。

什么是拉链表？

拉链表是维护历史状态及最新状态数据的一种表，用于记录每条信息的生命周期，一旦一条信息的生命周期结束，就重新开始记录一条新的信息，并把当前日期作为生效开始日期，如表 5-13 所示。

如果当前信息至今有效，就在生效结束日期中填入一个极大值（如 9999-12-31）。

表 5-13　用户状态拉链表

用 户 id	手 机 号 码	生效开始日期	生效结束日期
1	136****9090	2019-01-01	2019-05-01
1	137****8989	2019-05-02	2019-07-02
1	182****7878	2019-07-03	2019-09-05
1	155****1234	2019-09-06	9999-12-31

为什么要做拉链表？

拉链表适用于如下场景：数据量比较大，并且数据部分字段会发生变化，变化的比例不大且频率不高。若采用每日全量同步策略导入数据，则会占用大量内存且会保存很多不变的信息。在此种情况下，使用拉链表既能反映数据的历史状态，又能最大限度地节省存储空间。

例如，用户信息会发生变化，但是变化比例不大。如果用户数量具有一定规模，就按照每日全量的方式保存，效率很低。

用户表中的数据每日有可能新增，也有可能修改，但修改频率并不高，属于缓慢变化维度，故此处采用拉链表存储用户维度数据。

如何使用拉链表？

某张用户信息拉链表如表 5-14 所示，其中存放的是所有用户的姓名信息，若想获取某个日期的数据全量切片，则可通过生效开始日期≤某个日期≤生效结束日期得到。

表 5-14　某张用户信息拉链表

用 户 id	姓 名	生效开始时间	生效结束日期
1	张三	2019-01-01	9999-12-31
2	李四	2019-01-01	2019-01-02
2	李小四	2019-01-03	9999-12-31
3	王五	2019-01-01	9999-12-31
4	赵六	2019-01-02	9999-12-31

例如，若想获取 2019-01-01 的全量用户数据，则可通过使用 SQL 语句 select * from user_info where start_date<='2019-01-01' and end_date>='2019-01-01';得到，查询结果如表 5-15 所示。

表 5-15　查询结果

用 户 id	姓　　　名	生效开始时间	生效结束日期
1	张三	2019-01-01	9999-12-31
2	李四	2019-01-01	2019-01-02
3	王五	2019-01-01	9999-12-31

3．多值维度

事实表中的一条记录在某张维度表中有多条记录与之对应，被称为多值维度。例如，订单事实表中的一条记录为一个订单，一个订单可能包含多个商品，因此商品维度表中就可能有多条数据与之对应。

针对这种情况，通常采用以下两种方案解决。

第一种：降低事实表的粒度，例如，将订单事实表的粒度由一个订单降低为一个订单中的一个商品项。

第二种：在事实表中采用多字段保存多个维度值，每个字段保存一个维度 id。这种方案只适用于多值维度个数固定的情况。

建议尽量采用第一种方案解决多值维度问题。

4．多值属性

维度表中的某个属性同时拥有多个值，被称为"多值属性"，例如，商品维度的平台属性和销售属性，每个商品均有多个属性值。

针对这种情况，通常采用以下两种方案解决。

第一种：将多值属性放到一个字段，该字段内容为"key1:value1,key2:value2"的形式，例如，一部手机的平台属性值为"品牌:华为,系统:鸿蒙,CPU:麒麟 990"。

第二种：将多值属性放到多个字段，每个字段对应一个属性。这种方案只适用于多值属性个数固定的情况。

5.1.6　星形模型、雪花模型与星座模型

在维度建模的基础上，数据模型又分为 3 种模型：星形模型、雪花模型与星座模型。其中，最常用的是星形模型。

星形模型中有 1 张事实表，以及 0 张或多张维度表，事实表与维度表通过主键、外键相关联，维度表之间没有关联。当所有维度表都直接连接到事实表上时，整个图解就像星星一样，因此将该模型称为星形模型，如图 5-3 所示。星形模型是最简单也是最常用的模型。由于星形模型只有 1 张大表，所以相对于其他模型来说，其更适合用于进行大数据处理，而其他模型也可以通过一定的转换变为星形模型。星形模型是一种非规范化的结构，多维数据集的每一个维度都直接与事实表相连接，不存在渐变维度，因此数据有一定的冗余。例如，在地域维度表中，存在国家 A 省 B 的城市 C，以及国家 A 省 B 的城市 D 这 2 条记录，那么国家 A 和省 B 的信息分别存储了两次，即存在冗余。

当有 1 张或多张维度表没有直接连接到事实表上，而是通过其他维度表连接到事实表上时，其图解就像多个雪花连接在一起，故称为雪花模型。雪花模型是对星形模型的扩展，它对星形模型的维度表进行了进一步层次化，原有的各维度表可能被扩展为小的事实表，形成一些局部的"层次"区域，这些被分解的表都连接到主维度表而不是事实表上，如图 5-4 所示。雪花模型的优点是，通过最大限度地减少数据存储量，以及联合较小的维度表来改善查询性能。雪花模型去除了数据冗余，比较靠近第三范式，但是无法完全遵守，因为遵守第三范式的成本太高。

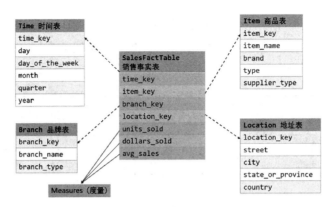

图 5-3　星形模型建模示意图

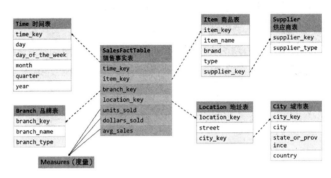

图 5-4　雪花模型建模示意图

星座模型与前两种模型的区别是事实表的数量，星座模型是基于多张事实表的，并且事实表之间共享一些维度表。星座模型与前两种模型并不冲突。如图 5-5 所示为星座模型建模示意图。因为很多数据仓库包含多张事实表，所以通常使用星座模型。

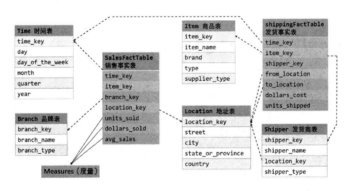

图 5-5　星座模型建模示意图

星形模型因为数据存在很大冗余，所以很多查询不需要与外部表进行连接，因此在一般情况下查询效率比雪花模型高。星形模型不用考虑很多规范化因素，因此设计与实现都比较简单。雪花模型由于去除了冗余，有些统计需要通过表的连接才能完成，因此查询效率比较低。

通过对比可以看出，数据仓库在大多数情况下比较适合使用星形模型来构建底层 Hive 数据表，大量数据的冗余可以减少表的查询次数，提升查询效率。星形模型对于 OLAP 系统是非常友好的，这一点在 Kylin 中体现得非常彻底。而雪花模型更常应用于关系数据库中。目前在企业实际开发中，不会只选择一种模型，而是根据情况灵活组合，甚至并存（一层维度和多层维度都保存）。但是从整体来看，企业更倾向于选择维度更少的星形模型。尤其是 Hadoop 体系，减少表与表之间的连接操作就是减少中间数据的传输和计算，性能差距很大。

5.2　数据仓库建模实践

在了解了数据仓库建模的相关理论之后，本节将针对本数据仓库项目的实际情况做出具体的建模计划。

5.2.1　名词概念

在做具体的建模计划之前，我们首先来了解一些在数据仓库建模过程中会用到的名词概念，其中也包含曾经提到过的一些概念，这里再次做简单讲解，温故而知新。

（1）宽表。

宽表从字面意义上讲就是字段比较多的表，通常是指将业务主题相关的指标与维度、属性关联在一起的表。

（2）粒度。

粒度是设计数据仓库的一个重要方面。粒度是指数据仓库的数据单位中保存数据的细化或综合程度的级别。细化程度越高，粒度级越小；相反，细化程度越低，粒度级越大。笼统地说，粒度就是维度的组合。

（3）维度退化。

将一些常用的维度属性直接写到事实表中的维度操作被称为维度退化。

（4）维度层次。

维度层次是指维度中的一些描述属性以层次的方式或一对多的方式相互关联，可以理解为包含连续主从关系的属性层次。层次的底层代表维度中描述最低级别的详细信息，顶层代表最高级别的概要信息。维度常常有多个这样的嵌入式层次结构。

（5）下钻。

下钻是指数据明细从粗粒度到细粒度的过程，会细化某些维度。下钻是商业用户分析数据时采用的最基本的方法。下钻仅需要在查询上增加一个维度属性，附加在 SQL 的 Group By 语句中。属性可以来自任何与查询使用的事实表关联的维度。下钻不需要存在层次的定义或下钻路径。

（6）上卷。

上卷是指数据的汇总聚合，即从细粒度到粗粒度的过程，会无视某些维度。

（7）规范化。

按照第三范式，使用事实表和维度表的方式管理数据被称为规范化。规范化常用于 OLTP 系统的设计。通过规范化处理可以将重复属性移至自身所属的表中，删除冗余数据。上文中提到的雪花模型就是典型的数据规范化处理。

（8）反规范化。

将维度的属性合并到单个维度中的操作被称为反规范化。反规范化会产生包含全部信息的宽表，形成数据冗余，实现用维度表的空间换取数据简明性和查询性能提升的效果，常用于 OLAP 系统的设计。

（9）业务过程。

业务过程是组织完成的操作型活动，如获得订单、付款、退货等。多数事实表关注某一业务过程的结果，过程的选择是非常重要的，因为过程定义了特定的设计目标，以及粒度、维度和事实。每个业务过程对应企业数据仓库总线矩阵的一行。

（10）原子指标。

原子指标是基于某一业务过程的度量值，是业务定义中不可再拆解的指标。原子指标的核心功能就是对指标的聚合逻辑进行定义。我们可以得出结论，原子指标包含三要素，分别是业务过程、度量值和聚合逻辑。

（11）派生指标。

派生指标基于原子指标、时间周期和维度，用于圈定业务统计范围并分析获取业务统计指标的数值。

（12）衍生指标。

衍生指标是在一个或多个派生指标的基础上，通过各种逻辑运算复合而成的，如比率、比例等类型的指标。衍生指标也会对应实际的统计需求。

（13）数据域。

数据域是联系较为紧密的数据主题的集合。通常根据业务类别、数据来源、数据用途等多个维度，对企业的业务数据进行区域划分。将同类型数据存放在一起，便于使用者快速查找需要的内容。不同使用目的的数据，分类标准不同。

（14）业务总线矩阵。

企业数据仓库的业务总线矩阵是用于设计企业数据仓库总线架构的基本工具。矩阵的行表示业务过程，列表示维度。矩阵中的点表示维度与给定的业务过程的关系。

5.2.2 为什么要分层

要想使数据仓库中的数据真正发挥最大的作用，必须对其进行分层，数据仓库分层的优点如下。

● 将复杂问题简单化。可以将一个复杂的任务分解成多个步骤来完成，每一层只处理单一的任务。

● 减少重复开发。规范数据分层，通过使用中间层数据，可以大大减少重复计算量，增加计算结果的复用性。

● 隔离原始数据。使真实数据与最终统计数据解耦。

● 清晰的数据结构。每个数据分层都有它的作用域，这样我们在使用表的时候更便于定位和理解。

● 数据血缘追踪。我们最终向业务人员展示的是一张能直观看到结果的数据表，但是这张表的数据来源可能有很多，如果结果表出现问题，就可以快速定位到问题位置，并清楚危害范围。

数据仓库具体如何分层，取决于设计者对数据仓库的整体规划，不过大部分的思路是相似的。本书将数据仓库分为四层，如图 5-6 所示。

● 原始数据层（ODS）：存放原始数据，直接装载原始日志、数据，数据保持原貌不做处理。

● 明细数据层（DWD）：对 ODS 层中的数据进行清洗（去除空值、脏数据、超过极限范围的数据）、维度退化、脱敏等。

● 公共维度层（DIM）：基于维度建模理论进行构建，存放维度模型中的维度表，保存一致性维度信息。

● 数据应用层（ADS）：面向实际的数据需求，为各种统计报表提供数据。

图 5-6 数据仓库分层规划

5.2.3　数据仓库搭建流程

如图 5-7 所示为数据仓库搭建流程。

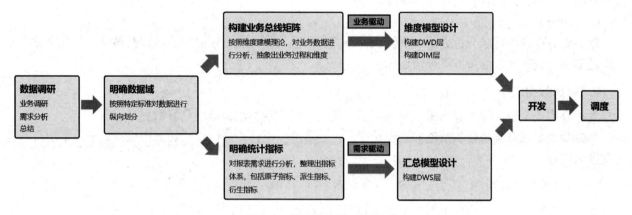

图 5-7　数据仓库搭建流程

1．数据调研

数据调研的工作分为两项，分别是业务调研和需求分析。这两项工作做得是否充分，直接影响数据仓库的质量。

（1）业务调研。

业务调研的主要目的是熟悉业务流程和业务数据。

熟悉业务流程要求做到明确每个业务的具体流程，需要将该业务所包含的具体业务过程一一列举出来。

熟悉业务数据要求做到将数据（包括埋点日志和业务数据表）与业务过程对应起来，明确每个业务过程会对哪些表的数据产生影响，以及产生什么影响。产生的影响需要具体到是新增一条数据，还是修改一条数据，并且需要明确新增的内容或修改的逻辑。

下面以金融租赁的业务流程为例进行演示，涉及的业务过程有风控审核、信审经办审核、一级评审人/加签人审核、项目评审会审核等，交易业务具体流程如图 5-8 所示。

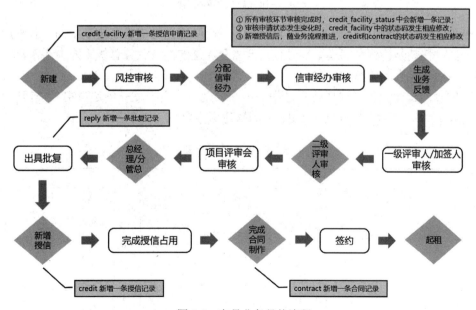

图 5-8　交易业务具体流程

（2）需求分析。

例如，统计截至当日各业务方向处于信审经办审核通过状态的项目的申请金额。

在分析以上需求时，需要明确需求所包含的业务过程及维度，例如，该需求所包含的业务过程是信审经办审核，所包含的维度有信审经办和业务方向。

（3）总结。

做完业务调研和需求分析之后，要保证每个需求都能找到与之对应的业务过程及维度。若现有数据无法满足需求，则需要与业务方进行沟通。

2．明确数据域

数据仓库模型设计除了进行横向分层，通常还需要根据业务情况纵向划分数据域。

划分数据域的意义是便于数据的管理和应用。通常可以根据业务过程或者部门进行划分。本项目不进行数据域的划分。

3．构建业务总线矩阵

业务总线矩阵中包含维度模型所需的所有事实（业务过程）和维度，以及各业务过程与各维度的关系。如图 5-9 所示，矩阵的行是一个个业务过程，矩阵的列是一个个维度，行列的交点表示业务过程与维度的关系。

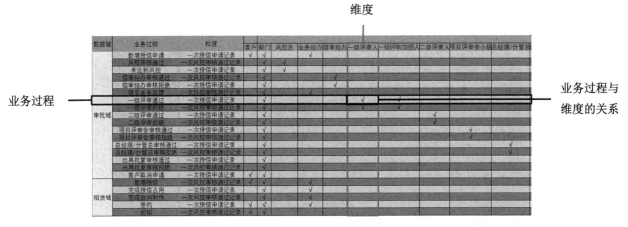

图 5-9　业务总线矩阵示例

一个业务过程对应维度模型中的一张事务事实表，一个维度则对应维度模型中的一张维度表，因此构建业务总线矩阵的过程就是构建维度模型的过程。但需要注意的是，业务总线矩阵中通常只包含事务事实表，另外两种类型的事实表需要单独构建。

按照事务事实表的构建流程（选择业务过程→声明粒度→确定维度→确定事实），得到的最终的业务总线矩阵如表 5-16 所示，后续 DWD 层与 DIM 层的搭建都需要参考该矩阵。

表 5-16　业务总线矩阵

数据域	业务过程	粒　度	维　度													度　　量
			客户	部门	风控员	业务经办	信审经办	一级评审人	一级评审人/加签人	二级评审人	项目评审会小组	总经理/分管总	出具批复审核团队	业务方向	行业	
审批域	新增授信申请	一次授信申请记录	√	√		√								√	√	项目个数/项目金额

续表

数据域	业务过程	粒度	维度													度量
			客户	部门	风控员	业务经办	信审经办	一级评审人	一级评审人/加签人	二级评审人	项目评审会小组	总经理/分管总	出具批复审核团队	业务方向	行业	
审批域	风控审核通过	一次风控审核通过记录		√	√									√	√	项目个数/项目金额
	未达到风控	一次授信申请记录		√	√									√	√	项目个数/项目金额
	信审经办审核通过	一次风控审核通过记录		√			√							√	√	项目个数/项目金额
	信审经办审核拒绝	一次授信申请记录		√			√							√	√	项目个数/项目金额
	提交业务反馈	一次风控审核通过记录		√		√								√	√	项目个数/项目金额
	一级评审通过	一次授信申请记录		√				√	√					√	√	项目个数/项目金额
	一级评审拒绝	一次风控审核通过记录		√				√	√					√	√	项目个数/项目金额
	二级评审通过	一次授信申请记录		√						√				√	√	项目个数/项目金额
	二级评审拒绝	一次风控审核通过记录		√						√				√	√	项目个数/项目金额
审批域	项目评审会审核通过	一次授信申请记录		√							√			√	√	项目个数/项目金额
	项目评审会审核拒绝	一次风控审核通过记录		√							√			√	√	项目个数/项目金额
	总经理/分管总审核通过	一次授信申请记录		√								√		√	√	项目个数/项目金额
	总经理/分管总审核拒绝	一次风控审核通过记录		√								√		√	√	项目个数/项目金额
	出具批复审核通过	一次授信申请记录		√									√	√	√	项目个数/项目金额
	出具批复审核拒绝	一次风控审核通过记录		√									√	√	√	项目个数/项目金额
	客户取消申请	一次授信申请记录	√	√										√	√	项目个数/项目金额
租赁域	新增授信	一次风控审核通过记录	√	√	√									√	√	项目个数/项目金额
	完成授信占用	一次授信申请记录		√	√									√	√	项目个数/项目金额

数据域	业务过程	粒度	维度													度量
			客户	部门	风控员	业务经办	信审经办	一级评审人	一级评审人/加签人	二级评审人	项目评审会小组	总经理/分管总	出具批复审核团队	业务方向	行业	
租赁域	完成合同制作	一次风控审核通过记录			√	√								√	√	项目个数/项目金额
	签约	一次授信申请记录	√	√		√								√	√	项目个数/项目金额
	起租	一次风控审核通过记录	√	√										√	√	项目个数/项目金额

4．明确统计指标

明确统计指标的具体工作是：深入分析需求，构建指标体系。构建指标体系的主要意义就是使指标定义标准化。所有指标的定义都必须遵循同一套标准，这样才能有效地避免指标定义存在歧义、指标定义重复等问题。

指标体系的相关概念在 5.2.1 节中已进行过解释，此处进行更进一步的讲解。

（1）原子指标。

原子指标基于某一业务过程的度量，是业务定义中不可再拆解的指标，其核心功能就是对指标的聚合逻辑进行定义。我们可以得出结论，原子指标包含三要素，分别是业务过程、度量和聚合逻辑。

例如，处于新增申请状态的项目总数就是一个典型的原子指标，其中业务过程为新增申请，度量为订单个数，聚合逻辑为 count() 求总数。需要注意的是，原子指标只是用来辅助定义指标的一个概念，通常不会有实际统计需求与之对应。

（2）派生指标。

派生指标基于原子指标，其与原子指标的关系如图 5-10 所示。派生指标就是在原子指标的基础上增加修饰限定，如日期限定、业务限定、粒度限定等。在图 5-10 中，在处于新增申请状态的项目总数这个原子指标上增加日期限定（最近一日）、粒度限定（各行业），就获得了一个派生指标，即最近一日各行业处于新增申请状态的项目总数。

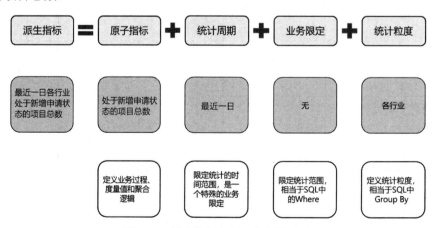

图 5-10　派生指标与原子指标的关系

与原子指标不同，派生指标通常会对应实际的统计需求。读者可从图 5-10 中体会指标定义标准化的含义。

（3）衍生指标。

衍生指标是在一个或多个派生指标的基础上，通过各种逻辑运算复合而成的，如比率、比例等类型的指标。衍生指标也会对应实际的统计需求。如图 5-11 所示，有两个派生指标，分别是历史至今分配至信审经办的项目数和历史至今信审经办审核通过的项目数，通过这两个派生指标之间的逻辑运算，可以得到衍生指标，即历史至今信审经办审核阶段通过率。

图 5-11　基于派生指标得到衍生指标

通过上述两个具体的案例可以看出，绝大多数的统计需求都可以使用原子指标、派生指标及衍生指标这套标准来定义。

我们发现这些统计需求都直接或间接地对应一个或多个派生指标。当统计需求足够多时，必然会出现部分统计需求对应的派生指标相同的情况。在这种情况下，我们可以考虑将这些公用的派生指标保存下来，这样做的主要目的就是减少重复计算，提高数据的复用性。

这些公用的派生指标统一保存在数据仓库的 DWS 层中。因此 DWS 层的设计就可以参考我们根据现有的统计需求整理出的派生指标。

经过分析，虽然本项目的需求均为状态相关的统计，涉及多个业务过程，均为衍生指标，可以按照上述思路设计 DWS 层和 ADS 层，基于事务事实表做计算求得，但是这样做的结果是，在下游造成大量事务事实表的关联操作，并且计算过程过于繁复。因此，本项目在 DWD 层构建累积快照事实表，记录关键业务过程的里程碑，下游基于这些里程碑做判断就可以轻易得出统计结果，大大简化计算过程，减少数据仓库建模的复杂程度。因此，本项目不再需要对指标进行拆分，ADS 层直接从 DWD 层的累积快照事实表中取数计算即可。

5.维度模型设计

维度模型的设计参照上文中提到的业务总线矩阵即可。事实表存储在 DWD 层中，维度表存储在 DIM 层中。通常这两层的搭建是基于业务总线矩阵进行的，业务总线矩阵的一行对应一张事务事实表，一列对应一张维度表，但本项目较为特殊，说明如下。

（1）本项目并不关注审核流程中具体的业务过程，更侧重于某一时刻处于各状态的项目的相关统计，因此，通过累积快照事实表实现需求，不再构建事务事实表。

（2）本项目的业务过程涉及了很多与"人"相关的维度：风控员、一级评审人等，对于业务过程而言，它们是不同的维度，但从业务实体的角度分析，它们都属于员工维度，因此对于这部分维度，最终只对建一张员工维度表。

6.汇总模型设计

本项目不进行汇总模型的设计。

5.2.4　数据仓库开发规范

如果在数据仓库开发前期缺乏规划，随着业务的发展就会暴露出越来越多的问题，例如，同一个指标，命名不一样将导致重复计算；若字段数据不完整、不准确，则无法确认字段含义；不同表的相同字段命名不同等。因此，在数据仓库开发之初就应该制定完善的规范，从设计、开发、部署和应用的层面避免重复建设、指标冗余建设、混乱建设等问题，从而保障数据口径的规范和统一。要做到数据仓库开发规范化，需要从以下几个方面入手。

- 标准建模。按照标准规范设计和管理数据模型。
- 规范研发。整个开发过程需要严格遵守开发规范。
- 统一定义。做到指标定义一致性、数据来源一致性、统计口径一致性、维度一致性、维度和指标数据出口唯一性。
- 词根规范。建立企业词根词典。
- 指标规范。
- 命名规范。

在数据仓库开发过程中，开发人员要遵守一定的数据仓库开发规范，本数据仓库项目的开发规范如下。

1. 命名规范

（1）表名、字段名命名规范。

表名、字段名采用下画线分隔词根，每部分使用小写英文单词。

表名、字段名均以字母开头，长度不宜超过 64 个英文字符。

优先使用词根中已有关键字（制定数据仓库词根管理标准），定期检查新增命名的合理性。

表名、字段名中禁止采用非标准的缩写。

字段名要求有实际意义，根据词根组合而成。

- ODS 层命名为 ods_表名。
- DIM 层命名为 dim_表名。
- DWD 层命名为 dwd_表名。
- ADS 层命名为 ads_表名。
- 临时表命名为 tmp_表名。
- 用户行为表以 log 为后缀进行命名。

（2）脚本命名规范。

脚本命名格式为 financial_数据源_to_目标.sh。

（3）表字段类型。

- 数量字段的类型通常为 bigint。
- 金额字段的类型通常为 decimal(16,2)，表示 16 位有效数字，其中小数部分是 2 位。
- 字符串字段（如名字、描述信息等）的类型为 string。
- 主键、外键的字段类型为 string。
- 时间戳字段的类型为 bigint。

2. 数据仓库层级开发规范

（1）确认数据报表（如业务产品）及数据使用方（如推荐后台）对数据的需求。

（2）确定业务板块和数据域。

（3）确定业务过程的上报时机，梳理每个业务过程对应的纬度、度量，构建业务总线矩阵。

（4）确定 DWD 层的设计细节。

（5）确定派生指标和衍生指标。

（6）梳理维度对应的关联维度。

（7）确定 DWS 层的设计细节。

（8）应用报表工具或自行加工设计出 ADS 层。

3．数据仓库层级调用规范

（1）原则上不允许不同的任务修改同一张表。

（2）DWS 层要调用 DWD 层的数据。

（3）ADS 层可以调用 DWS 层或 DWD 层的数据。

（4）如果 ODS 层过于特例化，而统计诉求单一，并且长期考虑不会有新的扩展需求，就可以跳过 DWD 层或 DWS 层。但是如果后期出现多个脚本需要访问同一个 ODS 层的表的情况，就必须拓展出 DWD 层及 DWS 层的表。

（5）宽表建设相当于用存储换计算，过度的宽表存储可能会威胁底层表的存储资源，甚至影响集群稳定性，从而影响计算性能，产生本末倒置的问题。

4．表存储规范

（1）全量存储：以日为单位的全量存储，以业务日期作为分区，每个分区存放截至业务日期的全量业务数据。

（2）增量存储：以日为单位的增量存储，以业务日期作为分区，每个分区存放每日增量的业务数据。

（3）拉链存储：拉链存储通过新增两个时间戳字段（开始时间和结束时间），将所有以日为粒度的变动数据都记录下来，通常分区字段也是这两个时间戳字段。这样，下游应用可以通过限制时间戳字段来获取历史数据。该方法不利于数据使用者对数据仓库的理解，同时因为限定生效日期，会产生大量分区，不利于长远的数据仓库维护。

拉链存储虽然可以压缩大量的存储空间，但使用麻烦。

综上所述，在通常情况下推荐使用全量存储处理缓慢变化维度。在数据量巨大的情况下，建议使用拉链存储。

5．DIM 层开发规范

（1）仅包括非流水计算产生的维度表。

（2）相同 key 的维度需要保持一致。

如果由于历史原因相同 key 的维度暂时不一致，就必须在规范的维度定义一个标准维度属性，不同的物理名也必须是标准维度属性的别名。

在不同的实际物理表中，如果由于维度角色的差异需要使用其他的名称，那么其名称也必须是规范的维度属性的别名，例如，视频所属账号 id 与视频分享账号 id。

（3）不同 key 的维度，含义不要有交叉，避免产生同一口径不同上报的问题。

（4）将业务相关性强的字段尽量放在一张维度表中实现。相关性一般指经常需要一起查询或同时进行报表展现的字段，如商品基本属性和所属品牌。

6．DWD 层开发规范

（1）确定涉及业务总线矩阵中的哪些一致性维度、一致性度量、业务过程。

（2）数据粒度同 ODS 层一样，不做任何汇总操作，原则上不做维度表关联。

（3）底层公用的处理逻辑应该在数据调度依赖的底层进行封装与实现，不要让公用的处理逻辑暴露给应用层实现，不要让公用逻辑在多处同时存在。

（4）相同业务板块的 DWD 层表，需要保持统一的公参列表。

（5）被 ETL 变动的维度或度量，在名称上要有所区分。

（6）将不可加性事实分解为可加性事实。

（7）减少因过滤条件不同产生的不同口径的表，尽量保留全表，用维度区分口径。

（8）适当的数据冗余可换取查询和刷新性能的提升，在一张宽表中，维度属性的冗余，应该遵循以下建议准则。

- 冗余字段与表中其他字段被高频率同时访问。
- 冗余字段的引入不应导致其本身的刷新完成时间产生过多延迟。

7. 指标规范

指标的定义口径（如一些常用的流量指标：日活跃度、周活跃度、月活跃度、页面访问次数、页面平均停留时长等）需要与业务方、运营人员或数据分析师共同决定。

指标类型包括原子指标、派生指标和衍生指标。原子指标是指不能再拆解的指标，通常用于表达业务实体原子量化属性且不可再分，如订单数，其命名遵循单个原子指标词根+修饰词原则。派生指标是指建立在原子指标之上，通过一定运算规则形成的计算指标集合，如人均费用、跳转率等。衍生指标是指原子指标或派生指标与维度等相结合产生的指标，如最近 7 日注册用户数，其命名遵循多个原子指标词根+修饰词原则。

每设定一个指标，都要经过业务方与数据部门的共同评审，判定指标是否必要、如何定义等，明确指标名称、指标编码、业务口径、责任人等信息。

8. 分区规范

明确在什么情况下需要分区，明确分区字段，确定分区字段命名规范。

9. 开发规范总体原则

开发规范的总体原则是：指标支持任务重新运行而不影响结果、数据声明周期合理、任务迭代不会严重影响任务产出时间。

（1）数据清洗规范。
- 字段统一。
- 字段类型统一。
- 注释补全。
- 时间格式统一。
- 枚举值统一。
- 复杂数据解析方式统一。
- 空值清洗或替换规则统一。
- 隐私数据脱敏规则统一。

（2）SQL 语句编写规范。
- 要求代码行清晰、整齐，具有一定的可观赏性。
- 代码编写要以执行速度最快为原则。
- 代码行整体层次分明、结构化强。
- 代码中应添加必要的注释，以增强代码的可读性。
- 表名、字段名、保留字等全部小写。
- SQL 语句按照子句进行分行编写，不同关键字另起一行。
- 同一级别的子句要对齐。
- 算术运算符、逻辑运算符的前后保留一个空格。
- 建表时，在每个字段后使用字段中文名作为注释。
- 无效脚本采用单行或多行注释。
- 多表连接时，使用表的别名来引用列。

5.3　数据仓库搭建环境准备

Hive 是基于 Hadoop 的一个数据仓库工具。因为 Hive 是基于 Hadoop 的，所以 Hive 的默认计算引擎是 Hadoop 的计算框架 MapReduce。MapReduce 是 Hadoop 提供的，可用于大规模数据集的计算编程模型，在推出之初解决了大数据计算领域的很多问题，但是其始终无法满足开发人员对于大数据计算在速度上的要求。随着 Hive 的升级更新，目前 Hive 还支持另外两个计算引擎，分别是 Tez 和 Spark。

Tez 和 Spark 从不同的角度大大提升了 Hive 的计算速度，也是目前数据仓库计算中使用较多的计算引擎。本数据仓库项目使用 Spark 作为 Hive 的计算引擎。Spark 有两种模式，分别是 Hive on Spark 和 Spark on Hive。

在 Hive on Spark 中，Hive 既负责存储元数据，又负责解析和优化 SQL 语句，SQL 语法采用 HQL 语法，由 Spark 负责计算。

在 Spark on Hive 中，Hive 只负责存储元数据，由 Spark 负责解析和优化 SQL 语句，SQL 语法采用 Spark SQL 语法，同样由 Spark 负责计算。

本数据仓库项目将采用 Hive on Spark 模式。

5.3.1　安装 Hive

Hive 是一款用类 SQL 语句来协助读/写、管理存储在分布式系统上的大数据集的数据仓库软件。Hive 可以将类 SQL 语句解析成 MapReduce 程序，从而避免编写繁杂的 MapReduce 程序，使用户分析数据变得容易。Hive 要分析的数据存储在 HDFS 上，因此它本身不提供数据存储功能。Hive 将数据映射成一张张表，而将表的结构信息存储在关系数据库（如 MySQL）中，因此在安装 Hive 之前，我们需要先安装 MySQL。

在 4.4.1 节中，已经讲解过如何在 hadoop102 节点服务器上安装 MySQL，在安装 MySQL 后，我们可以着手对 Hive 进行正式的安装部署。

1．兼容性说明

本书将会使用 Hive 3.1.3 和 Spark 3.3.1，而从官方网站下载的 Hive 3.1.3 和 Spark 3.3.1 默认是不兼容的。因为官方网站提供的 Hive 3.1.3 安装包默认支持的 Spark 版本是 2.3.0，所以我们需要重新编译 Hive 3.1.3 版本安装包。

编译步骤：从官方网站下载 Hive 3.1.3 源码包，将 pom.xml 文件中引用的 Spark 版本修改为 3.3.1，如果编译通过，就直接打包获取安装包。如果报错，就根据提示修改相关方法，直到不报错，然后打包获取正确的安装包。读者可以从本书提供的资料中直接获取安装包。

2．安装及配置 Hive

（1）把编译过的 Hive 的安装包 hive-3.1.3.tar.gz 上传到 Linux 的/opt/software 目录下，并将 hive-3.1.3.tar.gz 解压缩到/opt/module/目录下。

```
[atguigu@hadoop102 software]$ tar -zxvf hive-3.1.3.tar.gz -C /opt/module/
```

（2）将 apache-hive-3.1.3-bin 的名称修改为 hive。

```
[atguigu@hadoop102 module]$ mv apache-hive-3.1.3-bin/ hive
```

（3）修改/etc/profile.d/my_env.sh 文件，添加环境变量。

```
[atguigu@hadoop102 software]$ sudo vim /etc/profile.d/my_env.sh
```

添加如下内容。

```
#HIVE_HOME
```

```
export HIVE_HOME=/opt/module/hive
export PATH=$PATH:$HIVE_HOME/bin
```

执行以下命令使环境变量生效。

```
[atguigu@hadoop102 software]$ source /etc/profile.d/my_env.sh
```

（4）进入/opt/module/hive/lib 目录执行以下命令，解决日志 jar 包冲突问题。

```
[atguigu@hadoop102 lib]$ mv log4j-slf4j-impl-2.10.0.jar log4j-slf4j-impl-2.10.0.jar.bak
```

3．驱动复制

将/opt/software/mysql 目录下的 mysql-connector-j-8.0.31.jar 复制到/opt/module/hive/lib/目录下，用于稍后启动 Hive 时连接 MySQL。

```
[root@hadoop102 mysql# cp mysql-connector-java-5.1.27-bin.jar /opt/module/hive/lib/
```

4．配置 Metastore 到 MySQL

（1）在/opt/module/hive/conf 目录下创建一个 hive-site.xml 文件。

```
[atguigu@hadoop102 conf]$ vim hive-site.xml
```

（2）在 hive-site.xml 文件中根据官方文档配置参数，关键配置参数如下所示。

```xml
<?xml version="1.0"?>
<?xml-stylesheet type="text/xsl" href="configuration.xsl"?>
<configuration>
<!--配置Hive保存元数据信息所需的MySQL URL-->
<property>
  <name>javax.jdo.option.ConnectionURL</name>
  <value>jdbc:mysql://hadoop102:3306/metastore?createDatabaseIfNotExist=true
</value>
</property>
<!--配置Hive连接MySQL的驱动全类名-->
 <property>
  <name>javax.jdo.option.ConnectionDriverName</name>
  <value>com.mysql.jdbc.Driver</value>
</property>
<!--配置Hive连接MySQL的用户名 -->
 <property>
  <name>javax.jdo.option.ConnectionUserName</name>
  <value>root</value>
</property>
<!--配置Hive连接MySQL的密码 -->
  <property>
    <name>javax.jdo.option.ConnectionPassword</name>
    <value>000000</value>
  </property>
  <property>
    <name>hive.metastore.warehouse.dir</name>
    <value>/user/hive/warehouse</value>
  </property>

  <property>
    <name>hive.metastore.schema.verification</name>
    <value>false</value>
  </property>
```

```
<property>
    <name>hive.server2.thrift.port</name>
    <value>10000</value>
</property>

<property>
    <name>hive.server2.thrift.bind.host</name>
    <value>hadoop102</value>
</property>

<property>
    <name>hive.metastore.event.db.notification.api.auth</name>
    <value>false</value>
</property>

<property>
    <name>hive.cli.print.header</name>
    <value>true</value>
</property>

<property>
    <name>hive.cli.print.current.db</name>
    <value>true</value>
</property>
</configuration>
```

5．初始化元数据库

（1）启动 MySQL。

```
[atguigu@hadoop103 mysql-libs]$ mysql -uroot -p000000
```

（2）新建 Hive 元数据库。

```
mysql> create database metastore;
mysql> quit;
```

（3）初始化 Hive 元数据库。

```
[atguigu@hadoop102 conf]$ schematool -initSchema -dbType mysql -verbose
```

（4）修改 Hive 元数据库字符集。

Hive 元数据库的字符集默认为 Latin1，由于其不支持中文字符，所以在建表语句中如果包含中文注释，就会出现乱码现象。若需解决乱码问题，则需要将 Hive 元数据库中存储注释的字段的字符集修改为 utf-8。

```
mysql> use metastore;
mysql> alter table COLUMNS_V2 modify column COMMENT varchar(256) character set utf8;
mysql> alter table TABLE_PARAMS modify column PARAM_VALUE mediumtext character set utf8;
```

6．启动 Hive

（1）启动 Hive 客户端。

```
[atguigu@hadoop102 hive]$ bin/hive
```

（2）查看数据库。

```
hive (default)> show databases;
```

5.3.2　Hive on Spark 配置

本数据仓库项目采用的是 Hive on Spark 模式，因此需要对 Spark 进行安装部署。

1. 在 Hive 所在节点服务器部署 Spark

（1）由于 Spark 3.3.1 非纯净版默认支持的是 Hive 2.3.7，直接使用会与已安装的 Hive 3.1.3 产生兼容性问题，因此本数据仓库项目采用 Spark 纯净版 jar 包，即不包含 Hadoop 和 Hive 相关依赖，避免冲突。

解压缩安装包，并将目录名称修改为 spark。

```
[atguigu@hadoop102 software]$ tar -zxvf spark-3.3.1-bin-without-hadoop.tgz -C /opt/ module/
[atguigu@hadoop102 software]$ mv /opt/module/spark-3.3.1-bin-without-hadoop /opt/module/ spark
```

（2）将 Spark 的 conf 目录中的 spark-env.sh.template 重命名为 spark-env.sh。

```
[atguigu@hadoop102 software]$ mv /opt/module/spark/conf/spark-env.sh.template /opt/ module/
spark/conf/spark-env.sh
```

修改 spark-env.sh，增加如下内容。

```
[atguigu@hadoop102 software]$ vim /opt/module/spark/conf/spark-env.sh
```

```
export SPARK_DIST_CLASSPATH=$(hadoop classpath)
```

（3）配置 SPARK_HOME 环境变量。

```
[atguigu@hadoop102 software]$ sudo vim /etc/profile.d/my_env.sh
```

添加如下内容。

```
# SPARK_HOME
export SPARK_HOME=/opt/module/spark
export PATH=$PATH:$SPARK_HOME/bin
```

执行以下命令使环境变量生效。

```
[atguigu@hadoop102 software]$ source /etc/profile.d/my_env.sh
```

2. 在 Hive 中创建 Spark 配置文件

（1）在 Hive 的安装目录下创建 Spark 配置文件。

```
[atguigu@hadoop102 software]$ vim /opt/module/hive/conf/spark-defaults.conf
```

（2）在配置文件中添加如下内容（将根据如下参数执行相关任务）。

```
spark.master                      yarn
spark.eventLog.enabled            true
spark.eventLog.dir                hdfs://hadoop102:8020/spark-history
spark.executor.memory             1g
spark.driver.memory               1g
```

（3）在 HDFS 中创建如下目录，用于存储 Spark 产生的历史日志。

```
[atguigu@hadoop102 software]$ hadoop fs -mkdir /spark-history
```

3. 向 HDFS 上传 Spark 纯净版安装包中的相关依赖 jar 包

Hive 任务最终将由 Spark 来执行，Spark 任务资源分配由 YARN 来调度，由于该任务有可能被分配到集群的任何一台节点服务器上，所以需要将 Spark 的依赖上传到 HDFS 集群路径，这样集群中的任何一台节点服务器都能获取该任务。

将解压缩的 Spark 安装包中的 Spark 相关依赖 jar 包上传到 HDFS。

```
[atguigu@hadoop102 software]$ hadoop fs -mkdir /spark-jars
```

```
[atguigu@hadoop102 software]$ hadoop fs -put spark-3.3.1-bin-without-hadoop/jars/* /spark-jars
```

4. 修改 Hive 的配置文件

打开 hive-site.xml 文件。

```
[atguigu@hadoop102 ~]$ vim /opt/module/hive/conf/hive-site.xml
```

添加如下内容，将 Hive 的计算引擎指定为 Spark。

```xml
<!--Spark 依赖位置（注意：端口号 8020 必须与 NameNode 的端口号一致）-->
<property>
    <name>spark.yarn.jars</name>
    <value>hdfs://hadoop102:8020/spark-jars/*</value>
</property>

<!--Hive 计算引擎-->
<property>
    <name>hive.execution.engine</name>
    <value>spark</value>
</property>

<!--Hive 和 Spark 连接超时时间-->
<property>
    <name>hive.spark.client.connect.timeout</name>
    <value>10000ms</value>
</property>
```

注意：hive.spark.client.connect.timeout 的默认值是 1000ms，在执行 Hive 的 insert 语句时，如果出现如下异常，那么可以将该参数调整为 10000ms。

```
FAILED: SemanticException Failed to get a spark session: org.apache.hadoop.hive.ql.metadata.HiveException: Failed to create Spark client for Spark session d9e0224c-3d14-4bf4-95bc-ee3ec56df48e
```

5. 测试

（1）启动 Hive 客户端。

```
[atguigu@hadoop102 hive]$ bin/hive
```

（2）创建一张测试表 student。

```
hive (default)> create table student(id int, name string);
```

（3）通过执行 insert 语句测试效果。

```
hive (default)> insert into table student values(1,'abc');
```

若 insert 语句测试效果如图 5-12 所示，则说明配置成功。

```
hive (default)> insert into table student values(1,'abc');
Query ID = atguigu_20200719001740_b025ae13-c573-4a68-9b74-50a4d018664b
Total jobs = 1
Launching Job 1 out of 1
In order to change the average load for a reducer (in bytes):
  set hive.exec.reducers.bytes.per.reducer=<number>
In order to limit the maximum number of reducers:
  set hive.exec.reducers.max=<number>
In order to set a constant number of reducers:
  set mapreduce.job.reduces=<number>
--------------------------------------------------------------------
        STAGES   ATTEMPT    STATUS  TOTAL  COMPLETED  RUNNING  PENDING  FAILED
--------------------------------------------------------------------
Stage-2 ........     0     FINISHED    1       1         0        0        0
Stage-3 ........     0     FINISHED    1       1         0        0        0
--------------------------------------------------------------------
STAGES: 02/02  [==========================>>] 100% ELAPSED TIME: 1.01 s
--------------------------------------------------------------------
Spark job[1] finished successfully in 1.01 second(s)
Loading data to table default.student
OK
col1    col2
Time taken: 1.514 seconds
hive (default)>
```

图 5-12　insert 语句测试效果

5.3.3　YARN 容量调度器并发度问题

容量调度器对每个资源队列中同时运行的 Application Master 占用的资源进行了限制，该限制通过 yarn.scheduler.capacity.maximum-am-resource-percent 参数实现，其默认值是 0.1，表示每个资源队列上 Application Master 最多可使用的资源为该队列总资源的 10%，目的是防止大部分资源都被 Application Master 占用，导致 Map/Reduce Task 无法执行。

在实际生产环境中，该参数可使用默认值，但在学习环境中，集群资源总数很少，如果只分配 10% 的资源给 Application Master，就可能出现同一时刻只能运行一个 Job 的情况，因为一个 Application Master 使用的资源就可能已经达到 10% 的上限了，所以此处可将该值适当调大。

（1）在 hadoop102 节点服务器的 /opt/module/hadoop-3.1.3/etc/hadoop/capacity-scheduler.xml 配置文件中修改如下参数值。

```
[atguigu@hadoop102 hadoop]$ vim capacity-scheduler.xml

<property>
    <name>yarn.scheduler.capacity.maximum-am-resource-percent</name>
    <value>0.5</value>
</property>
```

（2）分发 capacity-scheduler.xml 配置文件。

```
[atguigu@hadoop102 hadoop]$ xsync capacity-scheduler.xml
```

（3）关闭正在运行的任务，重新启动 YARN 集群。

```
[atguigu@hadoop103 hadoop-3.1.3]$ sbin/stop-yarn.sh
[atguigu@hadoop103 hadoop-3.1.3]$ sbin/start-yarn.sh
```

5.3.4　数据仓库开发环境配置

数据仓库开发工具可选用 DBeaver 或 DataGrip，二者都需要通过 JDBC 协议连接到 Hive，故理论上需要启动 Hive 的 HiveServer2 服务。DataGrip 的安装比较简单，此处不对安装过程进行演示，只演示连接服务的过程。

（1）启动 Hive 的 HiveServer2 服务。

```
[atguigu@hadoop102 hive]$ hiveserver2
```

（2）选择"Data Source"→"Apache Hive"选项，添加数据源，配置连接，如图 5-13 所示。

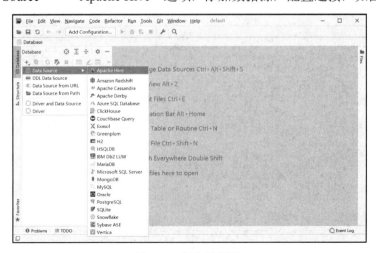

图 5-13　添加数据源

（3）配置连接属性，如图 5-14 所示，配置连接名为"data-warehouse"，属性配置完毕后，单击"Test Connection"按钮进行测试。

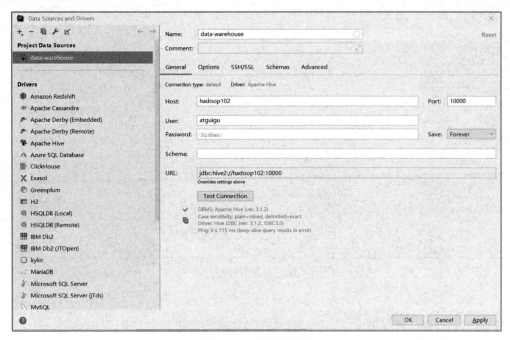

图 5-14　配置连接属性

初次使用时，配置过程中会提示缺少 JDBC 驱动，按照提示下载即可。

（4）在控制台输入如图 5-15 所示的 SQL 语句，创建数据库 financial_lease，并观察是否创建成功。

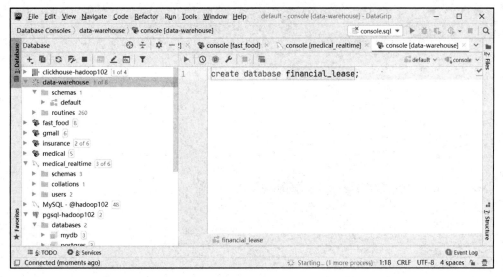

图 5-15　创建数据库 financial_lease

（5）如图 5-16 所示，单击"data-warehouse"连接，即可查看该连接中的所有数据库。

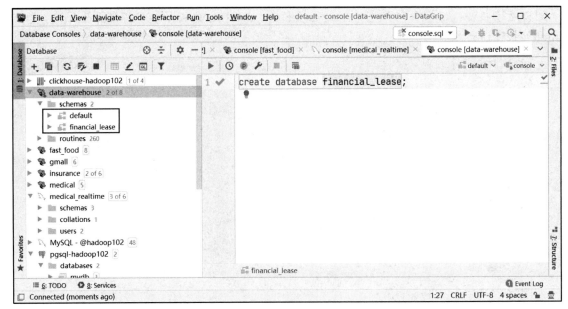

图 5-16　查看所有数据库

（6）用户可以通过修改连接属性，指明默认连接数据库，如图 5-17 和图 5-18 所示。

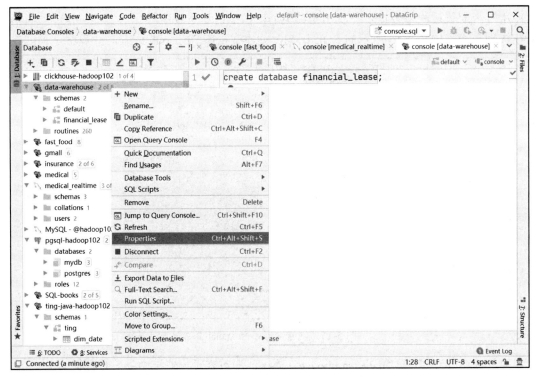

图 5-17　连接属性修改入口

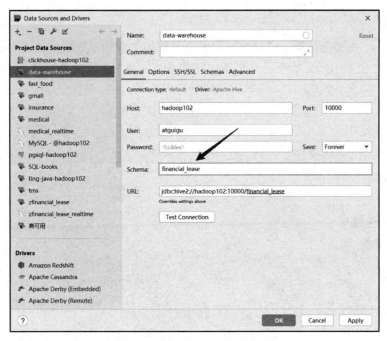

图 5-18 修改默认连接数据库

（7）用户也可以通过如图 5-19 所示的快捷方式修改当前连接数据库。

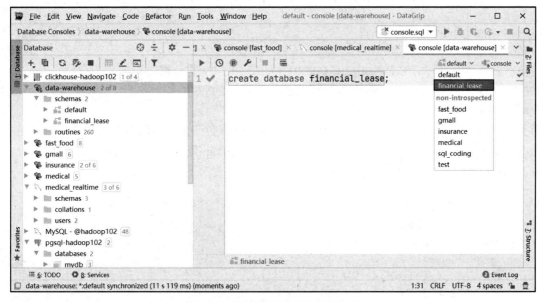

图 5-19 连接数据库修改快捷方式

将数据仓库开发工具配置完成之后，后续对数据仓库的开发就可以在 DataGrip 中进行，相比命令行开发，这种方式更加灵活。

5.3.5　模拟数据准备

通常企业在开始搭建数据仓库时，业务系统中会保留历史数据。假定本数据仓库项目的上线时间是 2023-05-09，以此日期模拟真实场景，进行数据的模拟和生成。为尽量贴近真实开发场景，我们需要模拟 2023-05-01 至 2023-05-09 的数据。

1. 清空所有数据

在进行数据准备前，先清空在第 4 章讲解过程中已经模拟生成和采集成功的所有数据，方便观察效果。

执行以下命令，清空 HDFS 上所有已经采集成功的数据。执行命令前需要确保 HDFS 已经启动。

```
[atguigu@hadoop102 ~]$ hadoop fs -rm -r -f /origin_data
```

2. 启动系统

（1）执行脚本，启动采集通道。

```
[atguigu@hadoop102 ~]$ cluster.sh start
```

（2）停止 Maxwell。

```
[atguigu@hadoop102 ~]$ mxw.sh stop
```

3. 数据的模拟和采集

（1）重新创建业务数据库。

```
# 删除 financial_lease 数据库
[atguigu@hadoop102 financial_mock_app]$ mysql -uroot -p000000 -e"drop database financial_lease"

# 创建 financial_lease 数据库
[atguigu@hadoop102 financial_mock_app]$ mysql -uroot -p000000 -e"create database financial_lease default charset utf8mb4 collate utf8mb4_general_ci"
```

（2）修改/opt/module/financial_mock_app/application.yml 文件的参数，关键参数设置如下。

```
mock:
  # 模拟数据生成的时间起始日期
  date: 2023-05-01
```

（3）执行数据生成脚本，依次生成 2023-05-01 至 2023-05-09 的数据。

```
[atguigu@hadoop102 financial_mock_app]$ financial_mock.sh 9
```

（4）清除 Maxwell 的断点记录。

由于 Maxwell 支持断点续传，而上述生成业务数据的过程会产生大量的 binlog 操作日志，这些日志我们并不需要，故此处需清除 Maxwell 的断点记录，令其从 binlog 操作日志最新的位置开始采集。

清空 Maxwell 数据库，相当于初始化 Maxwell。

```
mysql>
drop table maxwell.bootstrap;
drop table maxwell.columns;
drop table maxwell.databases;
drop table maxwell.heartbeats;
drop table maxwell.positions;
drop table maxwell.schemas;
drop table maxwell.tables;
```

（5）将 Maxwell 的 mock.date 参数修改为 2023-05-09，并重启 Maxwell。

```
[atguigu@hadoop102 ~]$ vim /opt/module/maxwell/config.properties

mock_date=2023-05-09
[atguigu@hadoop102 ~]$ mxw.sh restart
```

（6）执行业务数据的增量数据首日全量初始化脚本。

```
[atguigu@hadoop102 ~]$ financial_mysql_to_kafka_inc_init.sh all
```

（7）观察 HDFS 上是否采集到以 inc 为结尾的增量表数据。

（8）执行全量表同步脚本。

```
[atguigu@hadoop102 bin]$ financial_mysql_to_hdfs_full.sh all 2023-06-14
```

（9）观察 HDFS 上是否出现以 full 为结尾的全量表数据。

在数据仓库系统的运行过程中，要保证 Hadoop、ZooKeeper、Kafka、Flume 采集程序、Maxwell 等持续运行。此后模拟生成每日数据，业务数据中的增量数据会通过 Kafka 和 Flume 自动采集至 HDFS 中，而业务数据中的全量数据则依靠每日执行业务数据全量同步脚本进行定时采集。

需要注意的是，在模拟生成新一日的数据时，都需要先修改 Maxwell 配置文件 config.properties 中的 mock_date 参数并重启 Maxwell。

5.3.6　复杂数据类型

Hive 有三种复杂数据类型，分别是 struct、map 和 array，如表 5-17 所示。array 和 map 与 Java 中的 Array 和 Map 类似。struct 与 C 语言中的 Struct 类似，封装了一个命名字段集合。复杂数据类型允许任意层次的嵌套。

表 5-17　Hive 的复杂数据类型

数据类型	描　　述	语 法 示 例
struct	与 C 语言中的 Struct 类似，都可以通过 "." 符号访问元素内容。例如，某列的数据类型是 struct{first string, last string}，那么第一个元素可以通过字段.first 来引用	struct<street:string, city:string>
map	map 是一组键值对元组集合，可以使用数组表示法访问数据。例如，某列的数据类型是 map，其中键值对是'first'→'John'和'last'→'Doe'，那么可以通过字段['last']获取最后一个元素	map<string, int>
array	数组是一组具有相同类型和名称的变量的集合。这些变量称为数组的元素，每个数组元素都有一个编号，编号从零开始。例如，数组值为['John','Doe']，那么第二个元素可以通过数组名[1]引用	array<string>

在 Hive 中可以使用 JsonSerDe（JSON Serializer and Deserializer）配合三种复杂数据类型解析 JSON 格式的数据，如下所示的一行 JSON 数据与复杂数据类型存在对应关系。

```
{
    "name": "songsong",
    "friends": ["bingbing" , "lili"] , //array<string>
    "children": {                       //map<string, int>
        "xiao song": 18 ,
        "xiaoxiao song": 19
    },
    "address": {                        //struct<street:string, city:string>

        "street": "hui long guan" ,
        "city": "beijing"
    }
}
```

基于上述 JSON 数据与复杂数据类型的对应关系，在 Hive 中创建测试表 person_info，如下所示。

```
hive (default)> create table person_info(
name string,
friends array<string>,
children map<string, int>,
address struct<street:string, city:string>
)
ROW FORMAT SERDE 'org.apache.hadoop.hive.serde2.JsonSerDe';
```

首先将上述 JSON 数据保存至 person.json 文件中，其次将文件导入测试表 person_info 中。

111

```
hive (default)> load data local inpath '/opt/module/datas/person.json' into table person_
info;
```

通过如下语句访问数据。

```
hive (default)> select friends[1],children['xiao song'],address.city from person_info
where name="songsong";
OK
_c0     _c1     city
lili    18      beijing
Time taken: 0.076 seconds, Fetched: 1 row(s)
```

5.4　数据仓库搭建——ODS 层

ODS 层为原始数据层，设计的基本原则有以下几点。

- 要求保持数据原貌不做任何修改，表结构的设计依托于从业务系统同步过来的数据结构，ODS 层起到备份数据的作用。
- 数据适当采用压缩格式，以节省磁盘存储空间。因为该层需要保存全部历史数据，所以应选择压缩比较高的压缩格式，此处选择 gzip。
- 创建分区表，可以避免后续在对表进行查询时进行全表扫描操作。
- 创建外部表。在企业开发中，除自己使用的临时表需创建内部表外，在绝大多数情况下需创建外部表。
- 在进行 ODS 层数据的导入之前，要先创建数据库，用于存储整个数据仓库项目的所有数据信息。
- 表的命名规范为：ods_表名_分区增量/全量（inc/full）标识。

5.4.1　ODS 层表格的创建

在进行业务数据的 ODS 层的搭建时，首先需要分析需求，然后选取业务数据库中表的必需字段进行建表，再将采集的原始业务数据装载至所建表中。

在采集业务数据时，对所有的业务数据表进行了同步策略的划分，按照同步策略的不同，业务数据表分为全量表和增量表。其中，全量同步使用的是 DataX。使用 DataX 同步的数据字段间通过"\t"进行分隔，因此在创建这一类表的 ODS 层表结构时，直接对应业务数据表的原结构创建字段并使用"\t"进行分隔即可。增量同步使用的是 Maxwell。Maxwell 通过监控 MySQL 的 binlog 变化来获取变动数据，最终落盘至 HDFS 中的变动数据是 JSON 格式的，因此在创建这一类表的 ODS 层表结构时，使用 JsonSerDe 对 JSON 格式的变动数据进行处理。

在表结构创建完成后，直接使用 Hive 的 load data 命令将数据装载至表中即可。以表 ods_business_partner_full 为例，命令如下。

```
load data inpath '/origin_data/financial_lease/business_partner_full/2023-05-09' into
table ods_business_partner_full partition(dt='2023-05-09');
```

具体的建表语句如下，括号中标注的是表在进行数据同步时使用的同步策略。

1．创建客户表（全量）

```
DROP TABLE IF EXISTS ods_business_partner_full;
CREATE EXTERNAL TABLE IF NOT EXISTS ods_business_partner_full
(
    `id`          STRING COMMENT '客户ID',
    `create_time` STRING COMMENT '创建时间',
```

```
   `update_time` STRING COMMENT '更新时间',
   `name`        STRING COMMENT '客户姓名'
) COMMENT '客户表'
   PARTITIONED BY (`dt` STRING)
   ROW FORMAT DELIMITED FIELDS TERMINATED BY '\t'
   NULL DEFINED AS ''
   LOCATION '/warehouse/financial_lease/ods/ods_business_partner_full/'
   TBLPROPERTIES ('compression.codec' = 'org.apache.hadoop.io.compress.GzipCodec');
```

2. 创建部门表（全量）

```
DROP TABLE IF EXISTS ods_department_full;
CREATE EXTERNAL TABLE IF NOT EXISTS ods_department_full
(
   `id`                   STRING COMMENT '部门ID',
   `create_time`          STRING COMMENT '创建时间',
   `update_time`          STRING COMMENT '更新时间',
   `department_level`     STRING COMMENT '部门级别',
   `department_name`      STRING COMMENT '部门名称',
   `superior_department_id` STRING COMMENT '上级部门ID'
) COMMENT '部门表'
   PARTITIONED BY (`dt` STRING)
   ROW FORMAT DELIMITED FIELDS TERMINATED BY '\t'
     NULL DEFINED AS ''
   LOCATION '/warehouse/financial_lease/ods/ods_department_full/'
   TBLPROPERTIES ('compression.codec' = 'org.apache.hadoop.io.compress.GzipCodec');
```

3. 创建员工信息表（全量）

```
DROP TABLE IF EXISTS ods_employee_full;
CREATE EXTERNAL TABLE IF NOT EXISTS ods_employee_full
(
   `id`            STRING COMMENT '员工ID',
   `create_time`   STRING COMMENT '创建时间',
   `update_time`   STRING COMMENT '更新时间',
   `name`          STRING COMMENT '员工姓名',
   `type`          STRING comment '员工类型: 1.业务员 2.风控员',
   `department_id` STRING comment '部门ID'
) COMMENT '员工信息表'
   PARTITIONED BY (`dt` STRING)
   ROW FORMAT DELIMITED FIELDS TERMINATED BY '\t'
     NULL DEFINED AS ''
   LOCATION '/warehouse/financial_lease/ods/ods_employee_full/'
   TBLPROPERTIES ('compression.codec' = 'org.apache.hadoop.io.compress.GzipCodec');
```

4. 创建行业表（全量）

```
DROP TABLE IF EXISTS ods_industry_full;
CREATE EXTERNAL TABLE IF NOT EXISTS ods_industry_full
(
   `id`               STRING COMMENT '行业ID',
   `create_time`      STRING COMMENT '创建时间',
   `update_time`      STRING COMMENT '更新时间',
   `industry_level`   STRING COMMENT '行业级别',
   `industry_name`    STRING COMMENT '行业名称',
```

```
    `superior_industry_id` STRING COMMENT '上级行业 ID'
) COMMENT '行业表'
    PARTITIONED BY (`dt` STRING)
    ROW FORMAT DELIMITED FIELDS TERMINATED BY '\t'
        NULL DEFINED AS ''
    LOCATION '/warehouse/financial_lease/ods/ods_industry_full/'
    TBLPROPERTIES ('compression.codec' = 'org.apache.hadoop.io.compress.GzipCodec');
```

5. 创建授信申请表（增量）

```
DROP TABLE IF EXISTS ods_credit_facility_inc;
CREATE EXTERNAL TABLE IF NOT EXISTS ods_credit_facility_inc
(
    `type` STRING COMMENT '变动类型',
    `ts`  BIGINT COMMENT '变动时间',
    `data` STRUCT<id :STRING,
            create_time :STRING,
            update_time :STRING,
            credit_amount :DECIMAL(16, 2),
            lease_organization : STRING,
            status :STRING ,
            business_partner_id :STRING,
            credit_id : STRING,
            industry_id :STRING,
            reply_id :STRING,
            salesman_id :STRING> COMMENT '数据',
    `old` MAP<STRING,STRING> COMMENT '旧值'
) COMMENT '授信申请表'
    PARTITIONED BY (`dt` STRING)
    ROW FORMAT SERDE 'org.apache.hadoop.hive.serde2.JsonSerDe'
    LOCATION '/warehouse/financial_lease/ods/ods_credit_facility_inc/'
    TBLPROPERTIES ('compression.codec' = 'org.apache.hadoop.io.compress.GzipCodec');
```

6. 创建审核记录表（增量）

```
DROP TABLE IF EXISTS ods_credit_facility_status_inc;
CREATE EXTERNAL TABLE IF NOT EXISTS ods_credit_facility_status_inc
(
    `type` STRING COMMENT '变动类型',
    `ts`  BIGINT COMMENT '变动时间',
    `data` STRUCT<id :STRING,
            create_time :STRING,
            update_time :STRING,
            action_taken :STRING,
            status :STRING,
            credit_facility_id :STRING,
            employee_id :STRING,
            signatory_id :STRING> COMMENT '数据',
    `old` MAP<STRING,STRING> COMMENT '旧值'
) COMMENT '审核记录表'
    PARTITIONED BY (`dt` STRING)
    ROW FORMAT SERDE 'org.apache.hadoop.hive.serde2.JsonSerDe'
    LOCATION '/warehouse/financial_lease/ods/ods_credit_facility_status_inc/'
    TBLPROPERTIES ('compression.codec' = 'org.apache.hadoop.io.compress.GzipCodec');
```

7. 创建批复表（增量）

```
DROP TABLE IF EXISTS ods_reply_inc;
CREATE EXTERNAL TABLE IF NOT EXISTS ods_reply_inc
(
    `type` STRING COMMENT '变动类型',
    `ts`   BIGINT COMMENT '变动时间',
    `data` STRUCT<id :STRING,
            create_time :STRING,
            update_time:STRING,
            credit_amount :DECIMAL(16, 2),
            irr: DECIMAL(16, 2),
            period: BIGINT,
            credit_facility_id :STRING> COMMENT '数据',
    `old` MAP<STRING,STRING> COMMENT '旧值'
) COMMENT '批复表'
    PARTITIONED BY (`dt` STRING)
    ROW FORMAT SERDE 'org.apache.hadoop.hive.serde2.JsonSerDe'
    LOCATION '/warehouse/financial_lease/ods/ods_reply_inc/'
    TBLPROPERTIES ('compression.codec' = 'org.apache.hadoop.io.compress.GzipCodec');
```

8. 创建授信表（增量）

```
DROP TABLE IF EXISTS ods_credit_inc;
CREATE EXTERNAL TABLE IF NOT EXISTS ods_credit_inc
(
    `type` STRING COMMENT '变动类型',
    `ts`   BIGINT COMMENT '变动时间',
    `data` STRUCT<id :STRING,
            create_time :STRING,
            update_time :STRING,
            cancel_time: STRING,
            contract_produce_time:STRING,
            credit_amount:decimal(16,2),
            credit_occupy_time: STRING,
            status: STRING,
            contract_id: STRING,
            credit_facility_id :STRING> COMMENT '数据',
    `old` MAP<STRING,STRING> COMMENT '旧值'
) COMMENT '授信表'
    PARTITIONED BY (`dt` STRING)
    ROW FORMAT SERDE 'org.apache.hadoop.hive.serde2.JsonSerDe'
    LOCATION '/warehouse/financial_lease/ods/ods_credit_inc/'
    TBLPROPERTIES ('compression.codec' = 'org.apache.hadoop.io.compress.GzipCodec');
```

9. 创建合同表（增量）

```
DROP TABLE IF EXISTS ods_contract_inc;
CREATE EXTERNAL TABLE IF NOT EXISTS ods_contract_inc
(
    `type` STRING COMMENT '变动类型',
    `ts`   BIGINT COMMENT '变动时间',
    `data` STRUCT<id :STRING,
            create_time :STRING,
```

```
            update_time:STRING,
            execution_time :STRING,
            signed_time: STRING,
            status: STRING,
            credit_id :STRING> COMMENT '数据',
    `old` MAP<STRING,STRING> COMMENT '旧值'
) COMMENT '合同表'
    PARTITIONED BY (`dt` STRING)
    ROW FORMAT SERDE 'org.apache.hadoop.hive.serde2.JsonSerDe'
    LOCATION '/warehouse/financial_lease/ods/ods_contract_inc/'
    TBLPROPERTIES ('compression.codec' = 'org.apache.hadoop.io.compress.GzipCodec');
```

5.4.2 ODS 层业务数据导入脚本

将 ODS 层业务数据的数据装载过程编写成脚本，方便调用执行。

● 定义脚本中常用的变量，如数据库名称变量和日期变量。日期变量可以取用户输入的具体日期，若用户没有输入，则自动计算前一日的日期。

● 对需要执行的 SQL 语句进行拼接。具体逻辑是，循环判断将要执行数据装载操作的路径是否存在，若存在，则将 SQL 语句拼接至 sql 字符串中，在循环结束后，得到完整的 SQL 语句，统一使用 hive -e 命令执行。

● 编写逻辑判断脚本并输入参数，根据传入的表名决定执行哪张表的数据装载操作。

（1）在/home/atguigu/bin 目录下创建脚本 financial_hdfs_to_ods.sh。

```
[atguigu@hadoop102 bin]$ vim financial_hdfs_to_ods.sh
```

在脚本中编写如下内容。

```
#!/bin/bash

APP=financial_lease

if [ -n "$2" ] ;then
   do_date=$2
else
   do_date=`date -d '-1 day' +%F`
fi

load_data(){
   sql=""
   for i in $*; do
       #判断路径是否存在
       hadoop fs -test -e /origin_data/$APP/${i:4}/$do_date
       #路径存在方可装载数据
       if [[ $? = 0 ]]; then
           sql=$sql"load data inpath '/origin_data/$APP/${i:4}/$do_date/' OVERWRITE into table ${APP}.$i partition(dt='$do_date');"
       fi
   done
   hive -e "$sql"
}

case $1 in
```

116

```
ods_business_partner_full | ods_department_full | ods_employee_full |
ods_industry_full | ods_credit_facility_inc | ods_credit_facility_status_inc |
ods_reply_inc | ods_credit_inc | ods_contract_inc)
    load_data $1
;;

  "all")
    load_data "ods_business_partner_full" "ods_department_full" "ods_employee_full"
"ods_industry_full" "ods_credit_facility_inc" "ods_credit_facility_status_inc"
"ods_reply_inc" "ods_credit_inc" "ods_contract_inc"
;;
esac
```

（2）增加脚本执行权限。

```
[atguigu@hadoop102 bin]$ chmod +x financial_hdfs_to_ods.sh
```

（3）执行脚本，导入 2023-05-09 的数据。

```
[atguigu@hadoop102 bin]$ financial_hdfs_to_ods_db.sh  all 2023-05-09
```

5.5　数据仓库搭建——DIM 层

本节参照在 5.2.3 节中指定的数据仓库业务总线矩阵来搭建本数据仓库项目的 DIM 层。

DIM 层的设计要点如下。

● 设计依据是维度建模理论，该层用于存储维度模型的维度表。

● 数据存储格式为 ORC 列式存储+Snappy 压缩。

● 表的命名规范为 dim_表名_全量表/拉链表（full/zip）标识。

接下来对几张主要的维度表进行讲解。

5.5.1　部门维度表（全量）

1. 思路分析

在 ODS 层与部门维度相关的是部门表（ods_department_full 表），ods_department_full 表的结构如表 5-18 所示。可以看到，不同级别的部门信息是掺杂在一起的，不利于分析使用。

表 5-18　ods_department_full 表的结构

id （部门 ID）	create_time （创建时间）	update_time （更新时间）	department_level （部门级别）	department_name （部门名称）	superior_department_id （上级部门 ID）
1	2023-05-01 00:00:00.000000	2023-05-01 00:00:00.000000	1	工程机械部	（null）

部门维度表的构建过程如下。

首先从 ods_department_full 表中根据部门级别 department_level 筛选出不同级别的部门信息，并分别构建为子查询 dp3、dp2 和 dp1，如图 5-20 所示。

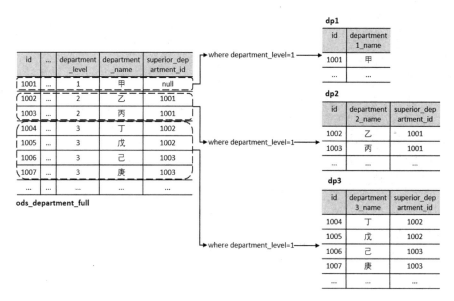

图 5-20　构建子查询

以子查询 dp3 为主表，依次与子查询 dp2 和子查询 dp1 进行关联，获取关联结果，如图 5-21 所示。

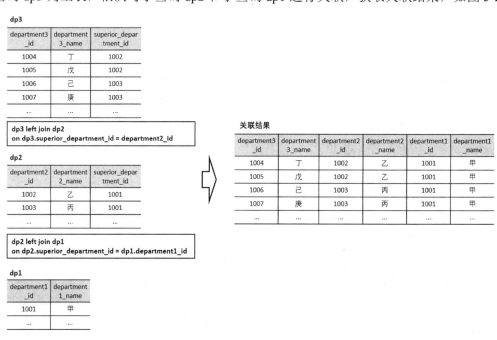

图 5-21　获取关联结果

关联后，选取所需要的字段，写入部门维度表（dim_department_full 表）的当日分区。

2. 建表语句

```
DROP TABLE IF EXISTS dim_department_full;
CREATE EXTERNAL TABLE IF NOT EXISTS dim_department_full
(
    `department3_id`    STRING COMMENT '三级部门ID',
    `department3_name`  STRING COMMENT '三级部门名称',
    `department2_id`    STRING COMMENT '二级部门ID',
    `department2_name`  STRING COMMENT '二级部门名称',
    `department1_id`    STRING COMMENT '一级部门ID',
```

```
    `department1_name` STRING COMMENT '一级部门名称'
) COMMENT '部门维度表'
    PARTITIONED BY (`dt` STRING)
    STORED AS ORC
    LOCATION '/warehouse/financial_lease/dim/dim_department_full/'
    TBLPROPERTIES ('orc.compress' = 'snappy');
```

3. 数据装载

```
insert overwrite table dim_department_full partition (dt = '2023-05-09')
select
    department3_id,
    department3_name,
    department2_id,
    department2_name,
    department1_id,
    department1_name
from (
    select
        id department3_id,
        department_name department3_name,
        superior_department_id
    from ods_department_full
    where dt = '2023-05-09' and department_level = '3'
) dp3
left join (
    select
        id department2_id,
        department_name department2_name,
        superior_department_id
    from ods_department_full
    where dt = '2023-05-09' and department_level = '2'
) dp2 on dp3.superior_department_id = department2_id
left join (
    select
        id department1_id,
        department_name department1_name
    from ods_department_full
    where dt = '2023-05-09' and department_level = '1'
) dp1 on dp2.superior_department_id = dp1.department1_id;
```

5.5.2　员工维度表（全量）

1. 思路分析

在 ODS 层的业务数据表中，与员工维度相关的只有员工信息表（ods_employee_full 表）。因此构建员工维度表，只需要从 ods_employee_full 表中筛选当日分区的数据，选取需要的字段，将结果写入员工维度表（dim_employee_full 表）的当日分区即可。

2. 建表语句

```
DROP TABLE IF EXISTS dim_employee_full;
CREATE EXTERNAL TABLE IF NOT EXISTS dim_employee_full
```

```
(
    `id`              STRING COMMENT '员工 ID',
    `name`            STRING COMMENT '员工姓名',
    `type`            STRING comment '员工类型: 1.业务经办 2.风控员 3.风控经理 4.信审经办 5.一级评审
人/加签人 6.二级评审人 7.总经理/分管总',
    `department3_id` STRING comment '三级部门 ID'
) COMMENT '员工维度表'
    PARTITIONED BY (`dt` STRING)
    STORED AS ORC
    LOCATION '/warehouse/financial_lease/dim/dim_employee_full/'
    TBLPROPERTIES ('orc.compress' = 'snappy');
```

3. 数据装载

```
insert overwrite table dim_employee_full partition (dt = '2023-05-09')
select
    id,
    name,
    type,
    department_id department3_id
from ods_employee_full
where dt = '2023-05-09';
```

5.5.3　行业维度表（全量）

1. 思路分析

行业维度表（dim_industry_full 表）的构建思路与部门维度表的构建思路相同，此处不再赘述。

2. 建表语句

```
DROP TABLE IF EXISTS dim_industry_full;
CREATE EXTERNAL TABLE IF NOT EXISTS dim_industry_full
(
    `industry3_id`   STRING COMMENT '三级行业 ID',
    `industry3_name` STRING COMMENT '三级行业名称',
    `industry2_id`   STRING COMMENT '二级行业 ID',
    `industry2_name` STRING COMMENT '二级行业名称',
    `industry1_id`   STRING COMMENT '一级行业 ID',
    `industry1_name` STRING COMMENT '一级行业名称'
) COMMENT '行业维度表'
    PARTITIONED BY (`dt` STRING)
    STORED AS ORC
    LOCATION '/warehouse/financial_lease/dim/dim_industry_full/'
    TBLPROPERTIES ('orc.compress' = 'snappy');
```

3. 数据装载

```
insert overwrite table dim_industry_full partition (dt = '2023-05-09')
select
    industry3_id,
    industry3_name,
    industry2_id,
    industry2_name,
    industry1_id,
```

```
        industry1_name
from (
    select
        id industry3_id,
        industry_name industry3_name,
        superior_industry_id
    from ods_industry_full
    where dt = '2023-05-09' and industry_level = '3'
) ind3
left join (
    select
        id industry2_id,
        industry_name industry2_name,
        superior_industry_id
    from ods_industry_full
    where dt = '2023-05-09' and industry_level = '2'
) ind2 on ind3.superior_industry_id = industry2_id
left join (
    select
        id industry1_id,
        industry_name industry1_name,
        superior_industry_id
    from ods_industry_full
    where dt = '2023-05-09' and industry_level = '1'
) ind1 on ind2.superior_industry_id = industry1_id;
```

5.5.4 DIM 层每日数据装载脚本

（1）在/home/atguigu/bin 目录下创建脚本 financial_ods_to_dim.sh。

```
[atguigu@hadoop102 bin]$ vim financial_ods_to_dim.sh
```
编写脚本内容（此处不再赘述，读者可从本书附赠的资料中获取完整脚本）。

（2）增加脚本执行权限。

```
[atguigu@hadoop102 bin]$ chmod +x financial_ods_to_dim.sh
```
（3）执行脚本。

```
[atguigu@hadoop102 bin]$ financial_ods_to_dim.sh all 2023-05-09
```

5.6 数据仓库搭建——DWD 层

根据 5.2.3 节对数据仓库搭建流程的分析，DWD 层将构建一张涉及全部业务过程和业务过程关键时间点的累积快照事实表。

5.6.1 审批域金融租赁全流程累积快照事实表

1. 思路分析

（1）建表思路。

金融租赁行业包含很多业务过程，每个业务过程都可以构建一张事务事实表。然而，本项目的大多数指标需求都需要多个业务过程的联合统计。例如，统计截至当日处于一级评审通过状态的项目的总申请金额；项目处于一级评审通过状态可以转化为一级评审通过且未被拒绝、未取消、二级评审未通过，这就涉及了四个业务过程，需要四个业务过程联合统计，非常烦琐且效率很低。累积快照事实表非常适合这样的场景，因此，本项目只构建一张累积快照事实表，不再构建事务事实表。

（2）首日装载思路。

① 思路分析。

将审批业务流程以授信批复为分界线，划分为两个阶段，授信批复及之前的业务过程从 ods_credit_facility_inc、ods_credit_facility_status_inc、ods_reply_inc 三张表中获取，之后的业务过程从 ods_credit_inc、ods_contract_inc 两张表中获取。此外，ods_business_partner_full 表只有两个字段，单独建表意义不大，故将维度信息退化至事实表。

首日装载只需要将上述表关联在一起，根据状态码的变化，为里程碑字段赋值即可，授信表 ods_credit_facility_inc 记录了全流程必经的业务过程，将其作为主表。

需要注意的是，为了补全所有的里程碑字段，每张表可能都需要关联多次。例如，若要补全"信审经办审核通过时间"字段，则需要筛选 ods_credit_facility_status_inc 表中 status 为 5 且 action_taken 为 1 的数据，然后与主表关联；若要补全"一级评审通过"字段，则需要筛选 ods_credit_facility_status_inc 表中 status 为 8 且 action_taken 为 1 的数据，然后与主表关联。

若要将所有里程碑字段全部补全，则需要进行数十次关联，装载语句将会非常冗长。

因此，我们换一种思路，不再根据状态字段对从表数据进行提前筛选，而是将所有关联字段满足条件的从表数据一次性与主表关联，这样数据量会膨胀很多倍，每个授信 ID 都会对应很多条数据，数据中存储了不同的里程碑字段。只要根据授信 ID 分组聚合，对每个里程碑字段取最大值，就可以将这些数据的信息整合为一条，这样就极大地简化了装载语句。

业务流程的结束有三种情况：起租、取消或被拒绝，关联之后，如果这三个业务过程对应的里程碑字段不为 null，就按照流程结束时间将数据写入相应分区。否则，写入 9999-12-31 分区。

② 执行步骤。

第一步：获取各子查询。

如图 5-22 和图 5-23 所示，从 ODS 层的 ods_credit_facility_inc 表、ods_credit_facility_status_inc 表、ods_reply_inc 表、ods_credit_inc 表、ods_contract_inc 表和 ods_business_partner_full 表中筛选首日分区的数据，封装为子查询。

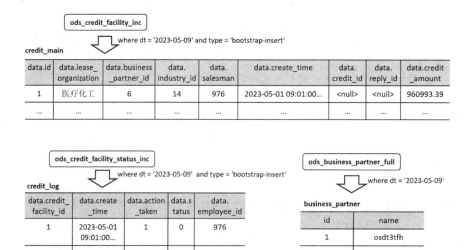

图 5-22 获取子查询（1）

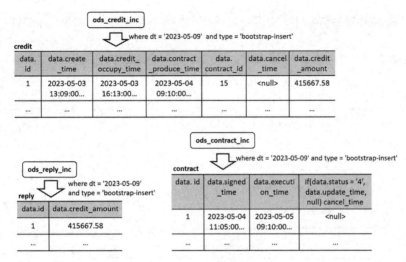

图 5-23　获取子查询（2）

- 筛选自 ods_credit_facility_inc 表的数据，封装为子查询 credit_main。
- 筛选自 ds_credit_facility_status_inc 表的数据，封装为子查询 credit_log。
- 筛选自 ods_reply_inc 表的数据，封装为子查询 reply。
- 筛选自 ods_credit_inc 表的数据，封装为子查询 credit。
- 筛选自 ods_contract_inc 表的数据，封装为子查询 contract。
- 筛选自 ods_business_partner_full 表的数据，封装为子查询 business_partner。

第二步：多表关联。

因为子查询 credit_main 来自授信申请表 ods_credit_facility_inc，其中包含授信申请的核心关键信息，所以将其作为关联主表，与子查询 credit_log 通过 id 字段关联，与子查询 credit 通过 credit_id 字段关联，与子查询 business_partner 通过 business_partner_id 字段关联，与子查询 reply 通过 reply_id 字段关联，得到关联中间结果，如图 5-24 所示。

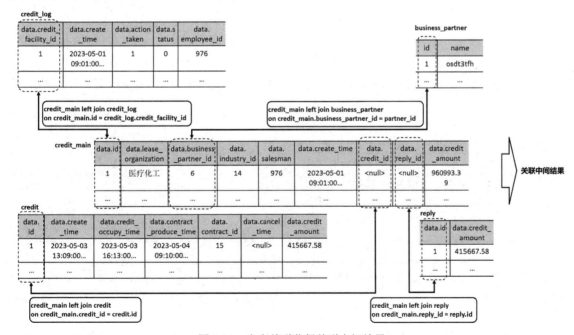

图 5-24　多表关联获得关联中间结果

在子查询 credit_main 与子查询 credit 关联后，即可获取到 contract_id 字段，通过 contract_id 字段与子

查询 contract 关联，获得关联最终结果，如图 5-25 所示。

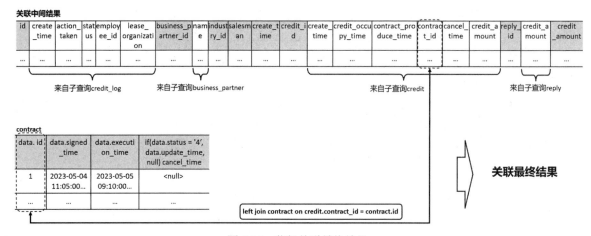

图 5-25　获得关联最终结果

第三步：获取里程碑时间字段。

根据本项目需要计算的指标需求，我们需要计算十几个里程碑时间字段，关于里程碑时间字段和来源子查询，如图 5-26 所示。

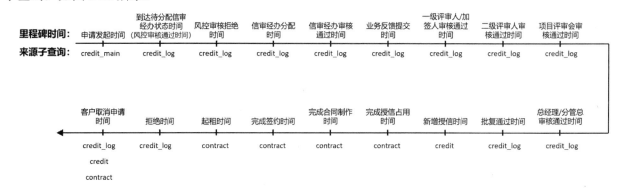

图 5-26　本项目需要得到的所有里程碑时间

里程碑时间字段中的申请发起时间、新增授信时间、完成授信占用时间、完成合同制作时间、完成签约时间和起租时间在关联最终结果中都有对应字段，可以直接获取，其余字段则需要单独计算，如图 5-27 所示。

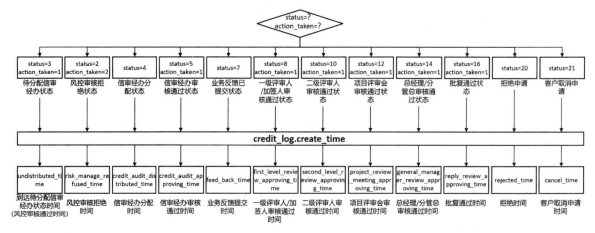

图 5-27　通过子查询 credit_log 获取的里程碑时间

通过对来自子查询 credit_log 的 status 和 action_taken 字段进行判断，确定该条数据所处的状态，同时决定来自子查询 credit_log 的 create_time 字段是哪个里程碑的时间。

在关联最终结果中融合了六个子查询的所有字段，同一个授信 ID 可能对应多条数据。对关联最终结果按照授信 ID 进行聚合，完成数据去重。将最终查询结果装载至首日分区。

（3）每日装载思路。

与首日装载不同，每日装载除了需要从 ODS 层的数据源表取数，还要合并本节审批域金融租赁全流程累积快照事实表 9999-12-31 分区的数据。其他处理与首日装载相同。

2. 建表语句

```sql
DROP TABLE IF EXISTS dwd_financial_lease_flow_acc;
CREATE EXTERNAL TABLE IF NOT EXISTS dwd_financial_lease_flow_acc
(
    `id` STRING COMMENT '授信表记录编号',
    `lease_organization` STRING COMMENT '业务方向',
    `business_partner_id` STRING COMMENT '客户ID（申请人）',
    `business_partner_name` STRING COMMENT '客户姓名',
    `industry3_id` STRING COMMENT '三级行业ID',
    `salesman_id` STRING COMMENT '业务经办ID',
    `credit_audit_id` STRING COMMENT '信审经办ID',
    `create_time` STRING COMMENT '申请发起时间',
    `undistributed_time` STRING COMMENT '到达待分配信审经办状态时间',
    `risk_manage_refused_time` STRING COMMENT '风控审核拒绝时间',
    `credit_audit_distributed_time` STRING COMMENT '信审经办分配时间',
    `credit_audit_approving_time` STRING COMMENT '信审经办审核通过时间',
    `feed_back_time` STRING COMMENT '业务反馈提交时间',
    `first_level_review_approving_time` STRING COMMENT '一级评审人/加签人审核通过时间',
    `second_level_review_approving_time` STRING COMMENT '二级评审人审核通过时间',
    `project_review_meeting_approving_time` STRING COMMENT '项目评审会审核通过时间',
    `general_manager_review_approving_time` STRING COMMENT '总经理/分管总审核通过时间',
    `reply_review_approving_time` STRING COMMENT '批复通过时间',
    `credit_create_time` STRING COMMENT '新增授信时间',
    `credit_occupy_time` STRING COMMENT '完成授信占用时间',
    `contract_produce_time` STRING COMMENT '完成合同制作时间',
    `signed_time` STRING COMMENT '完成签约时间',
    `execution_time` STRING COMMENT '起租时间',
    `rejected_time` STRING COMMENT '拒绝时间',
    `cancel_time` STRING COMMENT '客户取消申请时间',
    `credit_amount` decimal(16,2) COMMENT '申请授信金额',
    `credit_reply_amount` decimal(16,2) COMMENT '批复授信金额',
    `credit_real_amount` decimal(16,2) COMMENT '实际授信金额'
) COMMENT '审批域金融租赁全流程累积快照事实表'
    PARTITIONED BY (`dt` STRING)
    STORED AS ORC
    LOCATION '/warehouse/financial_lease/dwd/dwd_financial_lease_flow_acc/'
    TBLPROPERTIES('orc.compress' = 'snappy');
```

3. 首日数据装载

```sql
set hive.exec.dynamic.partition.mode=nonstrict;

insert overwrite table dwd_financial_lease_flow_acc partition (dt)
```

```
select
    id,
    max(lease_organization),
    max(business_partner_id),
    max(business_partner_name),
    max(industry3_id),
    max(salesman_id),
    max(credit_audit_id),
    max(create_time),
    max(undistributed_time),
    max(risk_manage_refused_time),
    max(credit_audit_distributed_time),
    max(credit_audit_approving_time),
    max(feed_back_time),
    max(first_level_review_approving_time),
    max(second_level_review_approving_time),
    max(project_review_meeting_approving_time),
    max(general_manager_review_approving_time),
    max(reply_review_approving_time),
    max(credit_create_time),
    max(credit_occupy_time),
    max(contract_produce_time),
    max(signed_time),
    max(execution_time),
    max(rejected_time),
    max(cancel_time),
    max(credit_amount),
    max(credit_reply_amount),
    max(credit_real_amount),
    date_format(if(max(execution_time) is not null , max(execution_time),
        if(max(rejected_time) is not null, max(rejected_time) ,
        if(max(cancel_time) is not null, max(cancel_time),'9999-12-31'))),'yyyy-MM-dd') dt
from (
    select
        credit_main.id,
        lease_organization,
        credit_main.business_partner_id business_partner_id,
        business_partner.business_partner_name business_partner_name,
        credit_main.industry_id industry3_id,
        salesman_id,
        if(credit_log.status='5' and credit_log.action_taken='1',credit_log.employee_id,null)
credit_audit_id,
        credit_main.create_time create_time,
        if(credit_log.status='3' and credit_log.action_taken='1',credit_log.create_time,null)
undistributed_time,
        if(credit_log.status='2' and credit_log.action_taken='2',credit_log.create_time,null)
risk_manage_refused_time,
        if(credit_log.status='4',credit_log.create_time,null)  credit_audit_distributed_time,
        if(credit_log.status='5' and credit_log.action_taken='1',credit_log.create_time,null)
credit_audit_approving_time,
        if(credit_log.status='7' ,credit_log.create_time,null) feed_back_time,
```

```
        if(credit_log.status='8' and credit_log.action_taken='1',credit_log.create_time,null)
first_level_review_approving_time,
        if(credit_log.status='10' and credit_log.action_taken='1',credit_log.create_time,null)
second_level_review_approving_time,
        if(credit_log.status='12' and credit_log.action_taken='1',credit_log.create_time,null)
project_review_meeting_approving_time,
        if(credit_log.status='14' and credit_log.action_taken='1',credit_log.create_time,null)
general_manager_review_approving_time,
        if(credit_log.status='16' and credit_log.action_taken='1',credit_log.create_time,null)
reply_review_approving_time,
        credit.create_time credit_create_time,
        credit_occupy_time,
        contract_produce_time,
        signed_time,
        execution_time,
        if(credit_log.status='20' ,credit_log.create_time,null) rejected_time,
        if(credit_log.status='21'  ,credit_log.create_time,if(credit.cancel_time  is  not
null, credit.cancel_time,contract.cancel_time)) cancel_time,
        credit_main.credit_amount,
        reply.credit_amount credit_reply_amount,
        credit.credit_amount credit_real_amount
    from (
        -- 授信申请表
        select
            data.id,
            data.create_time,
            data.credit_amount,
            data.lease_organization,
            data.business_partner_id,
            data.credit_id,
            data.industry_id,
            data.reply_id,
            data.salesman_id
        from ods_credit_facility_inc
        where dt='2023-05-09' and type='bootstrap-insert'
    )credit_main
    left join (
        -- 客户表
        select
            id business_partner_id,
            name business_partner_name
        from ods_business_partner_full
        where dt='2023-05-09'
    )business_partner on credit_main.business_partner_id=business_partner.business_partner_id
    left join (
        -- 审核记录表
        select
            data.create_time,
            data.action_taken,
            data.status,
            data.credit_facility_id,
```

```
            data.employee_id,
        from ods_credit_facility_status_inc
        where dt='2023-05-09'
        and type='bootstrap-insert'
    )credit_log on credit_main.id=credit_log.credit_facility_id
    left join (
        -- 批复表
        select
            data.credit_amount,
            data.credit_facility_id
        from ods_reply_inc
        where dt='2023-05-09'
        and type='bootstrap-insert'
    )reply on credit_main.id=reply.credit_facility_id
    left join (
        -- 授信表
        select
            data.id,
            data.create_time,
            data.cancel_time,
            data.contract_produce_time,
            data.credit_amount,
            data.credit_occupy_time,
            data.contract_id,
            data.credit_facility_id
        from ods_credit_inc
        where dt='2023-05-09'
        and type='bootstrap-insert'
    )credit on credit_main.credit_id=credit.id
    left join (
        -- 合同表
        select
            data.id,
            data.execution_time,
            data.signed_time,
            if(data.status='4',data.update_time,null) cancel_time,
            data.credit_id
        from ods_contract_inc
        where dt='2023-05-09'
        and type='bootstrap-insert'
    )contract on credit.contract_id=contract.id
)t1
group by id;
```

4. 每日数据装载

```
set hive.exec.dynamic.partition.mode=nonstrict;
#关闭hive优化解决兼容性问题
set hive.cbo.enable=false;
set hive.vectorized.execution.enabled=false;

select
    id,
```

```
    max(lease_organization),
    max(business_partner_id),
    max(business_partner_name),
    max(industry3_id),
    max(salesman_id),
    max(credit_audit_id),
    max(create_time),
    max(undistributed_time),
    max(risk_manage_refused_time),
    max(credit_audit_distributed_time),
    max(credit_audit_approving_time),
    max(feed_back_time),
    max(first_level_review_approving_time),
    max(second_level_review_approving_time),
    max(project_review_meeting_approving_time),
    max(general_manager_review_approving_time),
    max(reply_review_approving_time),
    max(credit_create_time),
    max(credit_occupy_time),
    max(contract_produce_time),
    max(signed_time),
    max(execution_time),
    max(rejected_time),
    max(cancel_time),
    max(credit_amount),
    max(credit_reply_amount),
    max(credit_real_amount),
    date_format(if(max(execution_time) is not null , max(execution_time),
        if(max(rejected_time) is not null, max(rejected_time) ,
        if(max(cancel_time) is not null, max(cancel_time),'9999-12-31'))),'yyyy-MM-dd') dt
from (
    select
        cf.id,
        lease_organization,
        cf.business_partner_id business_partner_id,
        bp.business_partner_name business_partner_name,
        cf.industry3_id industry3_id,
        salesman_id,
        if(cfs.status='5' and cfs.action_taken='1',cfs.employee_id,credit_audit_id) credit_
audit_id,
        cf.create_time create_time,
        if(cfs.status='3'  and  cfs.action_taken='1',cfs.create_time,undistributed_time)
undistributed_time,
        if(cfs.status='2'  and cfs.action_taken='2',cfs.create_time,risk_manage_refused_time)
risk_manage_refused_time,
        if(cfs.status='4',cfs.create_time,credit_audit_distributed_time)
credit_audit_distributed_time,
        if(cfs.status='5' and cfs.action_taken='1',cfs.create_time,credit_audit_approving_time)
credit_audit_approving_time,
        if(cfs.status='7' ,cfs.create_time,feed_back_time) feed_back_time,
        if(cfs.status='8'     and     cfs.action_taken='1',cfs.create_time,first_level_review_
```

```
approving_time) first_level_review_approving_time,
        if(cfs.status='10'    and    cfs.action_taken='1',cfs.create_time,second_level_review_
approving_time) second_level_review_approving_time,
        if(cfs.status='12'    and    cfs.action_taken='1',cfs.create_time,project_review_meeting_
approving_time) project_review_meeting_approving_time,
        if(cfs.status='14'    and    cfs.action_taken='1',cfs.create_time,general_manager_review_
approving_time) general_manager_review_approving_time,
      if(cfs.status='16'  and  cfs.action_taken='1',cfs.create_time,reply_review_approving_time)
reply_review_approving_time,
        nvl(credit_create_time,cre.create_time ) credit_create_time,
        nvl(cf.credit_occupy_time,cre.credit_occupy_time) credit_occupy_time,
        nvl(cf.contract_produce_time,cre.contract_produce_time) contract_produce_time,
        nvl(cf.signed_time,con.signed_time) signed_time,
        con.execution_time execution_time,
        if(cfs.status='20' ,cfs.create_time,null) rejected_time,
        if(cfs.status='21' ,cfs.create_time,if(cre.cancel_time is not null,cre.cancel_time,
con.cancel_time)) cancel_time,
        cf.credit_amount,
        rep.credit_amount credit_reply_amount,
        cre.credit_amount credit_real_amount
    from (
        -- 合并截止到前一日的 9999-12-31 数据
        select
            id,
            lease_organization,
            business_partner_id,
            business_partner_name,
            industry3_id,
            salesman_id,
            credit_audit_id,
            create_time,
            undistributed_time,
            risk_manage_refused_time,
            credit_audit_distributed_time,
            credit_audit_approving_time,
            feed_back_time,
            first_level_review_approving_time,
            second_level_review_approving_time,
            project_review_meeting_approving_time,
            general_manager_review_approving_time,
            reply_review_approving_time,
            credit_create_time,
            credit_occupy_time,
            contract_produce_time,
            signed_time,
            execution_time,
            rejected_time,
            cancel_time,
            credit_amount,
            credit_reply_amount,
            credit_real_amount,
```

```
        null reply_id,
        null credit_id
    from dwd_financial_lease_flow_acc
    where dt='9999-12-31'
    union
    --当日的新增审批数据
    select
        data.id id,
        data.lease_organization,
        data.business_partner_id,
        null business_partner_name,
        data.industry_id industry3_id,
        data.salesman_id,
        null credit_audit_id,
        null create_time,
        null undistributed_time,
        null risk_manage_refused_time,
        null credit_audit_distributed_time,
        null credit_audit_approving_time,
        null feed_back_time,
        null first_level_review_approving_time,
        null second_level_review_approving_time,
        null project_review_meeting_approving_time,
        null general_manager_review_approving_time,
        null reply_review_approving_time,
        null credit_create_time,
        null credit_occupy_time,
        null contract_produce_time,
        null signed_time,
        null execution_time,
        null rejected_time,
        null cancel_time,
        data.credit_amount,
        null credit_reply_amount,
        null credit_real_amount,
        data.reply_id reply_id,
        data.credit_id credit_id
    from ods_credit_facility_inc
    where dt='2023-05-10' and type='insert'
)cf
-- 之后再join后续可能出现的审批状态，最后根据是否完成写入到最终的分区中
left join (
    -- 客户表
    select
        id business_partner_id,
        name business_partner_name
    from ods_business_partner_full
    where dt='2023-05-10'
)bp on cf.business_partner_id=bp.business_partner_id
left join (
    -- 审核记录表
```

```
        select
            data.create_time,
            data.action_taken,
            data.status,
            data.credit_facility_id,
            data.employee_id,
            data.signatory_id
        from ods_credit_facility_status_inc
        where dt='2023-05-10' and type='insert'
    )cfs on cf.id=cfs.credit_facility_id
    left join (
        -- 批复表  -> 添加回复金额，若不为 null 则说明客户同意
        select
            data.create_time,
            data.update_time,
            data.credit_amount,
            data.irr,
            data.period,
            data.credit_facility_id
        from ods_reply_inc
        where dt='2023-05-10' and type='insert'
    )rep on cf.id=rep.credit_facility_id
    left join (
        -- 授信表
        select
            data.id,
            data.create_time,
            data.update_time,
            data.cancel_time,
            data.contract_produce_time,
            data.credit_amount,
            data.credit_occupy_time,
            data.status,
            data.contract_id,
            data.credit_facility_id
        from ods_credit_inc
        where dt='2023-05-10'
    )cre on cf.credit_id=cre.id
    left join (
        -- 合同表
        select
            data.id,
            data.execution_time,
            data.signed_time,
            if(data.status='4',data.update_time,null) cancel_time,
            data.credit_id
        from ods_contract_inc
        where dt='2023-05-10'
    )con on cre.contract_id=con.id
)t1
group by id;
```

5.6.2　DWD 层首日数据装载脚本

关于每层的数据装载脚本编写思路，前文中曾多次讲解，读者可在本书附赠的资料中找到完整的数据装载脚本。

将 DWD 层的首日数据装载过程编写成脚本，方便调用执行。

（1）在/home/atguigu/bin 目录下创建脚本 financial_ods_to_dwd_init.sh。

```
[atguigu@hadoop102 bin]$ vim financial_ods_to_dwd_init.sh
```

在脚本中编写内容，此处不再展示。

（2）增加脚本执行权限。

```
[atguigu@hadoop102 bin]$ chmod +x financial_ods_to_dwd_init.sh
```

（3）执行脚本，导入数据。

```
[atguigu@hadoop102 bin]$ financial_ods_to_dwd_init.sh  all 2023-05-09
```

5.6.3　DWD 层每日数据装载脚本

读者可在本书附赠的资料中找到完整的数据装载脚本。

将 DWD 层的每日数据装载过程编写成脚本，方便每日调用执行。

（1）在/home/atguigu/bin 目录下创建脚本 financial_ods_to_dwd.sh。

```
[atguigu@hadoop102 bin]$ vim financial_ods_to_dwd.sh
```

在脚本中编写内容，此处不再展示。

（2）增加脚本执行权限。

```
[atguigu@hadoop102 bin]$ chmod +x financial_ods_to_dwd.sh
```

（3）脚本的使用方式如下。

```
[atguigu@hadoop102 bin]$ financial_ods_to_dwd.sh all 2023-05-10
```

5.7　数据仓库搭建——ADS 层

前面已完成 ODS 层、DIM 层、DWD 层数据仓库的搭建，本节主要实现具体需求。

5.7.1　待审/在审项目主题指标

1．综合统计

（1）指标分析。

将待审/在审项目主题、无粒度限定的综合统计指标合并分析，如表 5-19 所示。

表 5-19　综合统计指标

统 计 粒 度	指　标	说　明
–	截至当日处于新建状态项目数	申请已发起，正交由风控员审核，未得出风控审核结果的项目数
–	截至当日处于新建状态项目申请金额	略
–	截至当日处于未达风控状态项目数	未通过风控员审核，正交由风控经理审核，未得出最终风控结论的项目数
–	截至当日处于未达风控状态项目申请金额	略
–	截至当日处于信审经办审核通过状态项目数	信审经办审核通过，业务经办尚未提交业务反馈的项目数
–	截至当日处于信审经办审核通过状态项目申请金额	略
–	截至当日处于已提交业务反馈状态项目数	业务经办已提交业务反馈，正交由一级评审人/加签人审核，尚未得出一级评审结论的项目数

续表

统计粒度	指标	说明
–	截至当日处于已提交业务反馈状态项目申请金额	略
–	截至当日处于一级评审通过状态项目数	一级评审已通过，正交由二级评审人审核，尚未得出二级评审结论的项目数
–	截至当日处于一级评审通过状态项目申请金额	略
–	截至当日处于二级评审通过状态项目数	二级评审已通过，正由项目评审会审核，尚未得出相应评审结论的项目数
–	截至当日处于二级评审通过状态项目申请金额	略
–	截至当日处于项目评审会审核通过状态项目数	项目评审会审核通过，正交由总经理/分管总审核，尚未得出相应评审结论的项目数
–	截至当日处于项目评审会审核通过状态项目申请金额	略
–	截至当日处于总经理/分管总审核通过状态项目数	总经理/分管总审核通过，批复文件尚未生成的项目数
–	截至当日处于总经理/分管总审核通过状态项目申请金额	略
–	截至当日处于已出具批复状态项目数	批复阶段审核通过，生成批复文件，其中包含具体的批复金额、条款等，尚未新增授信的项目数
–	截至当日处于已出具批复状态项目申请金额	略
–	截至当日处于已出具批复状态项目批复金额	略

① 思路分析。

对表 5-19 列出的统计指标进行分析，主要需要统计的是处于不同状态的项目数和项目申请金额。在审批域金融租赁全流程累积快照事实表中，记录了每个项目所处的业务流程，根据审批域金融租赁全流程累积快照事实表记录的里程碑字段的取值，即可判断业务流程所处的状态，进行相应的汇总。

举例说明：如果想要统计当日处于一级评审通过状态的项目申请金额，那么处于该状态的项目业务流程必然没有结束，一定位于 9999-12-31 分区，并且一级评审通过时间 first_level_review_approving_time 必然不为 null，二级评审通过时间 second_level_review_approving_time 必然为 null，因此只要从审批域金融租赁全流程累积快照事实表的 9999-12-31 分区中查询数据，通过 sum(if()) 组合调用，对于满足上述条件的数据取 credit_amount，不满足条件的数据记 0 即可完成统计，其他指标同理。

② 执行步骤。

如表 5-20 所示，对表 5-19 的指标进行进一步分析，展示每一组指标对应的需要统计的项目状态和筛选出该统计状态所使用的条件。

表 5-20 综合统计指标细化分析

指标	状态	说明	状态判断条件
截至当日处于新建状态项目数及申请金额	新建状态	申请已发起，正交由风控员审核，未得出风控审核结果的项目数	undistributed_time is null and risk_manage_refused_time is null
截至当日处于未达风控状态项目数及申请金额	未达风控状态	未通过风控员审核，正交由风控经理审核，未得出最终风控结论的项目数	risk_manage_refused_time is not null and undistributed_time is null
截至当日处于信审经办审核通过状态项目数及申请金额	信审经办审核通过状态	信审经办审核通过，业务经办尚未提交业务反馈的项目数	credit_audit_approving_time is not null and feed_back_time is null
截至当日处于已提交业务反馈状态项目数及申请金额	已提交业务反馈状态	业务经办已提交业务反馈，正交由一级评审人/加签人审核，尚未得出一级评审结论的项目数	feed_back_time is not null and first_level_review_approving_time is null
截至当日处于一级评审通过状态项目数及申请金额	一级评审通过状态	一级评审已通过，正交由二级评审人审核，尚未得出二级评审结论的项目数	first_level_review_approving_time is not null and second_level_review_approving_time is null
截至当日处于二级评审通过状态项目数及申请金额	二级评审通过状态	二级评审已通过，正由项目评审会审核，尚未得出相应评审结论的项目数	second_level_review_approving_time is not null and project_review_meeting_approving_time is null
截至当日处于项目评审会审核通过状态项目数及申请金额	项目评审会审核通过状态	项目评审会审核通过，正交由总经理/分管总审核，尚未得出相应评审结论的项目数	project_review_meeting_approving_time is not null and general_manager_review_approving_time is null

指　标	状　态	说　明	状态判断条件
截至当日处于总经理/分管总审核通过状态项目数及申请金额	总经理/分管总审核通过状态	总经理/分管总审核通过，批复文件尚未生成的项目数	general_manager_review_approving_time is not null and reply_review_approving_time is null
截至当日处于已出具批复状态项目数、申请金额及批复金额	已出具批复状态	批复阶段审核通过，生成批复文件，包含具体的批复金额、条款等，尚未新增授信的项目数	reply_review_approving_time is not null and credit_create_time is null

以"截至当日处于新建状态项目数及申请金额"的指标为例进行分析。

处于新建状态的项目数，可以理解为就是申请已发起，正交由风控员审核，未得出风控审核结果的项目数，风控审核既未通过（undistributed_time is null），又未被拒绝（risk_manage_refused_time is null）。处于新建状态的项目的各里程碑时间的状态，如图 5-28 所示。

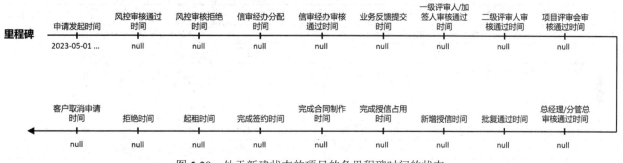

图 5-28　处于新建状态的项目的各里程碑时间的状态

根据里程碑时间，使用 if 函数结合 sum 函数，统计处于新建状态的项目数和申请金额的过程，如图 5-29 所示。先使用 if 函数对风控审核通过时间 undistributed_time 和风控审核拒绝时间 risk_manage_refused_time 进行判断，根据判断结果进行赋值。再使用 sum 函数对 if 函数的判断结果进行聚合，得到处于新建状态的项目数和申请金额总和这两个指标值。

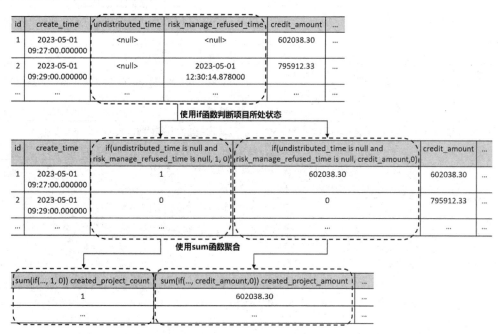

图 5-29　统计处于新建状态的项目数和申请金额的过程

其他指标的计算过程与之相似，即将 if 函数与 sum 函数结合使用，先使用 if 函数根据表 5-20 所示的状态判断条件对项目所处的状态进行判断，再使用 sum 函数对判断结果进行聚合。

最终将所得结果与 ADS 报表的历史数据进行 union，然后重新写入报表。

（2）建表语句。

```sql
DROP TABLE IF EXISTS ads_unfinished_audit_stats;
CREATE EXTERNAL TABLE IF NOT EXISTS ads_unfinished_audit_stats(
    `dt` STRING COMMENT '统计日期',
    `created_project_count` BIGINT COMMENT '新建状态项目数',
    `created_project_amount` DECIMAL(16,2) COMMENT '新建状态项目申请金额',
    `risk_control_not_approved_count` BIGINT COMMENT '未达风控状态项目数',
    `risk_control_not_approved_amount` DECIMAL(16,2) COMMENT '未达风控状态项目申请金额',
    `credit_audit_approved_count` BIGINT COMMENT '信审经办审核通过状态项目数',
    `credit_audit_approved_amount` DECIMAL(16,2) COMMENT '信审经办审核通过状态项目申请金额',
    `feedback_submitted_count` BIGINT COMMENT '已提交业务反馈状态项目数',
    `feedback_submitted_amount` DECIMAL(16,2) COMMENT '已提交业务反馈状态项目申请金额',
    `level1_review_approved_count` BIGINT COMMENT '一级评审通过状态项目数',
    `level1_review_approved_amount` DECIMAL(16,2) COMMENT '一级评审通过状态项目申请金额',
    `level2_review_approved_count` BIGINT COMMENT '二级评审通过状态项目数',
    `level2_review_approved_amount` DECIMAL(16,2) COMMENT '二级评审通过状态项目申请金额',
    `review_meeting_approved_count` BIGINT COMMENT '项目评审会审核通过状态项目数',
    `review_meeting_approved_amount` DECIMAL(16,2) COMMENT '项目评审会审核通过状态项目申请金额',
    `general_manager_approved_count` BIGINT COMMENT '总经理/分管总审核通过状态项目数',
    `general_manager_approved_amount` DECIMAL(16,2) COMMENT '总经理/分管总审核通过状态项目申请金额',
    `reply_issued_count` BIGINT COMMENT '出具批复状态项目数',
    `reply_issued_apply_amount` DECIMAL(16,2) COMMENT '出具批复状态项目申请金额',
    `reply_issued_reply_amount` DECIMAL(16,2) COMMENT '出具批复状态项目批复金额'
) COMMENT '待审/在审项目综合统计'
    ROW FORMAT DELIMITED FIELDS TERMINATED BY '\t'
    LOCATION '/warehouse/financial_lease/ads/ads_unfinished_audit_stats'
    TBLPROPERTIES ('compression.codec' = 'org.apache.hadoop.io.compress.GzipCodec');
```

（3）数据装载。

```sql
insert overwrite table ads_unfinished_audit_stats
select
    dt,
    created_project_count,
    created_project_amount,
    risk_control_not_approved_count,
    risk_control_not_approved_amount,
    credit_audit_approved_count,
    credit_audit_approved_amount,
    feedback_submitted_count,
    feedback_submitted_amount,
    level1_review_approved_count,
    level1_review_approved_amount,
    level2_review_approved_count,
    level2_review_approved_amount,
    review_meeting_approved_count,
    review_meeting_approved_amount,
    general_manager_approved_count,
```

```
        general_manager_approved_amount,
        reply_issued_count,
        reply_issued_apply_amount,
        reply_issued_reply_amount
from ads_unfinished_audit_stats
union
select
    '2023-05-09' dt,
    sum(if(undistributed_time is null and risk_manage_refused_time is null, 1, 0))
created_project_count,
    sum(if(undistributed_time is null and risk_manage_refused_time is null,
credit_amount,0)) created_project_amount,
    sum(if(risk_manage_refused_time is not null and undistributed_time is null, 1, 0))
risk_control_not_approved_count,
    sum(if(risk_manage_refused_time is not null and undistributed_time is null,
credit_amount, 0)) risk_control_not_approved_amount,
    sum(if(credit_audit_approving_time is not null and feed_back_time is null, 1, 0))
credit_audit_approved_count,
    sum(if(credit_audit_approving_time is not null and feed_back_time is null,
credit_amount, 0)) credit_audit_approved_amount,
    sum(if(feed_back_time is not null and first_level_review_approving_time is null, 1,
0)) feedback_submitted_count,
    sum(if(feed_back_time is not null and first_level_review_approving_time is null,
credit_amount, 0)) feedback_submitted_amount,
    sum(if(first_level_review_approving_time is not null and second_level_review_
approving_time is null, 1, 0)) level1_review_approved_count,
    sum(if(first_level_review_approving_time is not null and
second_level_review_approving_time is null, credit_amount, 0)) level1_review_approved_
amount,
    sum(if(second_level_review_approving_time is not null and project_review_meeting_
approving_time is null, 1, 0)) level2_review_approved_count,
    sum(if(second_level_review_approving_time is not null and project_review_meeting_
approving_time is null, credit_amount, 0)) level2_review_approved_amount,
    sum(if(project_review_meeting_approving_time is not null and general_manager_review_
approving_time is null, 1, 0)) review_meeting_approved_count,
    sum(if(project_review_meeting_approving_time is not null and general_manager_review_
approving_time is null, credit_amount, 0)) review_meeting_approved_amount,
    sum(if(general_manager_review_approving_time is not null and reply_review_approving_
time is null, 1, 0)) general_manager_approved_count,
    sum(if(general_manager_review_approving_time is not null and reply_review_approving_
time is null, credit_amount, 0)) general_manager_approved_amount,
    sum(if(reply_review_approving_time is not null and credit_create_time is null, 1, 0))
reply_issued_count,
    sum(if(reply_review_approving_time is not null and credit_create_time is null,
credit_amount, 0)) reply_issued_apply_amount,
    sum(if(reply_review_approving_time is not null and credit_create_time is null,
credit_reply_amount, 0)) reply_issued_reply_amount
from dwd_financial_lease_flow_acc
where dt = '9999-12-31';
```

2．各业务方向统计

（1）指标分析。

将待审/在审项目主题、统计粒度为业务方向的统计指标进行合并分析，如表 5-21 所示。这部分指标的查询思路与综合统计指标的查询思路相似，区别在于，查询结果需要按照业务方向 lease_organization 进行聚合。

表 5-21 各业务方向统计指标

统 计 粒 度	指　　标	说　　明
业务方向	截至当日处于新建状态项目数	申请已发起，正交由风控员审核，未得出风控审核结果的项目数
业务方向	截至当日处于新建状态项目申请金额	略
业务方向	截至当日处于未达风控状态项目数	未通过风控员审核，正交由风控经理审核，未得出最终风控结论的项目数
业务方向	截至当日处于未达风控状态项目申请金额	略
业务方向	截至当日处于信审经办审核通过状态项目数	信审经办审核通过，业务经办尚未提交业务反馈的项目数
业务方向	截至当日处于信审经办审核通过状态项目申请金额	略
业务方向	截至当日处于已提交业务反馈状态项目数	业务经办已提交业务反馈，正交由一级评审人/加签人审核，尚未得出一级评审结论的项目数
业务方向	截至当日处于已提交业务反馈状态项目申请金额	略
业务方向	截至当日处于一级评审通过状态项目数	一级评审已通过，正交由二级评审人审核，尚未得出二级评审结论的项目数
业务方向	截至当日处于一级评审通过状态项目申请金额	略
业务方向	截至当日处于二级评审通过状态项目数	二级评审已通过，正由项目评审会审核，尚未得出相应评审结论的项目数
业务方向	截至当日处于二级评审通过状态项目申请金额	略
业务方向	截至当日处于项目评审会审核通过状态项目数	项目评审会审核通过，正交由总经理/分管总审核，尚未得出相应评审结论的项目数
业务方向	截至当日处于项目评审会审核通过状态项目申请金额	略
业务方向	截至当日处于总经理/分管总审核通过状态项目数	总经理/分管总审核通过，批复文件尚未生成的项目数
业务方向	截至当日处于总经理/分管总审核通过状态项目申请金额	略
业务方向	截至当日处于已出具批复状态项目数	批复阶段审核通过，生成批复文件，包含具体的批复金额、条款等，尚未新增授信的项目数
业务方向	截至当日处于已出具批复状态项目申请金额	略
业务方向	截至当日处于已出具批复状态项目批复金额	略

（2）建表语句。

```
DROP TABLE IF EXISTS ads_lease_org_unfinished_audit_stats;
CREATE EXTERNAL TABLE IF NOT EXISTS ads_lease_org_unfinished_audit_stats(
    `dt` STRING COMMENT '统计日期',
    `lease_organization` STRING COMMENT '业务方向',
    `created_project_count` BIGINT COMMENT '新建状态项目数',
    `created_project_amount` DECIMAL(16,2) COMMENT '新建状态项目申请金额',
    `risk_control_not_approved_count` BIGINT COMMENT '未达风控状态项目数',
    `risk_control_not_approved_amount` DECIMAL(16,2) COMMENT '未达风控状态项目申请金额',
    `credit_audit_approved_count` BIGINT COMMENT '信审经办审核通过状态项目数',
    `credit_audit_approved_amount` DECIMAL(16,2) COMMENT '信审经办审核通过状态项目申请金额',
    `feedback_submitted_count` BIGINT COMMENT '已提交业务反馈状态项目数',
```

```
    `feedback_submitted_amount` DECIMAL(16,2) COMMENT '已提交业务反馈状态项目申请金额',
    `level1_review_approved_count` BIGINT COMMENT '一级评审通过状态项目数',
    `level1_review_approved_amount` DECIMAL(16,2) COMMENT '一级评审通过状态项目申请金额',
    `level2_review_approved_count` BIGINT COMMENT '二级评审通过状态项目数',
    `level2_review_approved_amount` DECIMAL(16,2) COMMENT '二级评审通过状态项目申请金额',
    `review_meeting_approved_count` BIGINT COMMENT '项目评审会审核通过状态项目数',
    `review_meeting_approved_amount` DECIMAL(16,2) COMMENT '项目评审会审核通过状态项目申请金额',
    `general_manager_approved_count` BIGINT COMMENT '总经理/分管总审核通过状态项目数',
    `general_manager_approved_amount` DECIMAL(16,2) COMMENT '总经理/分管总审核通过状态项目申请
金额',
    `reply_issued_count` BIGINT COMMENT '出具批复状态项目数',
    `reply_issued_apply_amount` DECIMAL(16,2) COMMENT '出具批复状态项目申请金额',
    `reply_issued_reply_amount` DECIMAL(16,2) COMMENT '出具批复状态项目批复金额'
) COMMENT '各业务方向待审/在审项目统计'
    ROW FORMAT DELIMITED FIELDS TERMINATED BY '\t'
    LOCATION '/warehouse/financial_lease/ads/ads_lease_org_unfinished_audit_stats'
    TBLPROPERTIES ('compression.codec' = 'org.apache.hadoop.io.compress.GzipCodec');
```

（3）数据装载。

```
insert overwrite table ads_lease_org_unfinished_audit_stats
select
    dt,
    lease_organization,
    created_project_count,
    created_project_amount,
    risk_control_not_approved_count,
    risk_control_not_approved_amount,
    credit_audit_approved_count,
    credit_audit_approved_amount,
    feedback_submitted_count,
    feedback_submitted_amount,
    level1_review_approved_count,
    level1_review_approved_amount,
    level2_review_approved_count,
    level2_review_approved_amount,
    review_meeting_approved_count,
    review_meeting_approved_amount,
    general_manager_approved_count,
    general_manager_approved_amount,
    reply_issued_count,
    reply_issued_apply_amount,
    reply_issued_reply_amount
from ads_lease_org_unfinished_audit_stats
union
select
    '2023-05-09' dt,
    lease_organization,
    sum(if(undistributed_time is null and risk_manage_refused_time is null, 1, 0))
created_project_count,
    sum(if(undistributed_time is null and risk_manage_refused_time is null, credit_amount,
```

```
0)) created_project_amount,
    sum(if(risk_manage_refused_time is not null and undistributed_time is null, 1, 0))
risk_control_not_approved_count,
    sum(if(risk_manage_refused_time is not null and undistributed_time is null,
credit_amount, 0)) risk_control_not_approved_amount,
    sum(if(credit_audit_approving_time is not null and feed_back_time is null, 1, 0))
credit_audit_approved_count,
    sum(if(credit_audit_approving_time is not null and feed_back_time is null,
credit_amount, 0)) credit_audit_approved_amount,
    sum(if(feed_back_time is not null and first_level_review_approving_time is null, 1,
0)) feedback_submitted_count,
    sum(if(feed_back_time is not null and first_level_review_approving_time is null,
credit_amount, 0)) feedback_submitted_amount,
    sum(if(first_level_review_approving_time is not null and second_level_review_
approving_time is null, 1, 0)) level1_review_approved_count,
    sum(if(first_level_review_approving_time is not null and second_level_review_
approving_time is null, credit_amount, 0)) level1_review_approved_amount,
    sum(if(second_level_review_approving_time is not null and project_review_meeting_
approving_time is null, 1, 0)) level2_review_approved_count,
    sum(if(second_level_review_approving_time is not null and project_review_meeting_
approving_time is null, credit_amount, 0)) level2_review_approved_amount,
    sum(if(project_review_meeting_approving_time is not null and general_manager_review_
approving_time is null, 1, 0)) review_meeting_approved_count,
    sum(if(project_review_meeting_approving_time is not null and general_manager_review_
approving_time is null, credit_amount, 0)) review_meeting_approved_amount,
    sum(if(general_manager_review_approving_time is not null and reply_review_approving_
time is null, 1, 0)) general_manager_approved_count,
    sum(if(general_manager_review_approving_time is not null and reply_review_approving_
time is null, credit_amount, 0)) general_manager_approved_amount,
    sum(if(reply_review_approving_time is not null and credit_create_time is null, 1, 0))
reply_issued_count,
    sum(if(reply_review_approving_time is not null and credit_create_time is null,
credit_amount, 0)) reply_issued_apply_amount,
    sum(if(reply_review_approving_time is not null and credit_create_time is null,
credit_reply_amount, 0)) reply_issued_reply_amount
from dwd_financial_lease_flow_acc
where dt = '9999-12-31'
group by lease_organization;
```

3. 各部门统计

（1）指标分析。

将待审/在审项目主题、统计粒度为部门、统计周期为历史至今的统计指标合并分析，如表 5-22 所示。这部分指标的查询思路与综合统计指标的查询思路相似，区别在于，需要首先将审批域金融租赁全流程累积快照事实表与员工维度表通过 salesman_id 关联，以获得员工的三级部门 ID，其次按照三级部门 ID 进行聚合，最后将聚合结果与部门维度表进行关联，以获取其余部门维度信息。

表 5-22　各部门统计指标

统 计 粒 度	指　　　标	说　　　明
部门	截至当日处于新建状态项目数	申请已发起,正交由风控员审核,未得出风控审核结果的项目数
部门	截至当日处于新建状态项目申请金额	略
部门	截至当日处于未达风控状态项目数	未通过风控员审核,正交由风控经理审核,未得出最终风控结论的项目数
部门	截至当日处于未达风控状态项目申请金额	略
部门	截至当日处于信审经办审核通过状态项目数	信审经办审核通过,业务经办尚未提交业务反馈的项目数
部门	截至当日处于信审经办审核通过状态项目申请金额	略
部门	截至当日处于已提交业务反馈状态项目数	业务经办已提交业务反馈,正交由一级评审人/加签人审核,尚未得出一级评审结论的项目数
部门	截至当日处于已提交业务反馈状态项目申请金额	略
部门	截至当日处于一级评审通过状态项目数	一级评审已通过,正交由二级评审人审核,尚未得出二级评审结论的项目数
部门	截至当日处于一级评审通过状态项目申请金额	略
部门	截至当日处于二级评审通过状态项目数	二级评审已通过,正由项目评审会审核,尚未得出相应评审结论的项目数
部门	截至当日处于二级评审通过状态项目申请金额	略
部门	截至当日处于项目评审会审核通过状态项目数	项目评审会审核通过,正交由总经理/分管总审核,尚未得出相应评审结论的项目数
部门	截至当日处于项目评审会审核通过状态项目申请金额	略
部门	截至当日处于总经理/分管总审核通过状态项目数	总经理/分管总审核通过,批复文件尚未生成的项目数
部门	截至当日处于总经理/分管总审核通过状态项目申请金额	略
部门	截至当日处于已出具批复状态项目数	批复阶段审核通过,生成批复文件,包含具体的批复金额、条款等,尚未新增授信的项目数
部门	截至当日处于已出具批复状态项目申请金额	略
部门	截至当日处于已出具批复状态项目批复金额	略

（2）建表语句。

```
DROP TABLE IF EXISTS ads_department_unfinished_audit_stats;
CREATE EXTERNAL TABLE IF NOT EXISTS ads_department_unfinished_audit_stats(
    `dt` STRING COMMENT '统计日期',
    `department3_id` STRING COMMENT '三级部门ID',
    `department3_name` STRING COMMENT '三级部门名称',
    `department2_id` STRING COMMENT '二级部门ID',
    `department2_name` STRING COMMENT '二级部门名称',
    `department1_id` STRING COMMENT '一级部门ID',
    `department1_name` STRING COMMENT '一级部门名称',
    `created_project_count` BIGINT COMMENT '新建状态项目数',
    `created_project_amount` DECIMAL(16,2) COMMENT '新建状态项目申请金额',
    `risk_control_not_approved_count` BIGINT COMMENT '未达风控状态项目数',
    `risk_control_not_approved_amount` DECIMAL(16,2) COMMENT '未达风控状态项目申请金额',
    `credit_audit_approved_count` BIGINT COMMENT '信审经办审核通过状态项目数',
    `credit_audit_approved_amount` DECIMAL(16,2) COMMENT '信审经办审核通过状态项目申请金额',
    `feedback_submitted_count` BIGINT COMMENT '已提交业务反馈状态项目数',
    `feedback_submitted_amount` DECIMAL(16,2) COMMENT '已提交业务反馈状态项目申请金额',
    `level1_review_approved_count` BIGINT COMMENT '一级评审通过状态项目数',
```

```
    `level1_review_approved_amount` DECIMAL(16,2) COMMENT '一级评审通过状态项目申请金额',
    `level2_review_approved_count` BIGINT COMMENT '二级评审通过状态项目数',
    `level2_review_approved_amount` DECIMAL(16,2) COMMENT '二级评审通过状态项目申请金额',
    `review_meeting_approved_count` BIGINT COMMENT '项目评审会审核通过状态项目数',
    `review_meeting_approved_amount` DECIMAL(16,2) COMMENT '项目评审会审核通过状态项目申请金额',
    `general_manager_approved_count` BIGINT COMMENT '总经理/分管总审核通过状态项目数',
    `general_manager_approved_amount` DECIMAL(16,2) COMMENT '总经理/分管总审核通过状态项目申请金额',
    `reply_issued_count` BIGINT COMMENT '出具批复状态项目数',
    `reply_issued_apply_amount` DECIMAL(16,2) COMMENT '出具批复状态项目申请金额',
    `reply_issued_reply_amount` DECIMAL(16,2) COMMENT '出具批复状态项目批复金额'
) COMMENT '各部门待审/在审项目统计'
    ROW FORMAT DELIMITED FIELDS TERMINATED BY '\t'
    LOCATION '/warehouse/financial_lease/ads/ads_department_unfinished_audit_stats'
    TBLPROPERTIES ('compression.codec' = 'org.apache.hadoop.io.compress.GzipCodec');
```

（3）数据装载。

```
insert overwrite table ads_department_unfinished_audit_stats
select
    dt,
    department3_id,
    department3_name,
    department2_id,
    department2_name,
    department1_id,
    department1_name,
    created_project_count,
    created_project_amount,
    risk_control_not_approved_count,
    risk_control_not_approved_amount,
    credit_audit_approved_count,
    credit_audit_approved_amount,
    feedback_submitted_count,
    feedback_submitted_amount,
    level1_review_approved_count,
    level1_review_approved_amount,
    level2_review_approved_count,
    level2_review_approved_amount,
    review_meeting_approved_count,
    review_meeting_approved_amount,
    general_manager_approved_count,
    general_manager_approved_amount,
    reply_issued_count,
    reply_issued_apply_amount,
    reply_issued_reply_amount
from ads_department_unfinished_audit_stats
union
select
    dt,
    agg.department3_id,
    department3_name,
    department2_id,
```

```
        department2_name,
        department1_id,
        department1_name,
        created_project_count,
        created_project_amount,
        risk_control_not_approved_count,
        risk_control_not_approved_amount,
        credit_audit_approved_count,
        credit_audit_approved_amount,
        feedback_submitted_count,
        feedback_submitted_amount,
        level1_review_approved_count,
        level1_review_approved_amount,
        level2_review_approved_count,
        level2_review_approved_amount,
        review_meeting_approved_count,
        review_meeting_approved_amount,
        general_manager_approved_count,
        general_manager_approved_amount,
        reply_issued_count,
        reply_issued_apply_amount,
        reply_issued_reply_amount
from (
    select
        '2023-05-09' dt,
        department3_id,
        sum(if(undistributed_time is null and risk_manage_refused_time is null, 1, 0))
created_project_count,
        sum(if(undistributed_time is null and risk_manage_refused_time is null,
credit_amount, 0)) created_project_amount,
        sum(if(risk_manage_refused_time is not null and undistributed_time is null, 1, 0))
risk_control_not_approved_count,
        sum(if(risk_manage_refused_time is not null and undistributed_time is null,
credit_amount, 0)) risk_control_not_approved_amount,
        sum(if(credit_audit_approving_time is not null and feed_back_time is null, 1, 0))
credit_audit_approved_count,
        sum(if(credit_audit_approving_time is not null and feed_back_time is null,
credit_amount, 0)) credit_audit_approved_amount,
        sum(if(feed_back_time is not null and first_level_review_approving_time is null,
1, 0)) feedback_submitted_count,
        sum(if(feed_back_time is not null and first_level_review_approving_time is null,
credit_amount, 0)) feedback_submitted_amount,
        sum(if(first_level_review_approving_time is not null and second_level_review_
approving_time is null, 1, 0)) level1_review_approved_count,
        sum(if(first_level_review_approving_time is not null and second_level_review_
approving_time is null, credit_amount, 0)) level1_review_approved_amount,
        sum(if(second_level_review_approving_time is not null and project_review_meeting_
approving_time is null, 1, 0)) level2_review_approved_count,
        sum(if(second_level_review_approving_time is not null and project_review_meeting_
approving_time is null, credit_amount, 0)) level2_review_approved_amount,
        sum(if(project_review_meeting_approving_time is not null and general_manager_
```

```
review_approving_time is null, 1, 0)) review_meeting_approved_count,
    sum(if(project_review_meeting_approving_time is not null and general_manager_
review_approving_time is null, credit_amount, 0)) review_meeting_approved_amount,
    sum(if(general_manager_review_approving_time is not null and reply_review_
approving_time is null, 1, 0)) general_manager_approved_count,
    sum(if(general_manager_review_approving_time is not null and reply_review_
approving_time is null, credit_amount, 0)) general_manager_approved_amount,
    sum(if(reply_review_approving_time is not null and credit_create_time is null, 1,
0)) reply_issued_count,
    sum(if(reply_review_approving_time is not null and credit_create_time is null,
credit_amount, 0)) reply_issued_apply_amount,
    sum(if(reply_review_approving_time is not null and credit_create_time is null,
credit_reply_amount, 0)) reply_issued_reply_amount
    from (
        select
            *
        from dwd_financial_lease_flow_acc
        where dt = '9999-12-31'
    ) acc
    left join (
        select
            id,
            department3_id
        from dim_employee_full
        where dt = '2023-05-09'
    ) emp on acc.salesman_id = emp.id
group by department3_id
) agg
left join (
    select
        department3_id,
        department3_name,
        department2_id,
        department2_name,
        department1_id,
        department1_name
    from dim_department_full
    where dt = '2023-05-09'
) department on agg.department3_id = department.department3_id;
msck repair table dim_department_full;
```

4．各业务经办统计

（1）指标分析。

将待审/在审项目主题、统计粒度为业务经办的统计指标合并分析，如表 5-23 所示。这部分指标的查询思路与综合统计指标的查询思路相似，区别在于，查询结果需要先按照业务经办 ID 进行聚合，再将聚合结果与员工维度表进行关联，以获取业务经办人员的姓名信息。

表 5-23　各业务经办统计指标

统 计 粒 度	指　　标	说　　明
业务经办	截至当日处于新建状态项目数	申请已发起,正交由风控员审核,未得出风控审核结果的项目数
业务经办	截至当日处于新建状态项目申请金额	略
业务经办	截至当日处于未达风控状态项目数	未通过风控员审核,正交由风控经理审核,未得出最终风控结论的项目数
业务经办	截至当日处于未达风控状态项目申请金额	略
业务经办	截至当日处于信审经办审核通过状态项目数	信审经办审核通过,业务经办尚未提交业务反馈的项目数
业务经办	截至当日处于信审经办审核通过状态项目申请金额	略
业务经办	截至当日处于已提交业务反馈状态项目数	业务经办已提交业务反馈,正交由一级评审人/加签人审核,尚未得出一级评审结论的项目数
业务经办	截至当日处于已提交业务反馈状态项目申请金额	略
业务经办	截至当日处于一级评审通过状态项目数	一级评审已通过,正交由二级评审人审核,尚未得出二级评审结论的项目数
业务经办	截至当日处于一级评审通过状态项目申请金额	略
业务经办	截至当日处于二级评审通过状态项目数	二级评审已通过,正由项目评审会审核,尚未得出相应评审结论的项目数
业务经办	截至当日处于二级评审通过状态项目申请金额	略
业务经办	截至当日处于项目评审会审核通过状态项目数	项目评审会审核通过,正交由总经理/分管总审核,尚未得出相应评审结论的项目数
业务经办	截至当日处于项目评审会审核通过状态项目申请金额	略
业务经办	截至当日处于总经理/分管总审核通过状态项目数	总经理/分管总审核通过,批复文件尚未生成的项目数
业务经办	截至当日处于总经理/分管总审核通过状态项目申请金额	略
业务经办	截至当日处于已出具批复状态项目数	批复阶段审核通过,生成批复文件,包含具体的批复金额、条款等,尚未新增授信的项目数
业务经办	截至当日处于已出具批复状态项目申请金额	略
业务经办	截至当日处于已出具批复状态项目批复金额	略

（2）建表语句。

```
DROP TABLE IF EXISTS ads_salesman_unfinished_audit_stats;
CREATE EXTERNAL TABLE IF NOT EXISTS ads_salesman_unfinished_audit_stats(
    `dt` STRING COMMENT '统计日期',
    `salesman_id` STRING COMMENT '业务经办员工ID',
    `salesman_name` STRING COMMENT '业务经办员工姓名',
    `created_project_count` BIGINT COMMENT '新建状态项目数',
    `created_project_amount` DECIMAL(16,2) COMMENT '新建状态项目申请金额',
    `risk_control_not_approved_count` BIGINT COMMENT '未达风控状态项目数',
    `risk_control_not_approved_amount` DECIMAL(16,2) COMMENT '未达风控状态项目申请金额',
    `credit_audit_approved_count` BIGINT COMMENT '信审经办审核通过状态项目数',
    `credit_audit_approved_amount` DECIMAL(16,2) COMMENT '信审经办审核通过状态项目申请金额',
    `feedback_submitted_count` BIGINT COMMENT '已提交业务反馈状态项目数',
    `feedback_submitted_amount` DECIMAL(16,2) COMMENT '已提交业务反馈状态项目申请金额',
    `level1_review_approved_count` BIGINT COMMENT '一级评审通过状态项目数',
    `level1_review_approved_amount` DECIMAL(16,2) COMMENT '一级评审通过状态项目申请金额',
    `level2_review_approved_count` BIGINT COMMENT '二级评审通过状态项目数',
    `level2_review_approved_amount` DECIMAL(16,2) COMMENT '二级评审通过状态项目申请金额',
    `review_meeting_approved_count` BIGINT COMMENT '项目评审会审核通过状态项目数',
```

```
    `review_meeting_approved_amount` DECIMAL(16,2) COMMENT '项目评审会审核通过状态项目申请金额',
    `general_manager_approved_count` BIGINT COMMENT '总经理/分管总审核通过状态项目数',
    `general_manager_approved_amount` DECIMAL(16,2) COMMENT '总经理/分管总审核通过状态项目申请
金额',
    `reply_issued_count` BIGINT COMMENT '出具批复状态项目数',
    `reply_issued_apply_amount` DECIMAL(16,2) COMMENT '出具批复状态项目申请金额',
    `reply_issued_reply_amount` DECIMAL(16,2) COMMENT '出具批复状态项目批复金额'
) COMMENT '各业务经办待审/在审项目统计'
    ROW FORMAT DELIMITED FIELDS TERMINATED BY '\t'
    LOCATION '/warehouse/financial_lease/ads/ads_salesman_unfinished_audit_stats'
    TBLPROPERTIES ('compression.codec' = 'org.apache.hadoop.io.compress.GzipCodec');
```

（3）数据装载。

```
insert overwrite table ads_salesman_unfinished_audit_stats
select
    dt,
    salesman_id,
    salesman_name,
    created_project_count,
    created_project_amount,
    risk_control_not_approved_count,
    risk_control_not_approved_amount,
    credit_audit_approved_count,
    credit_audit_approved_amount,
    feedback_submitted_count,
    feedback_submitted_amount,
    level1_review_approved_count,
    level1_review_approved_amount,
    level2_review_approved_count,
    level2_review_approved_amount,
    review_meeting_approved_count,
    review_meeting_approved_amount,
    general_manager_approved_count,
    general_manager_approved_amount,
    reply_issued_count,
    reply_issued_apply_amount,
    reply_issued_reply_amount
from ads_salesman_unfinished_audit_stats
union
select
    dt,
    salesman_id,
    emp.name salesman_name,
    created_project_count,
    created_project_amount,
    risk_control_not_approved_count,
    risk_control_not_approved_amount,
    credit_audit_approved_count,
    credit_audit_approved_amount,
    feedback_submitted_count,
    feedback_submitted_amount,
    level1_review_approved_count,
```

```
        level1_review_approved_amount,
        level2_review_approved_count,
        level2_review_approved_amount,
        review_meeting_approved_count,
        review_meeting_approved_amount,
        general_manager_approved_count,
        general_manager_approved_amount,
        reply_issued_count,
        reply_issued_apply_amount,
        reply_issued_reply_amount
from (
    select
        '2023-05-09' dt,
        salesman_id,
        sum(if(undistributed_time is null and risk_manage_refused_time is null, 1, 0))
created_project_count,
        sum(if(undistributed_time is null and risk_manage_refused_time is null,
credit_amount, 0)) created_project_amount,
        sum(if(risk_manage_refused_time is not null and undistributed_time is null, 1, 0))
risk_control_not_approved_count,
        sum(if(risk_manage_refused_time is not null and undistributed_time is null,
credit_amount, 0)) risk_control_not_approved_amount,
        sum(if(credit_audit_approving_time is not null and feed_back_time is null, 1, 0))
credit_audit_approved_count,
        sum(if(credit_audit_approving_time is not null and feed_back_time is null,
credit_amount, 0)) credit_audit_approved_amount,
        sum(if(feed_back_time is not null and first_level_review_approving_time is null,
1, 0)) feedback_submitted_count,
        sum(if(feed_back_time is not null and first_level_review_approving_time is null,
credit_amount, 0)) feedback_submitted_amount,
        sum(if(first_level_review_approving_time is not null and second_level_review_
approving_time is null, 1, 0)) level1_review_approved_count,
        sum(if(first_level_review_approving_time is not null and
second_level_review_approving_time is null, credit_amount, 0)) level1_review_approved_
amount,
        sum(if(second_level_review_approving_time is not null and project_review_meeting_
approving_time is null, 1, 0)) level2_review_approved_count,
        sum(if(second_level_review_approving_time is not null and project_review_meeting_
approving_time is null, credit_amount, 0)) level2_review_approved_amount,
        sum(if(project_review_meeting_approving_time is not null and general_manager_
review_approving_time is null, 1, 0)) review_meeting_approved_count,
        sum(if(project_review_meeting_approving_time is not null and general_manager_
review_approving_time is null, credit_amount, 0)) review_meeting_approved_amount,
        sum(if(general_manager_review_approving_time is not null and reply_review_
approving_ time is null, 1, 0)) general_manager_approved_count,
        sum(if(general_manager_review_approving_time is not null and reply_review_
approving_time is null, credit_amount, 0)) general_manager_approved_amount,
        sum(if(reply_review_approving_time is not null and credit_create_time is null, 1,
0)) reply_issued_count,
        sum(if(reply_review_approving_time is not null and credit_create_time is null,
credit_amount, 0)) reply_issued_apply_amount,
```

```
      sum(if(reply_review_approving_time is not null and credit_create_time is null,
credit_reply_amount, 0)) reply_issued_reply_amount
    from dwd_financial_lease_flow_acc
    where dt = '9999-12-31'
    group by salesman_id
) agg
left join (
    select
        id,
        name
    from dim_employee_full
    where dt = '2023-05-09'
) emp on agg.salesman_id = emp.id;
```

5. 各信审经办统计

（1）指标分析。

将待审/在审项目主题、统计粒度为信审经办的统计指标合并分析，如表 5-24 所示。这部分指标的查询思路与综合统计指标的查询思路相似，区别在于，查询结果需要先按照信审经办 ID 进行聚合，再将聚合结果与员工维度表进行关联，以获取信审经办人员姓名信息。

表 5-24　各信审经办统计指标

统 计 粒 度	指　　标	说　　明
信审经办	截至当日处于信审经办审核通过状态项目数	信审经办审核通过，业务经办尚未提交业务反馈的项目数
信审经办	截至当日处于信审经办审核通过状态项目申请金额	略
信审经办	截至当日处于已提交业务反馈状态项目数	业务经办已提交业务反馈，正交由一级评审人/加签人审核，尚未得出一级评审结论的项目数
信审经办	截至当日处于已提交业务反馈状态项目申请金额	略
信审经办	截至当日处于一级评审通过状态项目数	一级评审已通过，正交由二级评审人审核，尚未得出二级评审结论的项目数
信审经办	截至当日处于一级评审通过状态项目申请金额	略
信审经办	截至当日处于二级评审通过状态项目数	二级评审已通过，正由项目评审会审核，尚未得出相应评审结论的项目数
信审经办	截至当日处于二级评审通过状态项目申请金额	略
信审经办	截至当日处于项目评审会审核通过状态项目数	项目评审会审核通过，正交由总经理/分管总审核，尚未得出相应评审结论的项目数
信审经办	截至当日处于项目评审会审核通过状态项目申请金额	略
信审经办	截至当日处于总经理/分管总审核通过状态项目数	总经理/分管总审核通过，批复文件尚未生成的项目数
信审经办	截至当日处于总经理/分管总审核通过状态项目申请金额	略
信审经办	截至当日处于已出具批复状态项目数	批复阶段审核通过，生成批复文件，包含具体的批复金额、条款等，尚未新增授信的项目数
信审经办	截至当日处于已出具批复状态项目申请金额	略
信审经办	截至当日处于已出具批复状态项目批复金额	略

（2）建表语句。

```
DROP TABLE IF EXISTS ads_credit_audit_unfinished_audit_stats;
CREATE EXTERNAL TABLE IF NOT EXISTS ads_credit_audit_unfinished_audit_stats(
    `dt` STRING COMMENT '统计日期',
    `credit_audit_id` STRING COMMENT '信审经办ID',
```

```
    `credit_audit_name` STRING COMMENT '信审经办姓名',
    `credit_audit_approved_count` BIGINT COMMENT '信审经办审核通过状态项目数',
    `credit_audit_approved_amount` DECIMAL(16,2) COMMENT '信审经办审核通过状态项目申请金额',
    `feedback_submitted_count` BIGINT COMMENT '已提交业务反馈状态项目数',
    `feedback_submitted_amount` DECIMAL(16,2) COMMENT '已提交业务反馈状态项目申请金额',
    `level1_review_approved_count` BIGINT COMMENT '一级评审通过状态项目数',
    `level1_review_approved_amount` DECIMAL(16,2) COMMENT '一级评审通过状态项目申请金额',
    `level2_review_approved_count` BIGINT COMMENT '二级评审通过状态项目数',
    `level2_review_approved_amount` DECIMAL(16,2) COMMENT '二级评审通过状态项目申请金额',
    `review_meeting_approved_count` BIGINT COMMENT '项目评审会审核通过状态项目数',
    `review_meeting_approved_amount` DECIMAL(16,2) COMMENT '项目评审会审核通过状态项目申请金额',
    `general_manager_approved_count` BIGINT COMMENT '总经理/分管总审核通过状态项目数',
    `general_manager_approved_amount` DECIMAL(16,2) COMMENT '总经理/分管总审核通过状态项目申请
金额',
    `reply_issued_count` BIGINT COMMENT '出具批复状态项目数',
    `reply_issued_apply_amount` DECIMAL(16,2) COMMENT '出具批复状态项目申请金额',
    `reply_issued_reply_amount` DECIMAL(16,2) COMMENT '出具批复状态项目批复金额'
) COMMENT '各信审经办待审/在审项目统计'
    ROW FORMAT DELIMITED FIELDS TERMINATED BY '\t'
    LOCATION '/warehouse/financial_lease/ads/ads_credit_audit_unfinished_audit_stats'
    TBLPROPERTIES ('compression.codec' = 'org.apache.hadoop.io.compress.GzipCodec');
```

（3）数据装载。

```
insert overwrite table ads_credit_audit_unfinished_audit_stats
select
    dt,
    credit_audit_id,
    credit_audit_name,
    credit_audit_approved_count,
    credit_audit_approved_amount,
    feedback_submitted_count,
    feedback_submitted_amount,
    level1_review_approved_count,
    level1_review_approved_amount,
    level2_review_approved_count,
    level2_review_approved_amount,
    review_meeting_approved_count,
    review_meeting_approved_amount,
    general_manager_approved_count,
    general_manager_approved_amount,
    reply_issued_count,
    reply_issued_apply_amount,
    reply_issued_reply_amount
from ads_credit_audit_unfinished_audit_stats
union
select
    '2023-05-09' dt,
    credit_audit_id,
    name credit_audit_name,
    credit_audit_approved_count,
    credit_audit_approved_amount,
    feedback_submitted_count,
```

```
        feedback_submitted_amount,
        level1_review_approved_count,
        level1_review_approved_amount,
        level2_review_approved_count,
        level2_review_approved_amount,
        review_meeting_approved_count,
        review_meeting_approved_amount,
        general_manager_approved_count,
        general_manager_approved_amount,
        reply_issued_count,
        reply_issued_apply_amount,
        reply_issued_reply_amount
from (
    select
        '2023-05-09' dt,
        credit_audit_id,
        sum(if(credit_audit_approving_time is not null and feed_back_time is null, 1, 0))
credit_audit_approved_count,
        sum(if(credit_audit_approving_time is not null and feed_back_time is null,
credit_amount, 0)) credit_audit_approved_amount,
        sum(if(feed_back_time is not null and first_level_review_approving_time is null,
1, 0)) feedback_submitted_count,
        sum(if(feed_back_time is not null and first_level_review_approving_time is null,
credit_amount, 0)) feedback_submitted_amount,
        sum(if(first_level_review_approving_time is not null and second_level_review_
approving_time is null, 1, 0)) level1_review_approved_count,
        sum(if(first_level_review_approving_time is not null and second_level_review_
approving_time is null, credit_amount, 0)) level1_review_approved_amount,
        sum(if(second_level_review_approving_time is not null and project_review_meeting_
approving_time is null, 1, 0)) level2_review_approved_count,
        sum(if(second_level_review_approving_time is not null and project_review_meeting_
approving_time is null, credit_amount, 0)) level2_review_approved_amount,
        sum(if(project_review_meeting_approving_time is not null and general_manager_
review_approving_time is null, 1, 0)) review_meeting_approved_count,
        sum(if(project_review_meeting_approving_time is not null and general_manager_
review_approving_time is null, credit_amount, 0)) review_meeting_approved_amount,
        sum(if(general_manager_review_approving_time is not null and reply_review_
approving_time is null, 1, 0)) general_manager_approved_count,
        sum(if(general_manager_review_approving_time is not null and reply_review_
approving_time is null, credit_amount, 0)) general_manager_approved_amount,
        sum(if(reply_review_approving_time is not null and credit_create_time is null, 1,
0)) reply_issued_count,
        sum(if(reply_review_approving_time is not null and credit_create_time is null,
credit_amount, 0)) reply_issued_apply_amount,
        sum(if(reply_review_approving_time is not null and credit_create_time is null,
credit_reply_amount, 0)) reply_issued_reply_amount
    from dwd_financial_lease_flow_acc
    where dt = '9999-12-31' and credit_audit_id is not null
    group by credit_audit_id
) acc
left join (
```

```
    select
        id,
        name
    from dim_employee_full
    where dt = '2023-05-09'
) emp on acc.credit_audit_id = emp.id;
```

6．各行业统计

（1）指标分析。

将待审/在审项目主题、统计粒度为行业的统计指标合并分析，如表 5-25 所示。这部分指标的查询思路与综合统计指标的查询思路相似，区别在于，查询结果需要先按照三级行业 ID 进行聚合，再将聚合结果与行业维度表进行聚合，以获取更多的行业维度信息。

表 5-25　各行业统计指标

统计粒度	指　标	说　明
行业	截至当日处于新建状态项目数	申请已发起，正交由风控员审核，未得出风控审核结果的项目数
行业	截至当日处于新建状态项目申请金额	略
行业	截至当日处于未达风控状态项目数	未通过风控员审核，正交由风控经理审核，未得出最终风控结论的项目数
行业	截至当日处于未达风控状态项目申请金额	略
行业	截至当日处于信审经办审核通过状态项目数	信审经办审核通过，业务经办尚未提交业务反馈的项目数
行业	截至当日处于信审经办审核通过状态项目申请金额	略
行业	截至当日处于已提交业务反馈状态项目数	业务经办已提交业务反馈，正交由一级评审人/加签人审核，尚未得出一级评审结论的项目数
行业	截至当日处于已提交业务反馈状态项目申请金额	略
行业	截至当日处于一级评审通过状态项目数	一级评审已通过，正交由二级评审人审核，尚未得出二级评审结论的项目数
行业	截至当日处于一级评审通过状态项目申请金额	略
行业	截至当日处于二级评审通过状态项目数	二级评审已通过，正由项目评审会审核，尚未得出相应评审结论的项目数
行业	截至当日处于二级评审通过状态项目申请金额	略
行业	截至当日处于项目评审会审核通过状态项目数	项目评审会审核通过，正交由总经理/分管总审核，尚未得出相应评审结论的项目数
行业	截至当日处于项目评审会审核通过状态项目申请金额	略
行业	截至当日处于总经理/分管总审核通过状态项目数	总经理/分管总审核通过，批复文件尚未生成的项目数
行业	截至当日处于总经理/分管总审核通过状态项目申请金额	略
行业	截至当日处于已出具批复状态项目数	批复阶段审核通过，生成批复文件，包含具体的批复金额、条款等，尚未新增授信的项目数
行业	截至当日处于已出具批复状态项目申请金额	略
行业	截至当日处于已出具批复状态项目批复金额	略

（2）建表语句。

```
DROP TABLE IF EXISTS ads_industry_unfinished_audit_stats;
CREATE EXTERNAL TABLE IF NOT EXISTS ads_industry_unfinished_audit_stats(
    `dt` STRING COMMENT '统计日期',
    `industry3_id` STRING COMMENT '三级行业 ID',
    `industry3_name` STRING COMMENT '三级行业名称',
```

```
    `industry2_id` STRING COMMENT '二级行业ID',
    `industry2_name` STRING COMMENT '二级行业名称',
    `industry1_id` STRING COMMENT '一级行业ID',
    `industry1_name` STRING COMMENT '一级行业名称',
    `created_project_count` BIGINT COMMENT '新建状态项目数',
    `created_project_amount` DECIMAL(16,2) COMMENT '新建状态项目申请金额',
    `risk_control_not_approved_count` BIGINT COMMENT '未达风控状态项目数',
    `risk_control_not_approved_amount` DECIMAL(16,2) COMMENT '未达风控状态项目申请金额',
    `credit_audit_approved_count` BIGINT COMMENT '信审经办审核通过状态项目数',
    `credit_audit_approved_amount` DECIMAL(16,2) COMMENT '信审经办审核通过状态项目申请金额',
    `feedback_submitted_count` BIGINT COMMENT '已提交业务反馈状态项目数',
    `feedback_submitted_amount` DECIMAL(16,2) COMMENT '已提交业务反馈状态项目申请金额',
    `level1_review_approved_count` BIGINT COMMENT '一级评审通过状态项目数',
    `level1_review_approved_amount` DECIMAL(16,2) COMMENT '一级评审通过状态项目申请金额',
    `level2_review_approved_count` BIGINT COMMENT '二级评审通过状态项目数',
    `level2_review_approved_amount` DECIMAL(16,2) COMMENT '二级评审通过状态项目申请金额',
    `review_meeting_approved_count` BIGINT COMMENT '项目评审会审核通过状态项目数',
    `review_meeting_approved_amount` DECIMAL(16,2) COMMENT '项目评审会审核通过状态项目申请金额',
    `general_manager_approved_count` BIGINT COMMENT '总经理/分管总审核通过状态项目数',
    `general_manager_approved_amount` DECIMAL(16,2) COMMENT '总经理/分管总审核通过状态项目申请金额',
    `reply_issued_count` BIGINT COMMENT '出具批复状态项目数',
    `reply_issued_apply_amount` DECIMAL(16,2) COMMENT '出具批复状态项目申请金额',
    `reply_issued_reply_amount` DECIMAL(16,2) COMMENT '出具批复状态项目批复金额'
) COMMENT '各行业待审/在审项目统计'
    ROW FORMAT DELIMITED FIELDS TERMINATED BY '\t'
    LOCATION '/warehouse/financial_lease/ads/ads_industry_unfinished_audit_stats'
    TBLPROPERTIES ('compression.codec' = 'org.apache.hadoop.io.compress.GzipCodec');
```

（3）数据装载。

```
insert overwrite table ads_industry_unfinished_audit_stats
select
    dt,
    industry3_id,
    industry3_name,
    industry2_id,
    industry2_name,
    industry1_id,
    industry1_name,
    created_project_count,
    created_project_amount,
    risk_control_not_approved_count,
    risk_control_not_approved_amount,
    credit_audit_approved_count,
    credit_audit_approved_amount,
    feedback_submitted_count,
    feedback_submitted_amount,
    level1_review_approved_count,
    level1_review_approved_amount,
    level2_review_approved_count,
    level2_review_approved_amount,
    review_meeting_approved_count,
```

```
    review_meeting_approved_amount,
    general_manager_approved_count,
    general_manager_approved_amount,
    reply_issued_count,
    reply_issued_apply_amount,
    reply_issued_reply_amount
from ads_industry_unfinished_audit_stats
union
select
    dt,
    agg.industry3_id,
    industry3_name,
    industry2_id,
    industry2_name,
    industry1_id,
    industry1_name,
    created_project_count,
    created_project_amount,
    risk_control_not_approved_count,
    risk_control_not_approved_amount,
    credit_audit_approved_count,
    credit_audit_approved_amount,
    feedback_submitted_count,
    feedback_submitted_amount,
    level1_review_approved_count,
    level1_review_approved_amount,
    level2_review_approved_count,
    level2_review_approved_amount,
    review_meeting_approved_count,
    review_meeting_approved_amount,
    general_manager_approved_count,
    general_manager_approved_amount,
    reply_issued_count,
    reply_issued_apply_amount,
    reply_issued_reply_amount
from (
    select
        '2023-05-09' dt,
        industry3_id,
        sum(if(undistributed_time is null and risk_manage_refused_time is null, 1, 0))
created_project_count,
        sum(if(undistributed_time is null and risk_manage_refused_time is null,
credit_amount, 0)) created_project_amount,
        sum(if(risk_manage_refused_time is not null and undistributed_time is null, 1, 0))
risk_control_not_approved_count,
        sum(if(risk_manage_refused_time is not null and undistributed_time is null,
credit_amount, 0)) risk_control_not_approved_amount,
        sum(if(credit_audit_approving_time is not null and feed_back_time is null, 1, 0))
credit_audit_approved_count,
        sum(if(credit_audit_approving_time is not null and feed_back_time is null,
credit_amount, 0)) credit_audit_approved_amount,
```

```
        sum(if(feed_back_time is not null and first_level_review_approving_time is null,
1, 0)) feedback_submitted_count,
        sum(if(feed_back_time is not null and first_level_review_approving_time is null,
credit_amount, 0)) feedback_submitted_amount,
        sum(if(first_level_review_approving_time is not null and second_level_review_
approving_time is null, 1, 0)) level1_review_approved_count,
        sum(if(first_level_review_approving_time is not null and second_level_review_
approving_time is null, credit_amount, 0)) level1_review_approved_amount,
        sum(if(second_level_review_approving_time is not null and project_review_meeting_
approving_time is null, 1, 0)) level2_review_approved_count,
        sum(if(second_level_review_approving_time is not null and project_review_meeting_
approving_time is null, credit_amount, 0)) level2_review_approved_amount,
        sum(if(project_review_meeting_approving_time is not null and general_manager_
review_approving_time is null, 1, 0)) review_meeting_approved_count,
        sum(if(project_review_meeting_approving_time is not null and general_manager_
review_approving_time is null, credit_amount, 0)) review_meeting_approved_amount,
        sum(if(general_manager_review_approving_time is not null and reply_review_approving_
time is null, 1, 0)) general_manager_approved_count,
        sum(if(general_manager_review_approving_time is not null and reply_review_approving_
time is null, credit_amount, 0)) general_manager_approved_amount,
        sum(if(reply_review_approving_time is not null and credit_create_time is null, 1,
0)) reply_issued_count,
        sum(if(reply_review_approving_time is not null and credit_create_time is null,
credit_amount, 0)) reply_issued_apply_amount,
        sum(if(reply_review_approving_time is not null and credit_create_time is null,
credit_reply_amount, 0)) reply_issued_reply_amount
    from dwd_financial_lease_flow_acc
    where dt = '9999-12-31'
    group by industry3_id
) agg
left join (
    select
        industry3_id,
        industry3_name,
        industry2_id,
        industry2_name,
        industry1_id,
        industry1_name
    from dim_industry_full
    where dt = '2023-05-09'
) ind on agg.industry3_id = ind.industry3_id;
```

5.7.2 已审项目主题指标

1．综合统计

（1）指标分析。

将已审项目主题、统计周期为历史至今、无统计粒度限定的综合统计指标合并统计，如表 5-26 所示。

表 5-26　综合统计指标

统计周期	统计粒度	指标	说明
历史至今	–	审批通过项目数	历史至今所有已出具批复，生成的批复文件包含批复金额、条件等信息的项目数
历史至今	–	审批通过项目申请金额	略
历史至今	–	审批通过项目批复金额	略
历史至今	–	取消项目数	略
历史至今	–	取消项目申请金额	略
历史至今	–	拒绝项目数	略
历史至今	–	拒绝项目申请金额	略

① 思路分析。

对表 5-26 进行进一步分析，这部分指标主要用来分析项目的三个状态，分别是审批通过、取消和拒绝，如表 5-27 所示。

表 5-27　各部门统计指标

状　态	说　明	状态判断条件
审批通过	历史至今各部门已出具批复的项目，生成的批复文件包含批复金额、条件等信息	reply_review_approving_time is not null
取消	略	cancel_time is not null
拒绝	略	rejected_time is not null

用户取消申请的项目和被拒绝的项目，在补充了客户取消时间 cancel_time 和拒绝时间 rejected_time 后，会进入与时间对应的分区内。

审批通过的项目（请注意，这里不是指处于审批通过状态的项目）可能正在进行合同制作，也可能已经完成签约并正式起租，还可能用户临时取消了申请，因此审批通过的项目数据可能存储在 9999-12-31 分区内，也可能处于起租时间或客户取消申请时间对应的分区内。审批通过的项目的里程碑时间如图 5-30 所示。

图 5-30　审批通过的项目的里程碑时间

综合上述分析，本部分指标需要分析的数据可能处于任何分区，因此在查询数据时，不使用 where 子句对数据分区进行过滤。

② 步骤分析。

根据表 5-27 所示的状态判断条件，先使用 if 函数对项目所处状态进行判断，再使用 sum 函数对 if 函数的判断结果进行聚合，以统计对应的项目数或项目申请总金额等指标，如图 5-31 所示，图中仅以审批通过项目数、取消项目数和拒绝项目数三个指标为例进行演示。

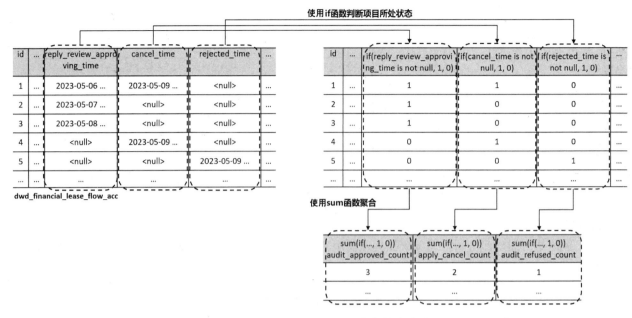

图 5-31　已审项目主题综合统计指标的查询过程

（2）建表语句。

```
DROP TABLE IF EXISTS ads_finished_audit_stats;
CREATE EXTERNAL TABLE IF NOT EXISTS ads_finished_audit_stats(
    `dt` STRING COMMENT '统计日期',
    `audit_approved_count` BIGINT COMMENT '审批通过项目数',
    `audit_approved_apply_amount` DECIMAL(16,2) COMMENT '审批通过项目申请金额',
    `audit_approved_reply_amount` DECIMAL(16,2) COMMENT '审批通过项目批复金额',
    `apply_cancel_count` BIGINT COMMENT '取消项目数',
    `apply_cancel_apply_amount` DECIMAL(16,2) COMMENT '取消项目申请金额',
    `audit_refused_count` BIGINT COMMENT '审批拒绝项目数',
    `audit_refused_apply_amount` DECIMAL(16,2) COMMENT '审批拒绝项目申请金额'
) COMMENT '已审项目综合统计'
    ROW FORMAT DELIMITED FIELDS TERMINATED BY '\t'
    LOCATION '/warehouse/financial_lease/ads/ads_finished_audit_stats'
    TBLPROPERTIES ('compression.codec' = 'org.apache.hadoop.io.compress.GzipCodec');
```

（3）数据装载。

```
insert overwrite table ads_finished_audit_stats
select
    dt,
    audit_approved_count,
    audit_approved_apply_amount,
    audit_approved_reply_amount,
    apply_cancel_count,
    apply_cancel_apply_amount,
    audit_refused_count,
    audit_refused_apply_amount
from ads_finished_audit_stats
union
select
```

```
'2023-05-09' dt,
    sum(if(reply_review_approving_time is not null, 1, 0)) audit_approved_count,
    sum(if(reply_review_approving_time is not null, credit_amount, 0)) audit_approved_
apply_amount,
    sum(if(reply_review_approving_time is not null, credit_reply_amount, 0)) audit_approved_
reply_amount,
    sum(if(cancel_time is not null, 1, 0)) apply_cancel_count,
    sum(if(cancel_time is not null, credit_amount, 0)) apply_cancel_apply_amount,
    sum(if(rejected_time is not null, 1, 0)) audit_refused_count,
    sum(if(rejected_time is not null, credit_amount, 0)) audit_refused_apply_amount
from dwd_financial_lease_flow_acc;
```

2．各业务方向统计

（1）指标分析。

将已审项目主题、统计周期为历史至今、统计粒度为业务方向的统计指标合并统计，如表 5-28 所示。这部分指标的查询思路与已审主题综合统计指标的查询思路相似，区别在于，查询结果需要按照业务方向 lease_organization 进行聚合。

表 5-28　各业务方向统计指标

统 计 周 期	统 计 粒 度	指　　标	说　　明
历史至今	业务方向	审批通过项目数	历史至今各业务方向已出具批复，生成的批复文件包含批复金额、条件等信息的项目数
历史至今	业务方向	审批通过项目申请金额	略
历史至今	业务方向	审批通过项目批复金额	略
历史至今	业务方向	取消项目数	略
历史至今	业务方向	取消项目申请金额	略
历史至今	业务方向	拒绝项目数	略
历史至今	业务方向	拒绝项目申请金额	略

（2）建表语句。

```
DROP TABLE IF EXISTS ads_lease_org_finished_audit_stats;
CREATE EXTERNAL TABLE IF NOT EXISTS ads_lease_org_finished_audit_stats(
    `dt` STRING COMMENT '统计日期',
    `lease_organization` STRING COMMENT '业务反向',
    `audit_approved_count` BIGINT COMMENT '审批通过项目数',
    `audit_approved_apply_amount` DECIMAL(16,2) COMMENT '审批通过项目申请金额',
    `audit_approved_reply_amount` DECIMAL(16,2) COMMENT '审批通过项目批复金额',
    `apply_cancel_count` BIGINT COMMENT '取消项目数',
    `apply_cancel_apply_amount` DECIMAL(16,2) COMMENT '取消项目申请金额',
    `audit_refused_count` BIGINT COMMENT '审批拒绝项目数',
    `audit_refused_apply_amount` DECIMAL(16,2) COMMENT '审批拒绝项目申请金额'
) COMMENT '各业务方向已审项目统计'
    ROW FORMAT DELIMITED FIELDS TERMINATED BY '\t'
    LOCATION '/warehouse/financial_lease/ads/ads_lease_org_finished_audit_stats'
    TBLPROPERTIES ('compression.codec' = 'org.apache.hadoop.io.compress.GzipCodec');
```

（3）数据装载。

```
insert overwrite table ads_lease_org_finished_audit_stats
select
```

```
    dt,
    lease_organization,
    audit_approved_count,
    audit_approved_apply_amount,
    audit_approved_reply_amount,
    apply_cancel_count,
    apply_cancel_apply_amount,
    audit_refused_count,
    audit_refused_apply_amount
from ads_lease_org_finished_audit_stats
union
select
    '2023-05-09' dt,
    lease_organization,
    sum(if(reply_review_approving_time is not null, 1, 0)) audit_approved_count,
    sum(if(reply_review_approving_time is not null, credit_amount, 0)) audit_approved_
apply_amount,
    sum(if(reply_review_approving_time is not null, credit_reply_amount, 0)) audit_approved_
reply_amount,
    sum(if(cancel_time is not null, 1, 0)) apply_cancel_count,
    sum(if(cancel_time is not null, credit_amount, 0)) apply_cancel_apply_amount,
    sum(if(rejected_time is not null, 1, 0)) audit_refused_count,
    sum(if(rejected_time is not null, credit_amount, 0)) audit_refused_apply_amount
from dwd_financial_lease_flow_acc
group by lease_organization;
```

3. 各部门统计

（1）指标分析。

将已审项目主题、统计周期为历史至今、统计粒度为部门的统计指标合并统计，如表 5-29 所示。

表 5-29　各部门统计指标

统 计 周 期	统 计 粒 度	指　　标	说　　明
历史至今	部门	审批通过项目数	历史至今各部门已出具批复，生成的批复文件包含批复金额、条件等信息的项目数
历史至今	部门	审批通过项目申请金额	略
历史至今	部门	审批通过项目批复金额	略
历史至今	部门	取消项目数	略
历史至今	部门	取消项目申请金额	略
历史至今	部门	拒绝项目数	略
历史至今	部门	拒绝项目申请金额	略

这部分指标的查询过程需要与员工维度表和部门维度表分别关联，具体过程如下。

第一步，将审批域金融租赁全流程累积快照事实表与员工维度表通过业务经办 ID 进行关联，获取三级部门 ID，如图 5-32 所示。

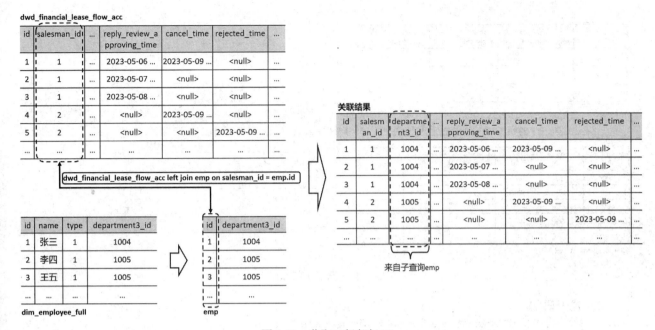

图 5-32　获取三级部门 ID

第二步，对关联结果进行查询，按照三级部门 ID 进行聚合，使用 if 函数判断项目所处状态，结合 sum 聚合函数计算统计指标，如图 5-33 所示，图中仅以审批通过项目数、取消项目数和拒绝项目数三个指标为例进行演示。

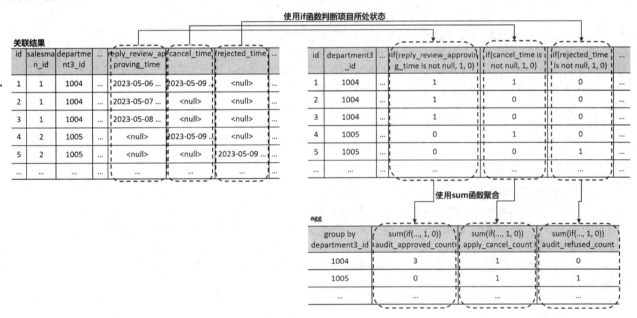

图 5-33　统计聚合指标

第三步，将聚合结果与部门维度表进行关联，获取三级部门名称、二级部门 ID、二级部门名称等部门详细信息，并获取最终结果，如图 5-34 所示。

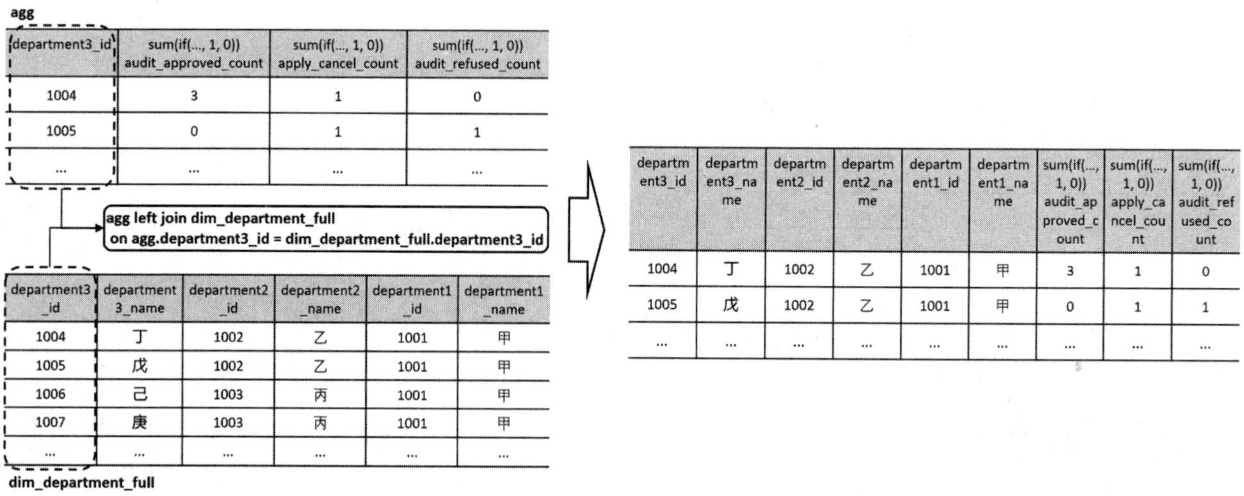

图 5-34 获取最终结果

（2）建表语句。

```
DROP TABLE IF EXISTS ads_department_finished_audit_stats;
CREATE EXTERNAL TABLE IF NOT EXISTS ads_department_finished_audit_stats(
    `dt` STRING COMMENT '统计日期',
    `department3_id` STRING COMMENT '三级部门ID',
    `department3_name` STRING COMMENT '三级部门名称',
    `department2_id` STRING COMMENT '二级部门ID',
    `department2_name` STRING COMMENT '二级部门名称',
    `department1_id` STRING COMMENT '一级部门ID',
    `department1_name` STRING COMMENT '一级部门名称',
    `audit_approved_count` BIGINT COMMENT '审批通过项目数',
    `audit_approved_apply_amount` DECIMAL(16,2) COMMENT '审批通过项目申请金额',
    `audit_approved_reply_amount` DECIMAL(16,2) COMMENT '审批通过项目批复金额',
    `apply_cancel_count` BIGINT COMMENT '取消项目数',
    `apply_cancel_apply_amount` DECIMAL(16,2) COMMENT '取消项目申请金额',
    `audit_refused_count` BIGINT COMMENT '审批拒绝项目数',
    `audit_refused_apply_amount` DECIMAL(16,2) COMMENT '审批拒绝项目申请金额'
) COMMENT '各部门已审项目统计'
    ROW FORMAT DELIMITED FIELDS TERMINATED BY '\t'
    LOCATION '/warehouse/financial_lease/ads/ads_department_finished_audit_stats'
    TBLPROPERTIES ('compression.codec' = 'org.apache.hadoop.io.compress.GzipCodec');
```

（3）数据装载。

```
insert overwrite table ads_department_finished_audit_stats
select
    dt,
    department3_id,
    department3_name,
    department2_id,
    department2_name,
    department1_id,
    department1_name,
    audit_approved_count,
    audit_approved_apply_amount,
    audit_approved_reply_amount,
    apply_cancel_count,
```

```
      apply_cancel_apply_amount,
      audit_refused_count,
      audit_refused_apply_amount
from ads_department_finished_audit_stats
union
select
    dt,
    agg.department3_id,
    department3_name,
    department2_id,
    department2_name,
    department1_id,
    department1_name,
    audit_approved_count,
    audit_approved_apply_amount,
    audit_approved_reply_amount,
    apply_cancel_count,
    apply_cancel_apply_amount,
    audit_refused_count,
    audit_refused_apply_amount
from (
    select
        '2023-05-09' dt,
        department3_id,
        sum(if(reply_review_approving_time is not null, 1, 0)) audit_approved_count,
        sum(if(reply_review_approving_time is not null, credit_amount, 0)) audit_approved_
apply_amount,
        sum(if(reply_review_approving_time is not null, credit_reply_amount, 0)) audit_approved_
reply_amount,
        sum(if(cancel_time is not null, 1, 0)) apply_cancel_count,
        sum(if(cancel_time is not null, credit_amount, 0)) apply_cancel_apply_amount,
        sum(if(rejected_time is not null, 1, 0)) audit_refused_count,
        sum(if(rejected_time is not null, credit_amount, 0)) audit_refused_apply_amount
    from dwd_financial_lease_flow_acc
    left join (
        select
            id,
            department3_id
        from dim_employee_full
        where dt = '2023-05-09'
    ) emp on salesman_id = emp.id
    group by department3_id
) agg
left join (
    select
        department3_id,
        department3_name,
        department2_id,
        department2_name,
        department1_id,
        department1_name
```

```
   from dim_department_full
   where dt = '2023-05-09'
) department on agg.department3_id = department.department3_id;
```

4．各业务经办统计

（1）指标分析。

将已审项目主题、统计周期为历史至今、统计粒度为业务经办的统计指标合并统计，如表 5-30 所示。这部分指标的查询思路与已审主题综合统计指标的查询思路相似，区别在于，查询结果需要先按照业务经办 ID 进行聚合，再将聚合结果与员工维度表进行关联，以获取业务经办人员的姓名信息。

表 5-30　各业务经办统计指标

统 计 周 期	统 计 粒 度	指　　标	说　　明
历史至今	业务经办	审批通过项目数	历史至今各业务经办已出具批复，生成的批复文件包含批复金额、条件等信息的项目数
历史至今	业务经办	审批通过项目申请金额	略
历史至今	业务经办	审批通过项目批复金额	略
历史至今	业务经办	取消项目数	略
历史至今	业务经办	取消项目申请金额	略
历史至今	业务经办	拒绝项目数	略
历史至今	业务经办	拒绝项目申请金额	略

（2）建表语句。

```
DROP TABLE IF EXISTS ads_salesman_finished_audit_stats;
CREATE EXTERNAL TABLE IF NOT EXISTS ads_salesman_finished_audit_stats(
    `dt` STRING COMMENT '统计日期',
    `salesman_id` STRING COMMENT '业务经办ID',
    `salesman_name` STRING COMMENT '业务经办姓名',
    `audit_approved_count` BIGINT COMMENT '审批通过项目数',
    `audit_approved_apply_amount` DECIMAL(16,2) COMMENT '审批通过项目申请金额',
    `audit_approved_reply_amount` DECIMAL(16,2) COMMENT '审批通过项目批复金额',
    `apply_cancel_count` BIGINT COMMENT '取消项目数',
    `apply_cancel_apply_amount` DECIMAL(16,2) COMMENT '取消项目申请金额',
    `audit_refused_count` BIGINT COMMENT '审批拒绝项目数',
    `audit_refused_apply_amount` DECIMAL(16,2) COMMENT '审批拒绝项目申请金额'
) COMMENT '各业务经办已审项目统计'
    ROW FORMAT DELIMITED FIELDS TERMINATED BY '\t'
    LOCATION '/warehouse/financial_lease/ads/ads_salesman_finished_audit_stats'
    TBLPROPERTIES ('compression.codec' = 'org.apache.hadoop.io.compress.GzipCodec');
```

（3）数据装载。

```
insert overwrite table ads_salesman_finished_audit_stats
select
    dt,
    salesman_id,
    salesman_name,
    audit_approved_count,
    audit_approved_apply_amount,
    audit_approved_reply_amount,
    apply_cancel_count,
    apply_cancel_apply_amount,
```

```
    audit_refused_count,
    audit_refused_apply_amount
from ads_salesman_finished_audit_stats
union
select
    dt,
    salesman_id,
    name salesman_name,
    audit_approved_count,
    audit_approved_apply_amount,
    audit_approved_reply_amount,
    apply_cancel_count,
    apply_cancel_apply_amount,
    audit_refused_count,
    audit_refused_apply_amount
from (
    select
        '2023-05-09' dt,
        salesman_id,
        sum(if(reply_review_approving_time is not null, 1, 0)) audit_approved_count,
        sum(if(reply_review_approving_time is not null, credit_amount, 0)) audit_approved_
apply_amount,
        sum(if(reply_review_approving_time is not null, credit_reply_amount, 0)) audit_approved_
reply_amount,
        sum(if(cancel_time is not null, 1, 0)) apply_cancel_count,
        sum(if(cancel_time is not null, credit_amount, 0)) apply_cancel_apply_amount,
        sum(if(rejected_time is not null, 1, 0)) audit_refused_count,
        sum(if(rejected_time is not null, credit_amount, 0)) audit_refused_apply_amount
    from dwd_financial_lease_flow_acc
    group by salesman_id
) agg
left join (
    select
        id,
        name
    from dim_employee_full
    where dt = '2023-05-09'
) emp on agg.salesman_id = emp.id;
```

5. 各信审经办统计

（1）指标分析。

将已审项目主题、统计周期为历史至今、统计粒度为信审经办的统计指标合并统计，如表 5-31 所示。这部分指标的查询思路与已审主题综合统计指标的查询思路相似，需要注意的是，查询结果需要先按照信审经办 ID 进行聚合，再将聚合结果与员工维度表进行关联，以获取信审经办人员的姓名信息。

表 5-31　各信审经办统计指标

统 计 周 期	统 计 粒 度	指　　标	说　　明
历史至今	信审经办	审批通过项目数	历史至今各信审经办已出具批复，生成的批复文件包含批复金额、条件等信息的项目数
历史至今	信审经办	审批通过项目申请金额	略

统 计 周 期	统 计 粒 度	指 标	说 明
历史至今	信审经办	审批通过项目批复金额	略
历史至今	信审经办	取消项目数	略
历史至今	信审经办	取消项目申请金额	略
历史至今	信审经办	拒绝项目数	略
历史至今	信审经办	拒绝项目申请金额	略

（2）建表语句。

```
DROP TABLE IF EXISTS ads_credit_audit_finished_audit_stats;
CREATE EXTERNAL TABLE IF NOT EXISTS ads_credit_audit_finished_audit_stats(
    `dt` STRING COMMENT '统计日期',
    `credit_audit_id` STRING COMMENT '信审经办ID',
    `credit_audit_name` STRING COMMENT '信审经办姓名',
    `audit_approved_count` BIGINT COMMENT '审批通过项目数',
    `audit_approved_apply_amount` DECIMAL(16,2) COMMENT '审批通过项目申请金额',
    `audit_approved_reply_amount` DECIMAL(16,2) COMMENT '审批通过项目批复金额',
    `apply_cancel_count` BIGINT COMMENT '取消项目数',
    `apply_cancel_apply_amount` DECIMAL(16,2) COMMENT '取消项目申请金额',
    `audit_refused_count` BIGINT COMMENT '审批拒绝项目数',
    `audit_refused_apply_amount` DECIMAL(16,2) COMMENT '审批拒绝项目申请金额'
) COMMENT '各信审经办已审项目统计'
    ROW FORMAT DELIMITED FIELDS TERMINATED BY '\t'
    LOCATION '/warehouse/financial_lease/ads/ads_credit_audit_finished_audit_stats'
    TBLPROPERTIES ('compression.codec' = 'org.apache.hadoop.io.compress.GzipCodec');
```

（3）数据装载。

```
insert overwrite table ads_credit_audit_finished_audit_stats
select
    dt,
    credit_audit_id,
    credit_audit_name,
    audit_approved_count,
    audit_approved_apply_amount,
    audit_approved_reply_amount,
    apply_cancel_count,
    apply_cancel_apply_amount,
    audit_refused_count,
    audit_refused_apply_amount
from ads_credit_audit_finished_audit_stats
union
select
    dt,
    credit_audit_id,
    name credit_audit_name,
    audit_approved_count,
    audit_approved_apply_amount,
    audit_approved_reply_amount,
    apply_cancel_count,
    apply_cancel_apply_amount,
```

```
    audit_refused_count,
    audit_refused_apply_amount
from (
    select
        '2023-05-09' dt,
        credit_audit_id,
        sum(if(reply_review_approving_time is not null, 1, 0)) audit_approved_count,
        sum(if(reply_review_approving_time is not null, credit_amount, 0)) audit_approved_
apply_amount,
        sum(if(reply_review_approving_time is not null, credit_reply_amount, 0)) audit_approved_
reply_amount,
        sum(if(cancel_time is not null, 1, 0)) apply_cancel_count,
        sum(if(cancel_time is not null, credit_amount, 0)) apply_cancel_apply_amount,
        sum(if(rejected_time is not null, 1, 0)) audit_refused_count,
        sum(if(rejected_time is not null, credit_amount, 0)) audit_refused_apply_amount
    from dwd_financial_lease_flow_acc
    where credit_audit_id is not null
    group by credit_audit_id
) agg
left join(
    select
        id,
        name
    from dim_employee_full
    where dt = '2023-05-09'
) emp on credit_audit_id = emp.id;
```

6．各行业统计

（1）指标分析。

将已审项目主题、统计周期为历史至今、统计粒度为行业的统计指标合并统计，如表 5-32 所示。这部分指标的查询思路与已审主题综合统计指标的查询思路相似，需要注意的是，要先将数据按照行业 ID 进行聚合，再将聚合结果与行业维度表进行关联，以获取更多行业相关的维度信息。

表 5-32　各行业统计指标

统计周期	统计粒度	指　　标	说　　明
历史至今	行业	审批通过项目数	历史至今各行业已出具批复，生成的批复文件包含批复金额、条件等信息的项目数
历史至今	行业	审批通过项目申请金额	略
历史至今	行业	审批通过项目批复金额	略
历史至今	行业	取消项目数	略
历史至今	行业	取消项目申请金额	略
历史至今	行业	拒绝项目数	略
历史至今	行业	拒绝项目申请金额	略

（2）建表语句。

```
DROP TABLE IF EXISTS ads_industry_finished_audit_stats;
CREATE EXTERNAL TABLE IF NOT EXISTS ads_industry_finished_audit_stats(
    `dt` STRING COMMENT '统计日期',
    `industry3_id` STRING COMMENT '三级行业 ID',
    `industry3_name` STRING COMMENT '三级行业名称',
```

```
    `industry2_id` STRING COMMENT '二级行业 ID',
    `industry2_name` STRING COMMENT '二级行业名称',
    `industry1_id` STRING COMMENT '一级行业 ID',
    `industry1_name` STRING COMMENT '一级行业名称',
    `audit_approved_count` BIGINT COMMENT '审批通过项目数',
    `audit_approved_apply_amount` DECIMAL(16,2) COMMENT '审批通过项目申请金额',
    `audit_approved_reply_amount` DECIMAL(16,2) COMMENT '审批通过项目批复金额',
    `apply_cancel_count` BIGINT COMMENT '取消项目数',
    `apply_cancel_apply_amount` DECIMAL(16,2) COMMENT '取消项目申请金额',
    `audit_refused_count` BIGINT COMMENT '审批拒绝项目数',
    `audit_refused_apply_amount` DECIMAL(16,2) COMMENT '审批拒绝项目申请金额'
) COMMENT '各行业已审项目统计'
    ROW FORMAT DELIMITED FIELDS TERMINATED BY '\t'
    LOCATION '/warehouse/financial_lease/ads/ads_industry_finished_audit_stats'
    TBLPROPERTIES ('compression.codec' = 'org.apache.hadoop.io.compress.GzipCodec');
```

（3）数据装载。

```
insert overwrite table ads_industry_finished_audit_stats
select
    dt,
    industry3_id,
    industry3_name,
    industry2_id,
    industry2_name,
    industry1_id,
    industry1_name,
    audit_approved_count,
    audit_approved_apply_amount,
    audit_approved_reply_amount,
    apply_cancel_count,
    apply_cancel_apply_amount,
    audit_refused_count,
    audit_refused_apply_amount
from ads_industry_finished_audit_stats
union
select
    dt,
    agg.industry3_id,
    industry3_name,
    industry2_id,
    industry2_name,
    industry1_id,
    industry1_name,
    audit_approved_count,
    audit_approved_apply_amount,
    audit_approved_reply_amount,
    apply_cancel_count,
    apply_cancel_apply_amount,
    audit_refused_count,
    audit_refused_apply_amount
from (
    select
```

166

```
    '2023-05-09' dt,
    industry3_id,
    sum(if(reply_review_approving_time is not null, 1, 0)) audit_approved_count,
    sum(if(reply_review_approving_time is not null, credit_amount, 0)) audit_approved_
apply_amount,
    sum(if(reply_review_approving_time is not null, credit_reply_amount, 0)) audit_approved_
reply_amount,
    sum(if(cancel_time is not null, 1, 0)) apply_cancel_count,
    sum(if(cancel_time is not null, credit_amount, 0)) apply_cancel_apply_amount,
    sum(if(rejected_time is not null, 1, 0)) audit_refused_count,
    sum(if(rejected_time is not null, credit_amount, 0)) audit_refused_apply_amount
    from dwd_financial_lease_flow_acc
    group by industry3_id
) agg
left join (
    select
        industry3_id,
        industry3_name,
        industry2_id,
        industry2_name,
        industry1_id,
        industry1_name
    from dim_industry_full
    where dt = '2023-05-09'
) industry on agg.industry3_id = industry.industry3_id;
```

5.7.3　已审项目转化主题指标

（1）指标分析。

将已审项目转化主题的指标进行合并统计，如表 5-33 所示。

表 5-33　已审项目转化主题指标

统计周期	统计粒度	指　　标	说　　明
历史至今	-	审批结束项目数	起租、取消和拒绝的所有项目数
历史至今	-	审批结束项目申请金额	略
历史至今	-	审批通过项目数	已出具批复，批复文件包括批复金额、条件等信息的项目数
历史至今	-	审批通过项目申请金额	略
历史至今	-	审批通过项目批复金额	略
历史至今		新增授信项目数	略
历史至今		新增授信项目申请金额	略
历史至今		新增授信项目批复金额	略
历史至今		新增授信项目授信金额	略
历史至今		完成授信占用项目数	略
历史至今	-	完成授信占用项目申请金额	略
历史至今	-	完成授信占用项目批复金额	略
历史至今	-	完成授信占用项目授信金额	略
历史至今	-	完成合同制作项目数	略
历史至今	-	完成合同制作项目申请金额	略

统 计 周 期	统计粒度	指　　标	说　　明
历史至今	-	完成合同制作项目批复金额	略
历史至今	-	完成合同制作项目授信金额	略
历史至今	-	签约项目数	略
历史至今	-	签约项目申请金额	略
历史至今	-	签约项目批复金额	略
历史至今	-	签约项目授信金额	略
历史至今	-	起租项目数	略
历史至今	-	起租项目申请金额	略
历史至今	-	起租项目批复金额	略
历史至今	-	起租项目授信金额	略

对表 5-33 中列举的指标进行进一步分析，如表 5-34 所示。表 5-34 列举了指标涉及的项目状态、项目状态说明和状态判断条件。

表 5-34　已审项目转化主题指标分析

项 目 状 态	项 目 说 明	状态判断条件
审批结束	起租、取消和拒绝的所有项目，项目审批结束，不处于 9999-12-31 分区	dt <> '9999-12-31'
审批通过	已出具批复的项目，生成的批复文件包含批复金额、条件等信息	reply_review_approving_time is not null
新增授信	完成新增授信的项目，后续业务过程不确定	credit_create_time is not null
完成授信占用	完成授信占用的项目，后续业务流程不确定	credit_occupy_time is not null
完成合同制作	完成合同制作的项目，后续业务流程不确定	contract_produce_time is not null
完成签约	完成签约的项目，后续业务流程不确定	signed_time is not null
起租	正式起租的项目，业务流程结束	execution_time is not null

根据表 5-34 列举的状态判断条件，使用 if 函数对项目状态进行判断，结合 sum 函数对 if 函数判断结果进行聚合。

需要注意的是，本部分的指标涉及四个度量值，分别是项目数、项目申请金额、项目批复金额和项目授信金额。其中，项目申请金额是指项目创建时的申请金额，项目批复金额是指项目审批通过、生成的批复文件中包含的批复金额，项目授信金额是指项目新增授信、生成的授信中包含的授信金额。

（2）建表语句。

```
DROP TABLE IF EXISTS ads_credit_audit_finished_transform_stats;
CREATE EXTERNAL TABLE IF NOT EXISTS ads_credit_audit_finished_transform_stats(
    `dt` STRING COMMENT '统计日期',
    `credit_audit_finished_count` BIGINT COMMENT '审批结束项目数',
    `credit_audit_finished_apply_amount` DECIMAL(16,2) COMMENT '审批结束项目申请金额',
    `credit_audit_approved_count` BIGINT COMMENT '审批通过项目数',
    `credit_audit_approved_apply_amount` DECIMAL(16,2) COMMENT '审批通过项目申请金额',
    `credit_audit_approved_reply_amount` DECIMAL(16,2) COMMENT '审批通过项目批复金额',
    `credit_created_count` BIGINT COMMENT '新增授信项目数',
    `credit_created_apply_amount` DECIMAL(16,2) COMMENT '新增授信项目申请金额',
    `credit_created_reply_amount` DECIMAL(16,2) COMMENT '新增授信项目批复金额',
    `credit_created_credit_amount` DECIMAL(16,2) COMMENT '新增授信项目授信金额',
    `credit_occupied_count` BIGINT COMMENT '完成授信占用项目数',
    `credit_occupied_apply_amount` DECIMAL(16,2) COMMENT '完成授信占用项目申请金额',
```

```
    `credit_occupied_reply_amount` DECIMAL(16,2) COMMENT '完成授信占用项目批复金额',
    `credit_occupied_credit_amount` DECIMAL(16,2) COMMENT '完成授信占用项目授信金额',
    `contract_produced_count` BIGINT COMMENT '完成合同制作项目数',
    `contract_produced_apply_amount` DECIMAL(16,2) COMMENT '完成合同制作项目申请金额',
    `contract_produced_reply_amount` DECIMAL(16,2) COMMENT '完成合同制作项目批复金额',
    `contract_produced_credit_amount` DECIMAL(16,2) COMMENT '完成合同制作项目授信金额',
    `credit_signed_count` BIGINT COMMENT '签约项目数',
    `credit_signed_apply_amount` DECIMAL(16,2) COMMENT '签约项目申请金额',
    `credit_signed_reply_amount` DECIMAL(16,2) COMMENT '签约项目批复金额',
    `credit_signed_credit_amount` DECIMAL(16,2) COMMENT '签约项目授信金额',
    `leased_count` BIGINT COMMENT '起租项目数',
    `leased_apply_amount` DECIMAL(16,2) COMMENT '起租项目申请金额',
    `leased_reply_amount` DECIMAL(16,2) COMMENT '起租项目批复金额',
    `leased_credit_amount` DECIMAL(16,2) COMMENT '起租项目授信金额'
) COMMENT '已审项目转化情况统计'
    ROW FORMAT DELIMITED FIELDS TERMINATED BY '\t'
    LOCATION '/warehouse/financial_lease/ads/ads_credit_audit_finished_transform_stats'
    TBLPROPERTIES ('compression.codec' = 'org.apache.hadoop.io.compress.GzipCodec');
```

（3）数据装载。

```
insert overwrite table ads_credit_audit_finished_transform_stats
select
    dt,
    credit_audit_finished_count,
    credit_audit_finished_apply_amount,
    credit_audit_approved_count,
    credit_audit_approved_apply_amount,
    credit_audit_approved_reply_amount,
    credit_created_count,
    credit_created_apply_amount,
    credit_created_reply_amount,
    credit_created_credit_amount,
    credit_occupied_count,
    credit_occupied_apply_amount,
    credit_occupied_reply_amount,
    credit_occupied_credit_amount,
    contract_produced_count,
    contract_produced_apply_amount,
    contract_produced_reply_amount,
    contract_produced_credit_amount,
    credit_signed_count,
    credit_signed_apply_amount,
    credit_signed_reply_amount,
    credit_signed_credit_amount,
    leased_count,
    leased_apply_amount,
    leased_reply_amount,
    leased_credit_amount
from ads_credit_audit_finished_transform_stats
union
select
    '2023-05-09' dt,
    sum(if(dt <> '9999-12-31', 1, 0)) credit_audit_finished_count,
```

```
    sum(if(dt <> '9999-12-31', credit_amount, 0)) credit_audit_finished_apply_amount,
    sum(if(reply_review_approving_time is not null, 1, 0)) credit_audit_approved_count,
    sum(if(reply_review_approving_time is not null, credit_amount, 0)) credit_audit_
approved_apply_amount,
    sum(if(reply_review_approving_time is not null, credit_reply_amount, 0)) credit_audit_
approved_reply_amount,
    sum(if(credit_create_time is not null, 1, 0)) credit_created_count,
    sum(if(credit_create_time is not null, credit_amount, 0)) credit_created_apply_amount,
    sum(if(credit_create_time is not null, credit_reply_amount, 0)) credit_created_
reply_amount,
    sum(if(credit_create_time is not null, credit_real_amount, 0)) credit_created_
credit_amount,
    sum(if(credit_occupy_time is not null, 1, 0)) credit_occupied_count,
    sum(if(credit_occupy_time is not null, credit_amount, 0)) credit_occupied_apply_amount,
    sum(if(credit_occupy_time is not null, credit_reply_amount, 0)) credit_occupied_
reply_amount,
    sum(if(credit_occupy_time is not null, credit_real_amount, 0)) credit_occupied_
credit_amount,
    sum(if(contract_produce_time is not null, 1, 0)) contract_produced_count,
    sum(if(contract_produce_time is not null, credit_amount, 0)) contract_produced_
apply_amount,
    sum(if(contract_produce_time is not null, credit_reply_amount, 0)) contract_produced_
reply_amount,
    sum(if(contract_produce_time is not null, credit_real_amount, 0)) contract_produced_
credit_amount,
    sum(if(signed_time is not null, 1, 0)) credit_signed_count,
    sum(if(signed_time is not null, credit_amount, 0)) credit_signed_apply_amount,
    sum(if(signed_time is not null, credit_reply_amount, 0)) credit_signed_reply_amount,
    sum(if(signed_time is not null, credit_real_amount, 0)) credit_signed_credit_amount,
    sum(if(execution_time is not null, 1, 0)) leased_count,
    sum(if(execution_time is not null, credit_amount, 0)) leased_apply_amount,
    sum(if(execution_time is not null, credit_reply_amount, 0)) leased_reply_amount,
    sum(if(execution_time is not null, credit_real_amount, 0)) leased_credit_amount
from dwd_financial_lease_flow_acc;
```

5.7.4 ADS 层数据导入脚本

（1）在 hadoop102 节点服务器的/home/atguigu/bin 目录下创建脚本 financial_dwd_to_ads.sh。

```
[atguigu@hadoop102 bin]$ vim financial_dwd_to_ads.sh
```

编写脚本内容（脚本内容过长，此处不再赘述，读者可从本书附赠的资料中获取完整脚本）。

（2）增加脚本执行权限。

```
[atguigu@hadoop102 bin]$ chmod +x financial_dwd_to_ads.sh
```

（3）执行脚本，导入数据。

```
[atguigu@hadoop102 bin]$ financial_dwd_to_ads.sh all 2023-05-09
```

5.8 数据模型评估及优化

在数据仓库搭建完成之后，需要对数据仓库的数据模型进行评估，根据评估结果对数据模型做出优化，评估主要从以下几个方面展开。

1．完善度

- 汇总数据能直接满足多少查询需求，即数据应用层（ADS 层）访问汇总数据层（DWS 层）能直接得出查询结果的查询占所有指标查询的比例。
- 跨层引用率：直接被中间数据层引用的 ODS 层表占所有 ODS 层表的比例。
- 是否可快速响应使用方的需求。

若数据模型较好，则使用方可以直接从此模型中获取所有想要的数据；若 DWS 层和 ADS 层直接引用 ODS 层表的比例太大，即跨层引用率太高，则该模型就不是最优的，需要继续优化。

2．复用度

- 模型引用系数：模型被读取并产出下游模型的平均数量。
- DWD 层下游直接产出的表的数量。

3．规范度

- 主题域归属是否明确。
- 脚本及指标是否规范。
- 表、字段等的命名是否规范。

4．稳定性

能否保证日常任务的产出时效的稳定性。

5．准确性和一致性

能够保证输出的指标数据质量。

6．健壮性

在业务快速更新迭代的情况下，是否会影响底层模型。

7．成本

评估任务运行的时间成本、资源成本、存储成本。

5.9 本章总结

本章内容是整本书的重中之重，相信读者从篇幅上也能看出，建议读者跟随章节内容亲自执行每一步操作，重点掌握数据仓库建模理论。数据仓库建模理论并不是一家之言，为了能够更加高效地处理海量数据，很多大数据领域专家都提出了非常完备的数据仓库建模理论。希望读者通过本章的学习，能够对数据仓库建立起更加具象的认识。

第6章

DolphinScheduler 全流程调度

在数据仓库的采集模块和核心需求实现模块全部搭建完成后,开发人员将面临一系列严峻的问题:每项工作的完成都需要开发人员手动执行脚本;一个最终需求的实现脚本可能需要顺序调用其他几个脚本,如果其中一个脚本执行失败,就可能导致任务执行失败,开发人员无法及时得知任务执行失败的报警信息,并且无法快速定位问题脚本。这些问题都可以通过使用一个完善的工作流调度系统得到解决。

数据仓库的整体调度系统,不仅要将数据流转换任务按照先后顺序调度起来,还应遵循相应的调度规范、完善责任人管理制度、明确任务调度周期和执行时间点、规范任务命名方式、拟定合理的任务优先级、明确任务延迟及报错的处理方式、完善报警机制、制定报警解决值班制度等。规范的管理制度可以使数据仓库的运行更加稳定。

本章将讲解如何使用 DolphinScheduler 实现全流程调度及电子邮件报警。

6.1　DolphinScheduler 概述与安装部署

6.1.1　DolphinScheduler 概述

Apache DolphinScheduler(以下简称 DolphinScheduler)是一个分布式、易扩展的可视化 DAG 工作流任务调度平台,致力于解决数据处理流程中错综复杂的依赖关系,使调度系统在数据处理流程中开箱即用。

DolphinScheduler 的主要角色有如下几个,如图 6-1 所示。

- MasterServer:采用分布式无中心设计理念,主要负责 DAG 任务切分、任务提交、任务监控,同时监听其他 MasterServer 和 WorkerServer 的健康状态。
- WorkerServer:采用分布式无中心设计理念,主要负责任务的执行,以及提供日志服务。
- ZooKeeper:系统中的 MasterServer 和 WorkerServer 节点都通过 ZooKeeper 来进行集群管理和容错。
- Alert:提供报警相关服务。
- API:主要负责处理前端 UI 的请求。
- UI:系统的前端页面,提供系统的各种可视化操作页面。

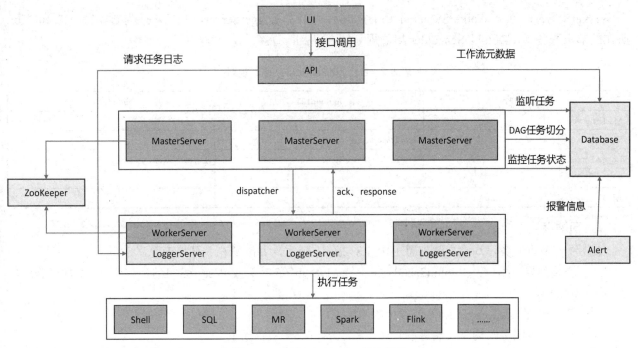

图 6-1　DolphinScheduler 核心架构

DolphinScheduler 对操作系统的版本要求如表 6-1 所示。

表 6-1　DolphinScheduler 对操作系统的版本要求

操 作 系 统	版　　本
Red Hat Enterprise Linux	7.0 及以上
CentOS	7.0 及以上
Oracle Enterprise Linux	7.0 及以上
Ubuntu LTS	16.04 及以上

DolphinScheduler 对服务器的硬件要求为内存在 8GB 以上，CPU 在 4 核以上，网络带宽在千兆以上。

DolphinScheduler 支持多种部署模式，包括单机模式（Standalone）、伪集群模式（Pseudo-Cluster）、集群模式（Cluster）等。

在单机模式下，所有服务均集中在一个 StandaloneServer 进程中，并且其中内置了注册中心 ZooKeeper 和数据库 H2。只需配置 JDK 环境，即可一键启动 DolphinScheduler，快速体验其功能。

伪集群模式是在单台机器上部署 DolphinScheduler 的各项服务的，在该模式下，MasterServer、WorkerServer、API、LoggerServer 等服务都被部署在同一台机器上。ZooKeeper 和数据库需要单独安装并进行相应配置。

集群模式与伪集群模式的区别就是，其在多台机器上部署 DolphinScheduler 的各项服务，并且可以配置多个 MasterSever 及多个 WorkerServer。

6.1.2　DolphinScheduler 安装部署

1．集群规划

DolphinScheduler 在集群模式下，可配置多个 MasterServer 和多个 WorkerServer。在生产环境下，通常配置 2～3 个 MasterServer 和若干个 WorkerServer。根据现有的集群资源，此处配置 1 个 MasterServer、3

个 WorkerServer，每个 WorkerServer 下还会同时启动 1 个 LoggerServer。此外，还需要配置 API 和 Alert 所在的节点服务器，DolphinScheduler 集群规划如表 6-2 所示。

表 6-2　DolphinScheduler 集群规划

hadoop102	hadoop103	hadoop104
MasterServer		
WorkerServer	WorkerServer	WorkerServer
LoggerServer	LoggerServer	LoggerServer
API		
Alert		

2．前期准备工作

（1）3 台节点服务器均需安装部署 JDK 1.8 或以上版本，并配置相关环境变量。

（2）安装部署数据库，DolphinScheduler 支持 MySQL（5.7+）或 PostgreSQL（8.2.15+），本数据仓库项目使用 MySQL。

（3）安装部署 ZooKeeper 3.4.6 或以上版本。

（4）3 台节点服务器均需安装进程管理工具包 psmisc，命令如下。

```
[atguigu@hadoop102 ~]$ sudo yum install -y psmisc
[atguigu@hadoop103 ~]$ sudo yum install -y psmisc
[atguigu@hadoop104 ~]$ sudo yum install -y psmisc
```

3．解压缩安装包

（1）将 DolphinScheduler 安装包上传到 hadoop102 节点服务器的/opt/software 目录下。

（2）将安装包解压缩到当前目录，供后续使用。解压缩目录并非最终的安装目录。

```
[atguigu@hadoop102 software]$ tar -zxvf apache-dolphinscheduler-2.0.5-bin.tar.gz
```

4．初始化数据库

因为 DolphinScheduler 的元数据需要存储在 MySQL 中，所以需要创建相应的数据库和用户。

（1）创建 dolphinscheduler 数据库。

```
mysql> CREATE DATABASE dolphinscheduler DEFAULT CHARACTER SET utf8 DEFAULT COLLATE utf8_general_ci;
```

（2）创建 dolphinscheduler 用户。

```
mysql> CREATE USER 'dolphinscheduler'@'%' IDENTIFIED BY 'dolphinscheduler';
```

若出现以下错误信息，则表明新建用户的密码过于简单。

```
ERROR 1819 (HY000): Your password does not satisfy the current policy requirements
```

可通过提高密码复杂度或执行以下命令来调整 MySQL 密码策略。

```
mysql> set global validate_password_length=4;
mysql> set global validate_password_policy=0;
```

（3）赋予 dolphinscheduler 用户相应的权限。

```
mysql> GRANT ALL PRIVILEGES ON dolphinscheduler.* TO 'dolphinscheduler'@'%';
mysql> flush privileges;
```

（4）将 MySQL 驱动复制到 DolphinScheduler 解压缩目录的 lib 目录中。

```
[atguigu@hadoop102 apache-dolphinscheduler-1.3.9-bin]$ cp /opt/software/mysql-connector-java-5.1.27-bin.jar lib/
```

（5）执行数据库初始化脚本。

数据库初始化脚本位于 DolphinScheduler 解压缩目录的 script 目录中，即/opt/software/ds/apache-dolphinscheduler-1.3.9-bin/script/。

```
[atguigu@hadoop102 apache-dolphinscheduler-1.3.9-bin]$ script/create-dolphinscheduler.sh
```

5．配置一键部署脚本

修改 DolphinScheduler 解压缩目录中 conf/config 目录下的 install_config.conf 文件。

```
[atguigu@hadoop102 apache-dolphinscheduler-1.3.9-bin]$ vim conf/config/install_config.
conf
```

修改内容如下。

```
ips="hadoop102,hadoop103,hadoop104"
# 将要部署 DolphinScheduler 服务的主机名或 ip 列表

sshPort="22"

masters="hadoop102"
# MasterServer 所在主机名列表，必须是 ips 的子集

workers="hadoop102:default,hadoop103:default,hadoop104:default"
# WorderServer 所在主机名及队列，主机名必须在 ips 列表中

alertServer="hadoop102"
# Alert 所在主机名

apiServers="hadoop102"
# API 所在主机名

installPath="/opt/module/dolphinscheduler"
# DolphinScheduler 安装路径，如果不存在就会自动创建

deployUser="atguigu"
# 部署用户，任务执行服务是以 sudo -u {linux-user}命令切换不同 Linux 用户的方式来实现多租户运行作业的，
该用户必须有免密的 sudo 权限

dataBasedirPath="/tmp/dolphinscheduler"
# 前文配置的所有节点服务器的本地数据存储路径，需要确保部署用户拥有该目录的读写权限

javaHome="/opt/module/jdk-1.8.0"
# JAVA_HOME

apiServerPort="12345"

DATABASE_TYPE=${DATABASE_TYPE:-"mysql"}
# 数据库类型

SPRING_DATASOURCE_URL=${SPRING_DATASOURCE_URL:-
"jdbc:mysql://hadoop102:3306/dolphinscheduler?useUnicode=true&allowPublicKeyRetrieval=tr
ue&characterEncoding=UTF-8"}
# 数据库 URL

SPRING_DATASOURCE_USERNAME=${SPRING_DATASOURCE_USERNAME:-"dolphinscheduler"}
# 数据库用户名
```

```
SPRING_DATASOURCE_PASSWORD=${SPRING_DATASOURCE_PASSWORD:-"dolphinscheduler"}
# 数据库密码

registryPluginName="zookeeper"
# 注册中心插件名称，DolphinScheduler 通过注册中心来确保集群配置的一致性

registryServers="hadoop102:2181,hadoop103:2181,hadoop104:2181"
# 注册中心地址，即 ZooKeeper 集群的地址

registryNamespace="dolphinscheduler"
# DolphinScheduler 在 ZooKeeper 中的结点名称

taskPluginDir="lib/plugin/task"

resourceStorageType="HDFS"
# 资源存储类型

resourceUploadPath="/dolphinscheduler"
# 资源上传路径

defaultFS="hdfs://hadoop102:8020"
# 默认文件系统

resourceManagerHttpAddressPort="8088"
# YARN 的 ResourceManager 访问端口

yarnHaIps=
# YARN 的 ResourceManager 高可用 ip，若未启用高可用，则将该值置空

singleYarnIp="hadoop103"
# YARN 的 ResourceManager 主机名，若启用了高可用或未启用 ResourceManager，则该值保留默认值

hdfsRootUser="atguigu"
# 拥有 HDFS 根目录操作权限的用户

# use sudo or not
sudoEnable="true"

# worker tenant auto create
workerTenantAutoCreate="false"
```

6. 一键部署 DolphinScheduler

（1）启动 ZooKeeper 集群。

```
[atguigu@hadoop102 apache-dolphinscheduler-1.3.9-bin]$ zk.sh start
```

（2）一键部署并启动 DolphinScheduler。

```
[atguigu@hadoop102 apache-dolphinscheduler-1.3.9-bin]$ ./install.sh
```

（3）查看 DolphinScheduler 进程。

```
[atguigu@hadoop102 apache-dolphinscheduler-1.3.9-bin]$ xcall.sh jps
--------- hadoop102 ----------
```

```
29139 ApiApplicationServer
28963 WorkerServer
3332 QuorumPeerMain
2100 DataNode
28902 MasterServer
29081 AlertServer
1978 NameNode
29018 LoggerServer
2493 NodeManager
29551 Jps
--------- hadoop103 ----------
29568 Jps
29315 WorkerServer
2149 NodeManager
1977 ResourceManager
2969 QuorumPeerMain
29372 LoggerServer
1903 DataNode
--------- hadoop104 ----------
1905 SecondaryNameNode
27074 WorkerServer
2050 NodeManager
2630 QuorumPeerMain
1817 DataNode
27354 Jps
27133 LoggerServer
```

（4）访问 DolphinScheduler 的 Web UI（http://hadoop102:12345/dolphinscheduler），初始管理员用户的用户名为 admin，密码为 dolphinscheduler123，如图 6-2 所示。

图 6-2　以管理员用户的身份登录 DolphinScheduler

登录成功后，在安全中心的"租户管理"模块中创建一个 atguigu 普通租户，如图 6-3 所示。该租户对应的是 Linux 的系统用户。

图 6-3　创建普通租户 atguigu

创建一个普通用户 atguigu，如图 6-4 所示。DolphinScheduler 的用户分为管理员用户和普通用户，管理员用户拥有授权和用户管理等权限，而普通用户拥有创建项目、定义工作流、执行工作流等权限。

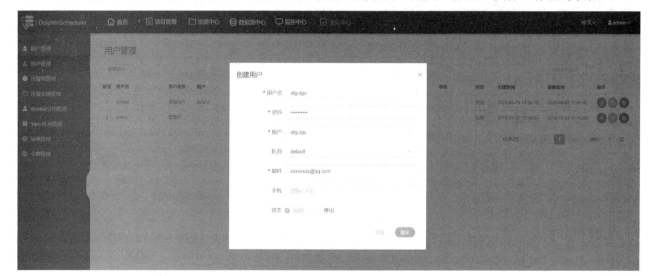

图 6-4　创建普通用户 atguigu

创建完普通用户后，退出管理员用户账户，如图 6-5 所示。

图 6-5　退出管理员用户账户

以普通用户的身份登录，如图 6-6 所示，此后的所有操作都以普通用户的身份执行。

图 6-6　以普通用户的身份登录

7. DolphinScheduler 启动、停止命令

DolphinScheduler 的启动、停止命令均位于安装目录的 bin 目录下。

（1）一键启动、停止所有服务命令，注意与 Hadoop 的进程启动、停止脚本进行区分。

```
./bin/start-all.sh
./bin/stop-all.sh
```

（2）启动、停止 Master 进程命令。

```
./bin/dolphinscheduler-daemon.sh start master-server
./bin/dolphinscheduler-daemon.sh stop master-server
```

（3）启动、停止 Worker 进程命令。

```
./bin/dolphinscheduler-daemon.sh start worker-server
./bin/dolphinscheduler-daemon.sh stop worker-server
```

（4）启动、停止 API 命令。

```
./bin/dolphinscheduler-daemon.sh start api-server
./bin/dolphinscheduler-daemon.sh stop api-server
```

（5）启动、停止 LoggerServer 命令。

```
./bin/dolphinscheduler-daemon.sh start logger-server
./bin/dolphinscheduler-daemon.sh stop logger-server
```

（6）启动、停止 Alert 命令。

```
./bin/dolphinscheduler-daemon.sh start alert-server
./bin/dolphinscheduler-daemon.sh stop alert-server
```

6.2　创建 MySQL 数据库和表

在 ADS 层实现具体需求后，还需要将结果数据导出至关系数据库中，以便后期对结果数据进行可视化。本数据仓库项目选用 MySQL 作为存储结果数据的关系数据库，在将结果数据导出之前，需要做如下准备工作。

1. 创建 financial_report 数据库

```
CREATE DATABASE IF NOT EXISTS financial_report DEFAULT CHARSET utf8mb4 COLLATE utf8mb4_
general_ci;
```

2．创建表

（1）待审/在审项目综合统计。

```sql
DROP TABLE IF EXISTS ads_unfinished_audit_stats;
CREATE TABLE `ads_unfinished_audit_stats`
(
    `dt` date DEFAULT NULL COMMENT '统计日期',
    `created_project_count` bigint DEFAULT NULL COMMENT '新建状态项目数',
    `created_project_amount` decimal(16, 2) DEFAULT NULL COMMENT '新建状态项目申请金额',
    `risk_control_not_approved_count` bigint DEFAULT NULL COMMENT '未达风控状态项目数',
    `risk_control_not_approved_amount` decimal(16, 2) DEFAULT NULL COMMENT '未达风控状态项目
申请金额',
    `credit_audit_approved_count` bigint DEFAULT NULL COMMENT '信审经办审核通过状态项目数',
    `credit_audit_approved_amount` decimal(16, 2) DEFAULT NULL COMMENT '信审经办审核通过状态
项目申请金额',
    `feedback_submitted_count` bigint DEFAULT NULL COMMENT '已提交业务反馈状态项目数',
    `feedback_submitted_amount` decimal(16, 2) DEFAULT NULL COMMENT '已提交业务反馈状态项目申
请金额',
    `level1_review_approved_count` bigint DEFAULT NULL COMMENT '一级评审通过状态项目数',
    `level1_review_approved_amount` decimal(16, 2) DEFAULT NULL COMMENT '一级评审通过状态项
目申请金额',
    `level2_review_approved_count` bigint DEFAULT NULL COMMENT '二级评审通过状态项目数',
    `level2_review_approved_amount` decimal(16, 2) DEFAULT NULL COMMENT '二级评审通过状态项
目申请金额',
    `review_meeting_approved_count` bigint DEFAULT NULL COMMENT '项目评审会审核通过状态项目数
',
    `review_meeting_approved_amount` decimal(16, 2) DEFAULT NULL COMMENT '项目评审会审核通过
状态项目申请金额',
    `general_manager_approved_count` bigint DEFAULT NULL COMMENT '总经理/分管总审核通过状态项
目数',
    `general_manager_approved_amount` decimal(16, 2) DEFAULT NULL COMMENT '总经理/分管总审核
通过状态项目申请金额',
    `reply_issued_count` bigint DEFAULT NULL COMMENT '出具批复状态项目数',
    `reply_issued_apply_amount` decimal(16, 2) DEFAULT NULL COMMENT '出具批复状态项目申请金额
',
    `reply_issued_reply_amount` decimal(16, 2) DEFAULT NULL COMMENT '出具批复状态项目批复金额
'
) ENGINE = InnoDB
  DEFAULT CHARSET = utf8mb4
  COLLATE = utf8mb4_general_ci COMMENT ='待审/在审项目综合统计';
```

（2）各业务方向待审/在审项目统计。

```sql
DROP TABLE IF EXISTS ads_lease_org_unfinished_audit_stats;
CREATE TABLE `ads_lease_org_unfinished_audit_stats`
(
    `dt` date DEFAULT NULL COMMENT '统计日期',
    `lease_organization` varchar(255) COLLATE utf8mb4_general_ci DEFAULT NULL COMMENT '业
务方向',
    `created_project_count` bigint DEFAULT NULL COMMENT '新建状态项目数',
    `created_project_amount` decimal(16, 2) DEFAULT NULL COMMENT '新建状态项目申请金额',
    `risk_control_not_approved_count` bigint DEFAULT NULL COMMENT '未达风控状态项目数',
```

```
  `risk_control_not_approved_amount` decimal(16, 2) DEFAULT NULL COMMENT '未达风控状态项目
申请金额',
  `credit_audit_approved_count` bigint DEFAULT NULL COMMENT '信审经办审核通过状态项目数',
  `credit_audit_approved_amount` decimal(16, 2) DEFAULT NULL COMMENT '信审经办审核通过状态
项目申请金额',
  `feedback_submitted_count` bigint DEFAULT NULL COMMENT '已提交业务反馈状态项目数',
  `feedback_submitted_amount` decimal(16, 2) DEFAULT NULL COMMENT '已提交业务反馈状态项目申
请金额',
  `level1_review_approved_count` bigint DEFAULT NULL COMMENT '一级评审通过状态项目数',
  `level1_review_approved_amount` decimal(16, 2) DEFAULT NULL COMMENT '一级评审通过状态项
目申请金额',
  `level2_review_approved_count` bigint DEFAULT NULL COMMENT '二级评审通过状态项目数',
  `level2_review_approved_amount` decimal(16, 2) DEFAULT NULL COMMENT '二级评审通过状态项
目申请金额',
  `review_meeting_approved_count` bigint DEFAULT NULL COMMENT '项目评审会审核通过状态项目数',
  `review_meeting_approved_amount` decimal(16, 2) DEFAULT NULL COMMENT '项目评审会审核通过
状态项目申请金额',
  `general_manager_approved_count` bigint DEFAULT NULL COMMENT '总经理/分管总审核通过状态项
目数',
  `general_manager_approved_amount` decimal(16, 2) DEFAULT NULL COMMENT '总经理/分管总审核
通过状态项目申请金额',
  `reply_issued_count` bigint DEFAULT NULL COMMENT '出具批复状态项目数',
  `reply_issued_apply_amount` decimal(16, 2) DEFAULT NULL COMMENT '出具批复状态项目申请金额',
  `reply_issued_reply_amount` decimal(16, 2) DEFAULT NULL COMMENT '出具批复状态项目批复金额'
) ENGINE = InnoDB
  DEFAULT CHARSET = utf8mb4
  COLLATE = utf8mb4_general_ci COMMENT ='各业务方向待审/在审项目统计';
```

（3）各部门待审/在审项目统计。

```
DROP TABLE IF EXISTS ads_department_unfinished_audit_stats;
CREATE TABLE `ads_department_unfinished_audit_stats`
(
    `dt` date DEFAULT NULL COMMENT '统计日期',
    `department3_id` varchar(255) COLLATE utf8mb4_general_ci DEFAULT NULL COMMENT '三级部
门ID',
    `department3_name` varchar(255) COLLATE utf8mb4_general_ci DEFAULT NULL COMMENT '三级
部门名称',
    `department2_id` varchar(255) COLLATE utf8mb4_general_ci DEFAULT NULL COMMENT '二级部
门ID',
    `department2_name` varchar(255) COLLATE utf8mb4_general_ci DEFAULT NULL COMMENT '二级
部门名称',
    `department1_id` varchar(255) COLLATE utf8mb4_general_ci DEFAULT NULL COMMENT '一级部
门ID',
    `department1_name` varchar(255) COLLATE utf8mb4_general_ci DEFAULT NULL COMMENT '一级
部门名称',
    `created_project_count` bigint DEFAULT NULL COMMENT '新建状态项目数',
    `created_project_amount` decimal(16, 2) DEFAULT NULL COMMENT '新建状态项目申请金额',
    `risk_control_not_approved_count` bigint DEFAULT NULL COMMENT '未达风控状态项目数',
    `risk_control_not_approved_amount` decimal(16, 2) DEFAULT NULL COMMENT '未达风控状态项目
申请金额',
```

```
  `credit_audit_approved_count` bigint DEFAULT NULL COMMENT '信审经办审核通过状态项目数',
  `credit_audit_approved_amount` decimal(16, 2) DEFAULT NULL COMMENT '信审经办审核通过状态项目申请金额',
  `feedback_submitted_count` bigint DEFAULT NULL COMMENT '已提交业务反馈状态项目数',
  `feedback_submitted_amount` decimal(16, 2) DEFAULT NULL COMMENT '已提交业务反馈状态项目申请金额',
  `level1_review_approved_count` bigint DEFAULT NULL COMMENT '一级评审通过状态项目数',
  `level1_review_approved_amount` decimal(16, 2) DEFAULT NULL COMMENT '一级评审通过状态项目申请金额',
  `level2_review_approved_count` bigint DEFAULT NULL COMMENT '二级评审通过状态项目数',
  `level2_review_approved_amount` decimal(16, 2) DEFAULT NULL COMMENT '二级评审通过状态项目申请金额',
  `review_meeting_approved_count` bigint DEFAULT NULL COMMENT '项目评审会审核通过状态项目数',
  `review_meeting_approved_amount` decimal(16, 2) DEFAULT NULL COMMENT '项目评审会审核通过状态项目申请金额',
  `general_manager_approved_count` bigint DEFAULT NULL COMMENT '总经理/分管总审核通过状态项目数',
  `general_manager_approved_amount` decimal(16, 2) DEFAULT NULL COMMENT '总经理/分管总审核通过状态项目申请金额',
  `reply_issued_count` bigint DEFAULT NULL COMMENT '出具批复状态项目数',
  `reply_issued_apply_amount` decimal(16, 2) DEFAULT NULL COMMENT '出具批复状态项目申请金额',
  `reply_issued_reply_amount` decimal(16, 2) DEFAULT NULL COMMENT '出具批复状态项目批复金额'
) ENGINE = InnoDB
  DEFAULT CHARSET = utf8mb4
  COLLATE = utf8mb4_general_ci COMMENT ='各部门待审/在审项目统计';
```

（4）各业务经办待审/在审项目统计。

```
DROP TABLE IF EXISTS ads_salesman_unfinished_audit_stats;
CREATE TABLE `ads_salesman_unfinished_audit_stats`
(
  `dt` date DEFAULT NULL COMMENT '统计日期',
  `salesman_id` varchar(255) COLLATE utf8mb4_general_ci DEFAULT NULL COMMENT '业务经办员工ID',
  `salesman_name` varchar(255) COLLATE utf8mb4_general_ci DEFAULT NULL COMMENT '业务经办员工姓名',
  `created_project_count` bigint DEFAULT NULL COMMENT '新建状态项目数',
  `created_project_amount` decimal(16, 2) DEFAULT NULL COMMENT '新建状态项目申请金额',
  `risk_control_not_approved_count` bigint DEFAULT NULL COMMENT '未达风控状态项目数',
  `risk_control_not_approved_amount` decimal(16, 2) DEFAULT NULL COMMENT '未达风控状态项目申请金额',
  `credit_audit_approved_count` bigint DEFAULT NULL COMMENT '信审经办审核通过状态项目数',
  `credit_audit_approved_amount` decimal(16, 2) DEFAULT NULL COMMENT '信审经办审核通过状态项目申请金额',
  `feedback_submitted_count` bigint DEFAULT NULL COMMENT '已提交业务反馈状态项目数',
  `feedback_submitted_amount` decimal(16, 2) DEFAULT NULL COMMENT '已提交业务反馈状态项目申请金额',
  `level1_review_approved_count` bigint DEFAULT NULL COMMENT '一级评审通过状态项目数',
  `level1_review_approved_amount` decimal(16, 2) DEFAULT NULL COMMENT '一级评审通过状态项目申请金额',
  `level2_review_approved_count` bigint DEFAULT NULL COMMENT '二级评审通过状态项目数',
```

```
    `level2_review_approved_amount` decimal(16, 2) DEFAULT NULL COMMENT '二级评审通过状态项
目申请金额',
    `review_meeting_approved_count` bigint DEFAULT NULL COMMENT '项目评审会审核通过状态项目数',
    `review_meeting_approved_amount` decimal(16, 2) DEFAULT NULL COMMENT '项目评审会审核通过
状态项目申请金额 ',
    `general_manager_approved_count` bigint DEFAULT NULL COMMENT '总经理/分管总审核通过状态项
目数',
    `general_manager_approved_amount` decimal(16, 2) DEFAULT NULL COMMENT '总经理/分管总审核
通过状态项目申请金额',
    `reply_issued_count` bigint DEFAULT NULL COMMENT ' 出具批复状态项目数',
    `reply_issued_apply_amount` decimal(16, 2) DEFAULT NULL COMMENT '出具批复状态项目申请金额',
    `reply_issued_reply_amount` decimal(16, 2) DEFAULT NULL COMMENT '出具批复状态项目批复金额'
) ENGINE = InnoDB
  DEFAULT CHARSET = utf8mb4
  COLLATE = utf8mb4_general_ci COMMENT ='各业务经办待审/在审项目统计';
```

（5）各信审经办待审/在审项目统计。

```
DROP TABLE IF EXISTS ads_credit_audit_unfinished_audit_stats;
CREATE TABLE `ads_credit_audit_unfinished_audit_stats`
(
    `dt` date DEFAULT NULL COMMENT '统计日期',
    `credit_audit_id` varchar(255) COLLATE utf8mb4_general_ci DEFAULT NULL COMMENT '信审经
办 ID',
    `credit_audit_name` varchar(255) COLLATE utf8mb4_general_ci DEFAULT NULL COMMENT '信审
经办姓名',
    `credit_audit_approved_count` bigint DEFAULT NULL COMMENT '信审经办审核通过状态项目数',
    `credit_audit_approved_amount` decimal(16, 2) DEFAULT NULL COMMENT '信审经办审核通过状态
项目申请金额',
    `feedback_submitted_count` bigint DEFAULT NULL COMMENT '已提交业务反馈状态项目数',
    `feedback_submitted_amount` decimal(16, 2) DEFAULT NULL COMMENT '已提交业务反馈状态项目申
请金额',
    `level1_review_approved_count` bigint DEFAULT NULL COMMENT '一级评审通过状态项目数',
    `level1_review_approved_amount` decimal(16, 2) DEFAULT NULL COMMENT '一级评审通过状态项
目申请金额',
    `level2_review_approved_count` bigint DEFAULT NULL COMMENT '二级评审通过状态项目数',
    `level2_review_approved_amount` decimal(16, 2) DEFAULT NULL COMMENT '二级评审通过状态项
目申请金额',
    `review_meeting_approved_count` bigint DEFAULT NULL COMMENT '项目评审会审核通过状态项目数 ',
    `review_meeting_approved_amount` decimal(16, 2) DEFAULT NULL COMMENT '项目评审会审核通过
状态项目申请金额',
    `general_manager_approved_count` bigint DEFAULT NULL COMMENT '总经理/分管总审核通过状态项
目数',
    `general_manager_approved_amount` decimal(16, 2) DEFAULT NULL COMMENT '总经理/分管总审核
通过状态项目申请金额',
    `reply_issued_count` bigint DEFAULT NULL COMMENT '出具批复状态项目数',
    `reply_issued_apply_amount` decimal(16, 2) DEFAULT NULL COMMENT '出具批复状态项目申请金额',
    `reply_issued_reply_amount` decimal(16, 2) DEFAULT NULL COMMENT '出具批复状态项目批复金额'
) ENGINE = InnoDB
  DEFAULT CHARSET = utf8mb4
  COLLATE = utf8mb4_general_ci COMMENT ='各信审经办待审/在审项目统计';
```

183

（6）各行业待审/在审项目统计。

```
DROP TABLE IF EXISTS ads_industry_unfinished_audit_stats;
CREATE TABLE `ads_industry_unfinished_audit_stats`
(
    `dt` date DEFAULT NULL COMMENT '统计日期',
    `industry3_id` varchar(255) COLLATE utf8mb4_general_ci DEFAULT NULL COMMENT '三级行业
ID',
    `industry3_name` varchar(255) COLLATE utf8mb4_general_ci DEFAULT NULL COMMENT '三级行
业名称',
    `industry2_id` varchar(255) COLLATE utf8mb4_general_ci DEFAULT NULL COMMENT '二级行业
ID',
    `industry2_name` varchar(255) COLLATE utf8mb4_general_ci DEFAULT NULL COMMENT '二级行
业名称',
    `industry1_id` varchar(255) COLLATE utf8mb4_general_ci DEFAULT NULL COMMENT '一级行业
ID',
    `industry1_name` varchar(255) COLLATE utf8mb4_general_ci DEFAULT NULL COMMENT '一级行
业名称',
    `created_project_count` bigint DEFAULT NULL COMMENT '新建状态项目数',
    `created_project_amount` decimal(16, 2) DEFAULT NULL COMMENT '新建状态项目申请金额',
    `risk_control_not_approved_count` bigint DEFAULT NULL COMMENT '未达风控状态项目数',
    `risk_control_not_approved_amount` decimal(16, 2) DEFAULT NULL COMMENT '未达风控状态项目
申请金额',
    `credit_audit_approved_count` bigint DEFAULT NULL COMMENT '信审经办审核通过状态项目数',
    `credit_audit_approved_amount` decimal(16, 2) DEFAULT NULL COMMENT '信审经办审核通过状态
项目申请金额',
    `feedback_submitted_count` bigint DEFAULT NULL COMMENT '已提交业务反馈状态项目数',
    `feedback_submitted_amount` decimal(16, 2) DEFAULT NULL COMMENT '已提交业务反馈状态项目申
请金额',
    `level1_review_approved_count` bigint DEFAULT NULL COMMENT '一级评审通过状态项目数',
    `level1_review_approved_amount` decimal(16, 2) DEFAULT NULL COMMENT '一级评审通过状态项
目申请金额',
    `level2_review_approved_count` bigint DEFAULT NULL COMMENT '二级评审通过状态项目数',
    `level2_review_approved_amount` decimal(16, 2) DEFAULT NULL COMMENT '二级评审通过状态项
目申请金额',
    `review_meeting_approved_count` bigint DEFAULT NULL COMMENT '项目评审会审核通过状态项目数',
    `review_meeting_approved_amount` decimal(16, 2) DEFAULT NULL COMMENT '项目评审会审核通过
状态项目申请金额',
    `general_manager_approved_count` bigint DEFAULT NULL COMMENT '总经理/分管总审核通过状态项
目数',
    `general_manager_approved_amount` decimal(16, 2) DEFAULT NULL COMMENT '总经理/分管总审核
通过状态项目申请金额',
    `reply_issued_count` bigint DEFAULT NULL COMMENT '出具批复状态项目数',
    `reply_issued_apply_amount` decimal(16, 2) DEFAULT NULL COMMENT '出具批复状态项目申请金额',
    `reply_issued_reply_amount` decimal(16, 2) DEFAULT NULL COMMENT '出具批复状态项目批复金额'
) ENGINE = InnoDB
  DEFAULT CHARSET = utf8mb4
  COLLATE = utf8mb4_general_ci COMMENT ='各行业待审/在审项目统计';
```

（7）已审项目综合统计。

```
DROP TABLE IF EXISTS ads_finished_audit_stats;
CREATE TABLE `ads_finished_audit_stats`
(
```

```
    `dt` date DEFAULT NULL COMMENT '统计日期',
    `audit_approved_count` bigint DEFAULT NULL COMMENT '审批通过项目数',
    `audit_approved_apply_amount` decimal(16, 2) DEFAULT NULL COMMENT '审批通过项目申请金额',
    `audit_approved_reply_amount` decimal(16, 2) DEFAULT NULL COMMENT '审批通过项目批复金额',
    `apply_cancel_count` bigint DEFAULT NULL COMMENT '取消项目数',
    `apply_cancel_apply_amount` decimal(16, 2) DEFAULT NULL COMMENT '取消项目申请金额',
    `audit_refused_count` bigint DEFAULT NULL COMMENT '审批拒绝项目数',
    `audit_refused_apply_amount` decimal(16, 2) DEFAULT NULL COMMENT '审批拒绝项目申请金额'
) ENGINE = InnoDB
  DEFAULT CHARSET = utf8mb4
  COLLATE = utf8mb4_general_ci COMMENT ='已审项目综合统计';
```

（8）各业务方向已审项目统计。

```
DROP TABLE IF EXISTS ads_lease_org_finished_audit_stats;
CREATE TABLE `ads_lease_org_finished_audit_stats`
(
    `dt` date DEFAULT NULL COMMENT '统计日期',
    `lease_organization` varchar(255) COLLATE utf8mb4_general_ci DEFAULT NULL COMMENT '业
务反向',
    `audit_approved_count` bigint DEFAULT NULL COMMENT '审批通过项目数',
    `audit_approved_apply_amount` decimal(16, 2) DEFAULT NULL COMMENT '审批通过项目申请金额',
    `audit_approved_reply_amount` decimal(16, 2) DEFAULT NULL COMMENT '审批通过项目批复金额',
    `apply_cancel_count` bigint DEFAULT NULL COMMENT '取消项目数',
    `apply_cancel_apply_amount` decimal(16, 2) DEFAULT NULL COMMENT '取消项目申请金额',
    `audit_refused_count` bigint DEFAULT NULL COMMENT ' 审批拒绝项目数',
    `audit_refused_apply_amount` decimal(16, 2) DEFAULT NULL COMMENT '审批拒绝项目申请金额'
) ENGINE = InnoDB
  DEFAULT CHARSET = utf8mb4
  COLLATE = utf8mb4_general_ci COMMENT ='各业务方向已审项目统计';
```

（9）各部门已审项目统计。

```
DROP TABLE IF EXISTS ads_department_finished_audit_stats;
CREATE TABLE `ads_department_finished_audit_stats`
(
    `dt` date DEFAULT NULL COMMENT '统计日期',
    `department3_id` varchar(255) COLLATE utf8mb4_general_ci DEFAULT NULL COMMENT '三级部
门 ID',
    `department3_name` varchar(255) COLLATE utf8mb4_general_ci DEFAULT NULL COMMENT '三级
部门名称',
    `department2_id` varchar(255) COLLATE utf8mb4_general_ci DEFAULT NULL COMMENT '二级部
门 ID',
    `department2_name` varchar(255) COLLATE utf8mb4_general_ci DEFAULT NULL COMMENT '二级
部门名称',
    `department1_id` varchar(255) COLLATE utf8mb4_general_ci DEFAULT NULL COMMENT '一级部
门 ID',
    `department1_name` varchar(255) COLLATE utf8mb4_general_ci DEFAULT NULL COMMENT '一级
部门名称 ',
    `audit_approved_count` bigint DEFAULT NULL COMMENT '审批通过项目数',
    `audit_approved_apply_amount` decimal(16, 2) DEFAULT NULL COMMENT '审批通过项目申请金额 ',
    `audit_approved_reply_amount` decimal(16, 2) DEFAULT NULL COMMENT '审批通过项目批复金额 ',
    `apply_cancel_count` bigint DEFAULT NULL COMMENT '取消项目数',
    `apply_cancel_apply_amount` decimal(16, 2) DEFAULT NULL COMMENT '取消项目申请金额',
    `audit_refused_count` bigint DEFAULT NULL COMMENT '审批拒绝项目数',
```

```
      `audit_refused_apply_amount` decimal(16, 2) DEFAULT NULL COMMENT '审批拒绝项目申请金额'
) ENGINE = InnoDB
  DEFAULT CHARSET = utf8mb4
  COLLATE = utf8mb4_general_ci COMMENT ='各部门已审项目统计';
```

（10）各业务经办已审项目统计。

```
DROP TABLE IF EXISTS ads_salesman_finished_audit_stats;
CREATE TABLE `ads_salesman_finished_audit_stats`
(
    `dt` date DEFAULT NULL COMMENT '统计日期',
    `salesman_id` varchar(255) COLLATE utf8mb4_general_ci DEFAULT NULL COMMENT '业务经办ID',
    `salesman_name` varchar(255) COLLATE utf8mb4_general_ci DEFAULT NULL COMMENT '业务经办姓名',
    `audit_approved_count` bigint DEFAULT NULL COMMENT '审批通过项目数',
    `audit_approved_apply_amount` decimal(16, 2) DEFAULT NULL COMMENT '审批通过项目申请金额',
    `audit_approved_reply_amount` decimal(16, 2) DEFAULT NULL COMMENT '审批通过项目批复金额',
    `apply_cancel_count` bigint DEFAULT NULL COMMENT '取消项目数',
    `apply_cancel_apply_amount` decimal(16, 2) DEFAULT NULL COMMENT '取消项目申请金额',
    `audit_refused_count` bigint DEFAULT NULL COMMENT '审批拒绝项目数',
    `audit_refused_apply_amount` decimal(16, 2) DEFAULT NULL COMMENT '审批拒绝项目申请金额'
) ENGINE = InnoDB
  DEFAULT CHARSET = utf8mb4
  COLLATE = utf8mb4_general_ci COMMENT ='各业务经办已审项目统计';
```

（11）各信审经办已审项目统计。

```
DROP TABLE IF EXISTS ads_credit_audit_finished_audit_stats;
CREATE TABLE `ads_credit_audit_finished_audit_stats`
(
    `dt` date DEFAULT NULL COMMENT '统计日期',
    `credit_audit_id` varchar(255) COLLATE utf8mb4_general_ci DEFAULT NULL COMMENT '信审经办ID',
    `credit_audit_name` varchar(255) COLLATE utf8mb4_general_ci DEFAULT NULL COMMENT '信审经办姓名',
    `audit_approved_count` bigint DEFAULT NULL COMMENT '审批通过项目数',
    `audit_approved_apply_amount` decimal(16, 2) DEFAULT NULL COMMENT '审批通过项目申请金额',
    `audit_approved_reply_amount` decimal(16, 2) DEFAULT NULL COMMENT '审批通过项目批复金额',
    `apply_cancel_count` bigint DEFAULT NULL COMMENT '取消项目数',
    `apply_cancel_apply_amount` decimal(16, 2) DEFAULT NULL COMMENT '取消项目申请金额',
    `audit_refused_count` bigint DEFAULT NULL COMMENT '审批拒绝项目数',
    `audit_refused_apply_amount` decimal(16, 2) DEFAULT NULL COMMENT '审批拒绝项目申请金额'
) ENGINE = InnoDB
  DEFAULT CHARSET = utf8mb4
  COLLATE = utf8mb4_general_ci COMMENT ='各信审经办已审项目统计';
```

（12）各行业已审项目统计。

```
DROP TABLE IF EXISTS ads_industry_finished_audit_stats;
CREATE TABLE `ads_industry_finished_audit_stats`
(
    `dt` date DEFAULT NULL COMMENT '统计日期',
    `industry3_id` varchar(255) COLLATE utf8mb4_general_ci DEFAULT NULL COMMENT '三级行业ID',
    `industry3_name` varchar(255) COLLATE utf8mb4_general_ci DEFAULT NULL COMMENT '三级行业名称',
```

```
    `industry2_id` varchar(255) COLLATE utf8mb4_general_ci DEFAULT NULL COMMENT '二级行业
ID',
    `industry2_name` varchar(255) COLLATE utf8mb4_general_ci DEFAULT NULL COMMENT '二级行
业名称',
    `industry1_id` varchar(255) COLLATE utf8mb4_general_ci DEFAULT NULL COMMENT '一级行业
ID',
    `industry1_name` varchar(255) COLLATE utf8mb4_general_ci DEFAULT NULL COMMENT '一级行
业名称',
    `audit_approved_count` bigint DEFAULT NULL COMMENT '审批通过项目数',
    `audit_approved_apply_amount` decimal(16, 2) DEFAULT NULL COMMENT '审批通过项目申请金额',
    `audit_approved_reply_amount` decimal(16, 2) DEFAULT NULL COMMENT '审批通过项目批复金额',
    `apply_cancel_count` bigint DEFAULT NULL COMMENT '取消项目数',
    `apply_cancel_apply_amount` decimal(16, 2) DEFAULT NULL COMMENT '取消项目申请金额',
    `audit_refused_count` bigint DEFAULT NULL COMMENT '审批拒绝项目数',
    `audit_refused_apply_amount` decimal(16, 2) DEFAULT NULL COMMENT '审批拒绝项目申请金额'
) ENGINE = InnoDB
  DEFAULT CHARSET = utf8mb4
  COLLATE = utf8mb4_general_ci COMMENT ='各行业已审项目统计';
```

（13）已审项目转化主题

```
DROP TABLE IF EXISTS ads_credit_audit_finished_transform_stats;
CREATE TABLE `ads_credit_audit_finished_transform_stats`
(
    `dt` date DEFAULT NULL COMMENT '统计日期',
    `credit_audit_finished_count` bigint DEFAULT NULL COMMENT '审批结束项目数',
    `credit_audit_finished_apply_amount` decimal(16, 2) DEFAULT NULL COMMENT '审批结束项目
申请金额',
    `credit_audit_approved_count` bigint DEFAULT NULL COMMENT '审批通过项目数',
    `credit_audit_approved_apply_amount` decimal(16, 2) DEFAULT NULL COMMENT '审批通过项目
申请金额',
    `credit_audit_approved_reply_amount` decimal(16, 2) DEFAULT NULL COMMENT '审批通过项目
批复金额',
    `credit_created_count` bigint DEFAULT NULL COMMENT '新增授信项目数',
    `credit_created_apply_amount` decimal(16, 2) DEFAULT NULL COMMENT '新增授信项目申请金额',
    `credit_created_reply_amount` decimal(16, 2) DEFAULT NULL COMMENT '新增授信项目批复金额',
    `credit_created_credit_amount` decimal(16, 2) DEFAULT NULL COMMENT '新增授信项目授信金额',
    `credit_occupied_count` bigint DEFAULT NULL COMMENT '完成授信占用项目数',
    `credit_occupied_apply_amount` decimal(16, 2) DEFAULT NULL COMMENT '完成授信占用项目申请
金额',
    `credit_occupied_reply_amount` decimal(16, 2) DEFAULT NULL COMMENT '完成授信占用项目批复
金额',
    `credit_occupied_credit_amount` decimal(16, 2) DEFAULT NULL COMMENT '完成授信占用项目授
信金额',
    `contract_produced_count` bigint DEFAULT NULL COMMENT '完成合同制作项目数',
    `contract_produced_apply_amount` decimal(16, 2) DEFAULT NULL COMMENT '完成合同制作项目申
请金额',
    `contract_produced_reply_amount` decimal(16, 2) DEFAULT NULL COMMENT '完成合同制作项目批
复金额',
    `contract_produced_credit_amount` decimal(16, 2) DEFAULT NULL COMMENT '完成合同制作项目
授信金额',
    `credit_signed_count` bigint DEFAULT NULL COMMENT '签约项目数',
    `credit_signed_apply_amount` decimal(16, 2) DEFAULT NULL COMMENT '签约项目申请金额',
```

```
  `credit_signed_reply_amount` decimal(16, 2) DEFAULT NULL COMMENT '签约项目批复金额',
  `credit_signed_credit_amount` decimal(16, 2) DEFAULT NULL COMMENT '签约项目授信金额',
  `leased_count` bigint DEFAULT NULL COMMENT '起租项目数',
  `leased_apply_amount` decimal(16, 2) DEFAULT NULL COMMENT '起租项目申请金额',
  `leased_reply_amount` decimal(16, 2) DEFAULT NULL COMMENT '起租项目批复金额',
  `leased_credit_amount` decimal(16, 2) DEFAULT NULL COMMENT '起租项目授信金额'
) ENGINE = InnoDB
  DEFAULT CHARSET = utf8mb4
  COLLATE = utf8mb4_general_ci COMMENT ='已审项目转化情况统计';
```

6.3 DataX 数据导出

在 MySQL 中做好相关准备工作，并创建完用于存储结果数据的数据库和表后，还需要进行最关键的结果数据导出操作。结果数据采用 DataX 导出，DataX 作为一个数据传输工具，不仅可以将数据从关系数据库导入非关系数据库，也可以进行反向操作。在使用 DataX 进行业务数据全量采集工作时，我们编写了大量的配置文件，数据的导出工作同样需要编写配置文件，步骤如下。

1. 编写 DataX 配置文件

我们需要为每张 ADS 层结果表编写一个 DataX 配置文件，此处以 ads_unfinished_audit_stats 表为例，配置文件内容如下。使用 hdfsreader 读取 HDFS 中的结果数据，并使用 mysqlwriter 将结果数据写入 MySQL 中。

```
{
  "job": {
    "setting": {
      "speed": {
        "channel": 1
      }
    },
    "content": [
      {
        "reader": {
          "name": "hdfsreader",
          "parameter": {
            "path": "${exportdir}",
            "defaultFS": "hdfs://hadoop102:8020",
            "column": [
              "*"
            ],
            "fileType": "text",
            "encoding": "UTF-8",
            "fieldDelimiter": "\t",
            "nullFormat": "\\N"
          }
        },
        "writer": {
          "name": "mysqlwriter",
          "parameter": {
            "writeMode": "replace",
            "username": "root",
            "password": "000000",
```

```
        "column": [
          "dt",
          "created_project_count",
          "created_project_amount",
          "risk_control_not_approved_count",
          "risk_control_not_approved_amount",
          "credit_audit_approved_count",
          "credit_audit_approved_amount",
          "feedback_submitted_count",
          "feedback_submitted_amount",
          "level1_review_approved_count",
          "level1_review_approved_amount",
          "level2_review_approved_count",
          "level2_review_approved_amount",
          "review_meeting_approved_count",
          "review_meeting_approved_amount",
          "general_manager_approved_count",
          "general_manager_approved_amount",
          "reply_issued_count",
          "reply_issued_apply_amount",
          "reply_issued_reply_amount"
        ],
        "connection": [
          {
            "jdbcUrl":
"jdbc:mysql://hadoop102:3306/financial_report?useSSL=false&allowPublicKeyRetrieval=true&
useUnicode=true&characterEncoding=utf-8",
            "table": [
              "ads_unfinished_audit_stats"
            ]
          }
        ]
      }
    }
  ]
 }
}
```

注意：导出路径 path 参数并未写入固定值，用户可以在提交任务时通过参数动态传入，参数名称为
exportdir。

2．编写 DataX 配置文件生成脚本

4.5.1 节讲解过 DataX 配置文件生成器及其使用方式，此处不再赘述。

（1）修改/opt/module/gen_datax_config/configuration.properties 文件。

```
[atguigu@hadoop102 gen_datax_config]$ vim configuration.properties
```
将文件中加粗的内容解开注释。
```
#MySQL 用户名
mysql.username=root
#MySQL 密码
mysql.password=000000
#MySQL 服务所在 host
```

```
mysql.host=hadoop102
#MySQL 端口号
mysql.port=3306
#需要导入 HDFS 的 MySQL 数据库
mysql.database.import= financial_lease
#从 HDFS 导出数据的目的 MySQL 数据库
mysql.database.export= financial_lease
#需要导入的表，若为空，则表示数据库下的所有表全部导入
mysql.tables.import= business_partner,department,employee,industry
#需要导出的表，若为空，则表示数据库下所有表全部导出
mysql.tables.export=
#是否为分表，1 为是，0 为否
is.seperated.tables=0
#HDFS 集群的 Namenode 地址
hdfs.uri=hdfs://hadoop102:8020
#生成的导入配置文件的存储目录
import_out_dir=/opt/module/datax/job/financial_lease/import
#生成的导出配置文件的存储目录
export_out_dir=/opt/module/datax/job/financial_lease/export
```

（2）执行配置 DataX 配置文件生成器 jar 包。

```
[atguigu@hadoop102 gen_datax_config]$ java -jar datax-config-generator-1.0-SNAPSHOT-jar-
with-dependencies.jar
```

（3）查看配置文件的保存路径。

```
[atguigu@hadoop102 gen_datax_config]$ ls /opt/module/datax/job/financial_lease/export

总用量 64
financial_report.ads_credit_audit_finished_audit_stats.json
financial_report.ads_credit_audit_finished_transform_stats.json
financial_report.ads_credit_audit_unfinished_audit_stats.json
financial_report.ads_department_finished_audit_stats.json
financial_report.ads_department_unfinished_audit_stats.json
financial_report.ads_finished_audit_stats.json
financial_report.ads_industry_finished_audit_stats.json
financial_report.ads_industry_unfinished_audit_stats.json
financial_report.ads_lease_org_finished_audit_stats.json
financial_report.ads_lease_org_unfinished_audit_stats.json
financial_report.ads_salesman_finished_audit_stats.json
financial_report.ads_salesman_unfinished_audit_stats.json
financial_report.ads_unfinished_audit_stats.json
```

3．测试生成的 DataX 配置文件

以 ads_unfinished_audit_stats 表为例，测试使用生成器生成的 DataX 配置文件是否可用。

（1）执行 DataX 同步命令。

```
[atguigu@hadoop102 bin]$ python /opt/module/datax/bin/datax.py -p"-Dexportdir=/warehouse/
financial_lease/ads/ads_unfinished_audit_stats"
/opt/module/datax/job/financial_lease/export/financial_report.ads_unfinished_audit_stats
.json
```

（2）观察同步结果。

观察 MySQL 目标表中是否出现数据。

4. 编写每日导出脚本

（1）在 hadoop102 节点服务器的/home/atguigu/bin 目录下创建 financial_hdfs_to_mysql.sh 脚本。

```
[atguigu@hadoop102 bin]$ vim financial_hdfs_to_mysql.sh
```

脚本内容如下。

```
#! /bin/bash
DATAX_HOME=/opt/module/datax/
DATAX_DATA=/opt/module/datax/job/financial_lease

#DataX 导出路径不允许存在空文件, 该函数的作用为清理空文件
handle_export_path(){
  for i in `hadoop fs -ls -R $1 | awk '{print $8}'`; do
    hadoop fs -test -z $i
    if [[ $? -eq 0 ]]; then
      echo "$i 文件大小为 0, 正在删除"
      hadoop fs -rm -r -f $i
    fi
  done
}

#数据导出
export_data() {
  export_dir=$1
  datax_config=$2
  echo "正在处理 $2 ......"
  handle_export_path $export_dir
  $DATAX_HOME/bin/datax.py -p"-Dexportdir=$export_dir" $datax_config >/tmp/datax_run.log
2>&1
  if [ $? -ne 0 ]
    then
      echo "处理失败, 日志如下: "
      cat /tmp/datax_run.log
  fi
}

case $1 in
  ads_unfinished_audit_stats | ads_lease_org_unfinished_audit_stats | ads_department_
unfinished_audit_stats | ads_salesman_unfinished_audit_stats | ads_credit_audit_
unfinished_audit_stats | ads_industry_unfinished_audit_stats | ads_finished_audit_stats |
ads_lease_org_finished_audit_stats | ads_department_finished_audit_stats | ads_salesman_
finished_audit_stats | ads_credit_audit_finished_audit_stats | ads_industry_finished_
audit_stats | ads_credit_audit_finished_transform_stats)
    export_data /warehouse/financial_lease/ads/$1 ${DATAX_DATA}/export/financial_report.
$1.json
  ;;

  "all")
    for tab in ads_unfinished_audit_stats ads_lease_org_unfinished_audit_stats ads_department_
unfinished_audit_stats ads_salesman_unfinished_audit_stats ads_credit_audit_unfinished_
audit_stats ads_industry_unfinished_audit_stats ads_finished_audit_stats ads_lease_org_
finished_audit_stats ads_department_finished_audit_stats ads_salesman_finished_audit_
stats ads_credit_audit_finished_audit_stats ads_industry_finished_audit_stats ads_credit_
```

```
audit_finished_transform_stats
  do
    export_data  /warehouse/financial_lease/ads/${tab} ${DATAX_DATA}/financial_report.
${tab}.json
  done
  ;;
esac
```

（2）增加脚本执行权限。

```
[atguigu@hadoop102 bin]$ chmod +x financial_hdfs_to_mysql.sh
```

（3）执行脚本，导出数据。

```
[atguigu@hadoop102 bin]$ financial_hdfs_to_mysql.sh all
```

6.4 全流程调度

前面已经完成了数据仓库项目完整流程的开发，接下来就可以将整个数据仓库运行流程交给 Azkaban 来调度，以实现整个流程的自动化运行。

6.4.1 数据准备

此处需要模拟生成一日的新数据，将其作为全流程调度的测试数据。

（1）启动采集通道。

```
[atguigu@hadoop102 ~]$ cluster.sh start
```

（2）将 Maxwell 的 mock.date 参数修改为 2023-06-19，并重启 Maxwell。

```
[atguigu@hadoop102 ~]$ vim /opt/module/maxwell/config.properties

mock_date=2023-06-19
[atguigu@hadoop102 ~]$ mxw.sh restart
```

（3）使用模拟数据脚本生成 1 日的数据。

```
[atguigu@hadoop102 bin]$ financial_mock.sh 1
```

（4）观察 HDFS 上是否采集到对应数据。

6.4.2 全流程调度配置

在全部准备工作完成之后，开始使用 DolphinScheduler 进行全流程调度。

（1）执行以下命令，启动 DolphinScheduler。

```
[atguigu@hadoop102 dolphinscheduler]$ bin/start-all.sh
```

（2）以普通用户的身份登录 DolphinScheduler 的 Web UI，如图 6-7 所示。

图 6-7　以普通用户的身份登录

（3）向 DolphinScheduler 资源中心上传工作流所需脚本，步骤如下。

① 在"资源中心"的"文件管理"页面下，创建文件夹 scripts，如图 6-8 所示。

图 6-8　创建文件夹 scripts

② 将工作流所需的所有脚本上传到"资源中心"的 scripts 文件夹下，如图 6-9 所示。

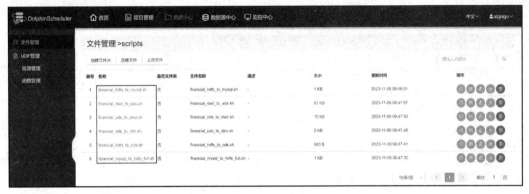

图 6-9　上传所有脚本

（4）由于工作流要执行的脚本需要调用 Hive、DataX 等组件，所以在 DolphinScheduler 的集群模式下，需要确保每个 WorkerServer 节点都有脚本所依赖的组件。向 DolphinScheduler 的 WorkerServer 节点分发脚本所依赖的组件。

```
[atguigu@hadoop102 ~]$ xsync /opt/module/hive/
[atguigu@hadoop102 ~]$ xsync /opt/module/spark/
[atguigu@hadoop102 ~]$ xsync /opt/module/datax/
```

（5）将 DolphinScheduler 的登录用户切换为 admin，单击"环境管理"→"创建环境"，如图 6-10 所示。

图 6-10　创建环境

在环境配置中，增加配置内容，如图 6-11 所示。

193

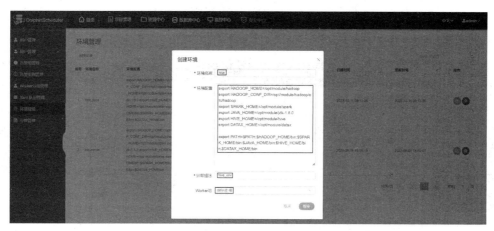

图 6-11　配置环境

环境配置的内容如下。

```
export HADOOP_HOME=/opt/module/hadoop
export HADOOP_CONF_DIR=/opt/module/hadoop/etc/hadoop
export SPARK_HOME=/opt/module/spark
export JAVA_HOME=/opt/module/jdk-1.8.0_212
export HIVE_HOME=/opt/module/hive
export DATAX_HOME=/opt/module/datax

export
PATH=$PATH:$HADOOP_HOME/bin:$SPARK_HOME/bin:$JAVA_HOME/bin:$HIVE_HOME/bin:$DATAX_HOME/bin
```

（6）切换至普通用户，在 DolphinScheduler 的 Web UI 下创建工作流，步骤如下。

① 选择"项目管理"命令，在打开的页面中单击"创建项目"按钮，创建项目 financial，如图 6-12 所示。

图 6-12　创建项目 financial

② 打开 financial 项目，选择"工作流"→"工作流定义"选项，开始创建工作流，如图 6-13 所示。

图 6-13　开始创建工作流

③ 在"工作流定义"画布上，定义任务节点，配置如下。

financial_mysql_to_hdfs_full 任务节点配置如图 6-14 所示。

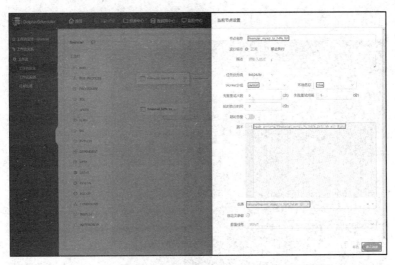

图 6-14　financial_mysql_to_hdfs_full 任务节点配置

financial_hdfs_to_ods 任务节点配置如图 6-15 所示。

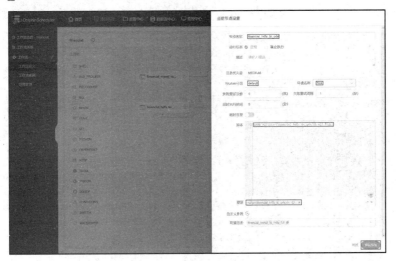

图 6-15　financial_hdfs_to_ods 任务节点配置

financial_ods_to_dim 任务节点配置如图 6-16 所示。

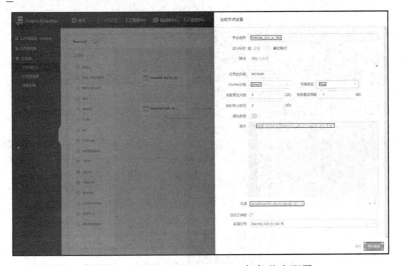

图 6-16　financial_ods_to_dim 任务节点配置

financial_ods_to_dwd 任务节点配置如图 6-17 所示。

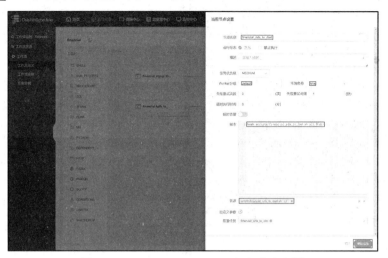

图 6-17　financial_ods_to_dwd 任务节点配置

financial_dwd_to_ads 任务节点配置如图 6-18 所示。

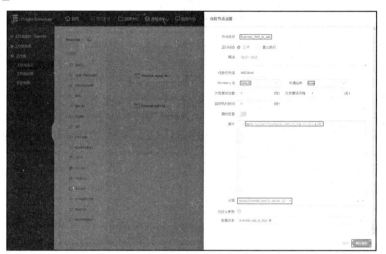

图 6-18　financial_dwd_to_ads 任务节点配置

financial_hdfs_to_mysql 任务节点配置如图 6-19 所示。

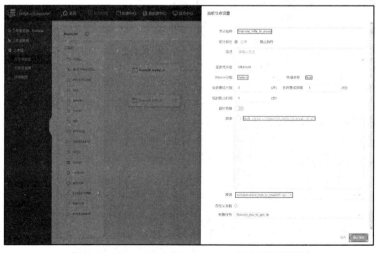

图 6-19　financial_hdfs_to_mysql 任务节点配置

④ 定义完各任务节点后，为各任务节点创建依赖关系，如图 6-20 所示。

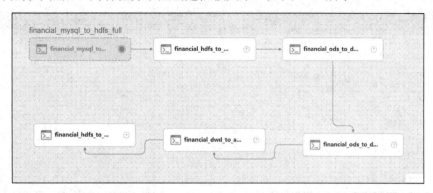

图 6-20　创建各任务节点的依赖关系

⑤ 配置完毕后，保存工作流，将工作流命名为 financial，如图 6-21 所示，此处将调度参数 "dt" 设置为固定值，在实际生产环境下，应将参数配置为$[yyyy-MM-dd-1]或空值。

图 6-21　保存工作流并设置全局参数

（7）在 "工作流定义" 页面下，单击如图 6-22 所示的 "上线" 按钮，上线工作流。工作流需要先上线，才可执行。工作流上线后不可修改，若要修改，则需要先下线工作流。

图 6-22　上线工作流

（8）点击如图 6-23 所示的 "运行" 按钮，执行工作流。

图 6-23　执行工作流

（9）执行工作流后，若出现如图 6-24 所示的页面，则表示工作流执行成功。

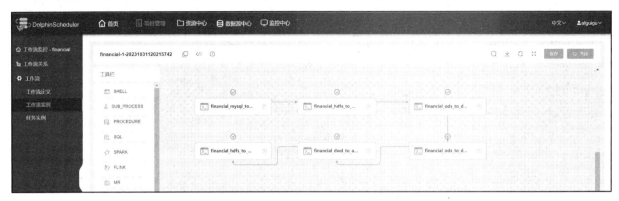

图 6-24　工作流执行成功

6.5　电子邮件报警

在使用 DolphinScheduler 对工作流进行调度的过程中，有可能会出现任务失败的情况。针对此种情况，DolphinScheduler 为用户提供了电子邮件报警功能，让用户可以及时收到任务失败的报警信息。

6.5.1　注册邮箱

在进行电子邮件报警的配置之前，需要先注册一个邮箱，作为报警电子邮件的发送邮箱。

（1）以 QQ 邮箱为例，登录邮箱后，首先单击"设置"按钮，其次选择"账户"，如图 6-25 所示。

图 6-25　邮箱账号管理

（2）找到"POP3/IMAP/SMTP/Exchange/CardDAV/CalDAV 服务"模块，开启 SMTP 服务，如图 6-26 所示。

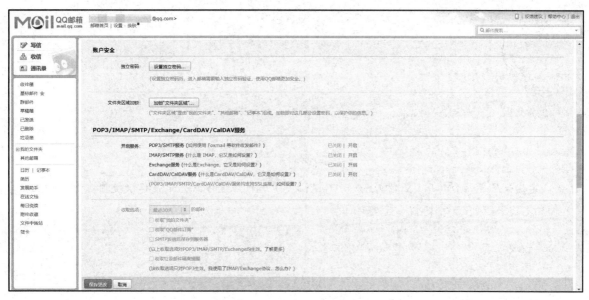

图 6-26   开启 SMTP 服务

（3）成功开启 SMTP 服务后，页面会显示授权码，需记住该授权码，如图 6-27 所示。

图 6-27   邮箱授权码

（4）读者也可以使用其他邮箱作为报警电子邮件的发送邮箱，但是都需要开启 SMTP 服务。

6.5.2　配置电子邮件报警

电子邮件报警通过 AlertServer 组件完成，配置电子邮件报警的具体步骤如下。

（1）打开 AlertServer 组件所在节点服务器（本数据仓库项目为 hadoop102）的配置文件/opt/module/dolphinscheduler/conf/alert.properties。

```
[atguigu@hadoop102 ~]$ vim /opt/module/dolphinscheduler/conf/alert.properties
```

在配置文件中配置报警邮箱和加密协议，加密协议的配置有以下三种方式。根据使用邮箱的不同，可以配置不同的加密协议。

① 不使用加密协议，配置如下。

```
#alert type is EMAIL/SMS
alert.type=EMAIL


# mail server configuration
mail.protocol=SMTP
mail.server.host=smtp.qq.com
```

```
mail.server.port=25
mail.sender=*********@qq.com
mail.user=*********@qq.com
mail.passwd=*************
# TLS
mail.smtp.starttls.enable=false
# SSL
mail.smtp.ssl.enable=false
mail.smtp.ssl.trust=smtp.exmail.qq.com
```

注意：某些云服务器会禁用 25 端口，此时不建议使用这种配置方式，而是建议使用以下两种配置方式。

② 使用 STARTTLS 加密协议，配置如下。

```
#alert type is EMAIL/SMS
alert.type=EMAIL

# mail server configuration
mail.protocol=SMTP
mail.server.host=smtp.qq.com
mail.server.port=587
mail.sender=*********@qq.com
mail.user=*********@qq.com
mail.passwd=*************
# TLS
mail.smtp.starttls.enable=true
# SSL
mail.smtp.ssl.enable=false
mail.smtp.ssl.trust=smtp.qq.com
```

③ 使用 SSL 加密协议，配置如下。

```
#alert type is EMAIL/SMS
alert.type=EMAIL

# mail server configuration
mail.protocol=SMTP
mail.server.host=smtp.qq.com
mail.server.port=465
mail.sender=*********@qq.com
mail.user=*********@qq.com
mail.passwd=*************
# TLS
mail.smtp.starttls.enable=false
# SSL
mail.smtp.ssl.enable=true
mail.smtp.ssl.trust=smtp.qq.com
```

修改完配置文件后，需要重启 AlertServer 组件。

```
[atguigu@hadoop102 dolphinscheduler]$ ./bin/dolphinscheduler-daemon.sh stop alert-server
[atguigu@hadoop102 dolphinscheduler]$ ./bin/dolphinscheduler-daemon.sh start alert-server
```

（2）在"工作流定义"页面中，单击如图 6-28 所示的"运行"按钮，运行工作流。

图 6-28　运行工作流

（3）运行工作流后，会出现如图 6-29 所示的页面，在该页面中配置"通知策略"，选择"成功或失败都发"选项，并配置"通知组"和"收件人"，配置完毕后，单击"运行"按钮。

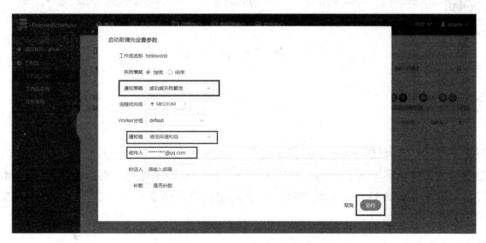

图 6-29　配置"通知策略""收件人""通知组"

（4）运行工作流后，等待电子邮箱的报警通知，如图 6-30 所示。

图 6-30　电子邮箱的报警通知

（5）工作流开始运行后，选择"工作流实例"选项，可以看到曾经运行过的所有工作流，如图 6-31 所示。工作流"状态"处为⊗按钮的即为运行失败的工作流，此时，单击●按钮即可从起点处重新运行工作流，单击⊗按钮即可从失败节点处重新运行工作流。

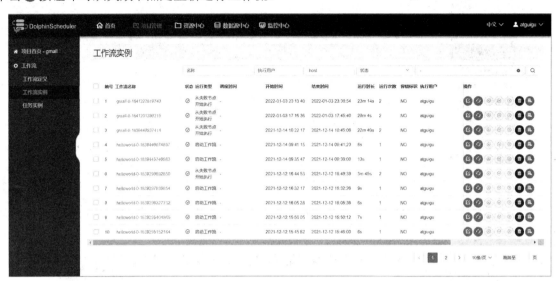

图 6-31　工作流实例列表

6.6　本章总结

本章详细介绍了如何使用 DolphinScheduler 部署全流程调度，以及电子邮件报警。工作流的自动化调度是整个数据仓库项目中非常重要的一环，可以大大减少操作者的工作量。除了 DolphinScheduler，还有许多优秀的工作流调度系统，如 Oozie、Azkaban 等，感兴趣的读者可以自行探索，甚至可以开发适合自己项目的工作流调度系统。

第7章

数据可视化模块

在将需求实现并获取最终的结果数据之后，仅将结果数据存放在数据仓库中是远远不够的，还需要将数据进行可视化。通常可视化的思路是：首先将数据从大数据的存储系统中导出到关系数据库中，其次使用可视化工具进行展示。在第 6 章中，我们已经将结果数据导出至关系数据库，本章将介绍如何使用可视化工具对结果数据进行图表展示。

7.1 部署 FineBI

FineBI 是帆软软件有限公司推出的一款商业智能（Business Intelligence）产品，其定位是一个大数据自助分析工具，旨在帮助企业的业务人员充分了解和利用他们的数据。

7.1.1 安装

FineBI 是一款纯 B/S 端的商业智能分析服务平台，支持通过 Web 应用服务器将其部署在服务器上，提供企业云服务器。用户端只需要使用一个浏览器即可进行服务平台的访问和使用。

软件分为免费试用版和商用版，免费试用版享有全部功能，不限时，但限制多并发，而商业版无此限制。

1. 下载安装包

下载 FineBI 的 Linxu 版本安装包，并上传到 hadoop102 节点服务器的/opt/software 目录下。

```
[atguigu@hadoop102 software]$ ll | grep FineBI
-rw-rw-r--   1 atguigu atguigu 1246811576 10月  7 14:10 linux_unix_FineBI6_0-CN.sh
```

2. 安装 FineBI

（1）执行如下命令安装 FineBI。

```
[atguigu@hadoop102 software]$ bash linux_unix_FineBI6_0-CN.sh
```

（2）若执行上述命令后出现错误提示，如图 7-1 所示，则需要关闭 Xshell 的 X11 转发选项。

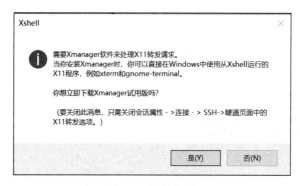

图 7-1　错误提示

打开 Xshell 的会话属性页面，如图 7-2 所示，取消勾选，点击"确定"按钮。

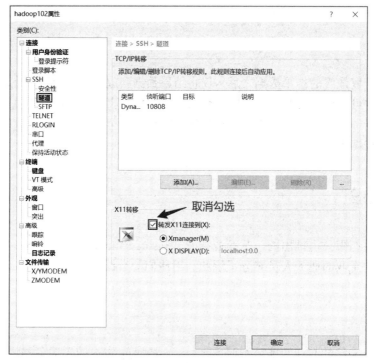

图 7-2　Xshell 会话属性页面

（3）重新执行安装脚本。

```
[atguigu@hadoop102 software]$ bash linux_unix_FineBI6_0-CN.sh
```

执行脚本后，根据出现的提示进行操作。

```
Unpacking JRE ...
Starting Installer ...
安装助手会将 FineBI 安装到您的计算机上。
确定 [o，回车键]，取消 [c]
```

出现以上提示后，按回车键确定。

```
最终用户许可协议
...
我接受协议
是 [1]，否 [2]
```

出现以上提示后，按 1 确定。

```
请选择安装 FineBI 的文件夹，然后点击下一步。
请选择在哪里安装 FineBI？
```

```
[/home/atguigu/FineBI6.0]
```
　　出现以上提示后，输入"/opt/module/FineBI"，指定安装目录。
```
最大内存单位(M),最低设置2048
最大jvm内存:
[2048]
```
　　出现以上提示后，输入"2048"，指定最大 JVM 内存。此处提示的最大内存是 FineBI 根据系统内存计算得出的，未必是 2048MB，这是正常的。
```
是否创建快捷连接?
是 [y, 回车键], 否 [n]
```
　　出现以上提示后，输入"n"否认。
```
选择附加工作
选择您希望安装程序运行的附加工作，然后点击下一步。
添加桌面快捷方式?
是 [y, 回车键], 否 [n]
```
　　出现以上提示后，输入"n"否认。
```
生成安全密钥文件?
是 [y], 否 [n, 回车键]
```
　　出现以上提示后，输入"n"否认。
```
运行 FineBI?
是 [y, 回车键], 否 [n]
```
　　出现以上提示后，输入"n"否认。此时安装正式完成。

7.1.2　初始化

　　FineBI 在安装完成后，还需要进行初始化。

1. 替换 MySQL 驱动

　　（1）进入/opt/module/FineBI/webapps/webroot/WEB-INF/lib/目录，更改 MySQL 驱动名称。
```
[atguigu@hadoop102 ~]$ cd /opt/module/FineBI/webapps/webroot/WEB-INF/lib/
[atguigu@hadoop102 lib]$ ll | grep mysql
-rw-r--r-- 1 atguigu atguigu  1006906 9月  22 18:45 mysql-connector-java-5.1.49-bin.jar
[atguigu@hadoop102 lib]$ mv mysql-connector-java-5.1.49-bin.jar mysql-connector-java-
5.1.49-bin.jar.bak
```
　　（2）将/opt/software/mysql 目录下的 MySQL 驱动复制到当前目录下。
```
[atguigu@hadoop102 lib]$ cp /opt/software/mysql/mysql-connector-j-8.0.31.jar ./
[atguigu@hadoop102 lib]$ ll | grep mysql
-rw-rw-r-- 1 atguigu atguigu  2515447 10月  7 16:48 mysql-connector-j-8.0.31.jar
-rw-r--r-- 1 atguigu atguigu  1006906 9月   22 18:45 mysql-connector-java-5.1.49-
bin.jar.bak
```

2. 启动

　　（1）进入/opt/module/FineBI 目录，执行以下启动命令。
```
[atguigu@hadoop102 lib]$ cd /opt/module/FineBI/
[atguigu@hadoop102 FineBI]$ nohup bin/finebi >/dev/null 2>&1 &
[1] 49941
```
　　（2）在启动 FineBI 后，用户可通过浏览器访问 FineBI 的前端页面，访问地址为 http://hadoop102:37799/webroot/decision。

　　在首页设置管理员账号，如图 7-3 所示，账号名为 root，密码自定义，设置成功后点击"下一步"。

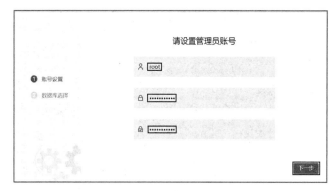

图 7-3　设置管理员账号

出现如图 7-4 所示的页面后，证明管理员账号设置成功，点击"下一步"。

图 7-4　管理员账号设置成功

出现如图 7-5 所示的页面后，进行数据库选择，此处选择"外接数据库"。选择"外接数据库"后，需要对数据库进行配置，详细步骤见下一步。

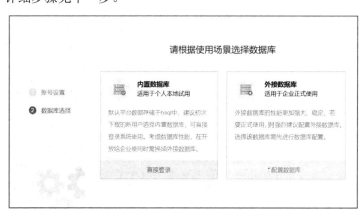

图 7-5　数据库选择

3．设置元数据库

（1）在 MySQL 中创建 FineBI 的元数据库。

```
[atguigu@hadoop102 FineBI]$ mysql -uroot -p000000 -e"CREATE DATABASE \`finedb\` DEFAULT CHARSET utf8mb3 COLLATE utf8mb3_bin"
```

（2）在图 7-5 中，选择"外接数据库"后，会出现如图 7-6 所示的外接数据库配置页面，在页面中配置数据库属性。

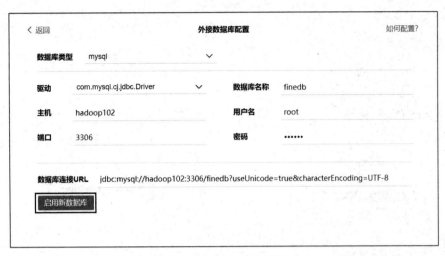

图 7-6　外接数据库配置页面

（3）配置完成后，点击图 7-6 中的"启用新数据库"，等待数据库初始化，如图 7-7 所示。

图 7-7　等待数据库初始化

4. 使用管理员账号登录 FineBI

（1）数据库初始化完成后，出现如图 7-8 所示的页面，此时点击"登录"。

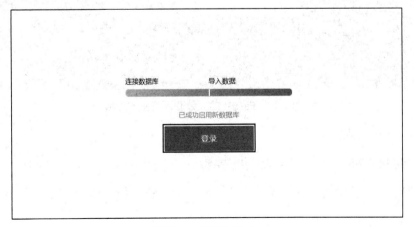

图 7-8　初始化完成

（2）输入之前设置的管理员账号的用户名和密码并登录，如图 7-9 所示。

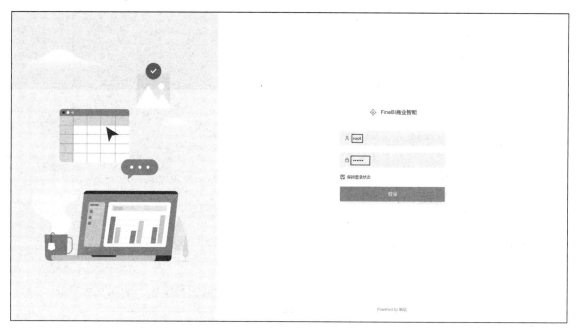

图 7-9　登录管理员账号

（3）出现如图 7-10 所示的页面，表示 FineBI 的安装和配置基本完成。

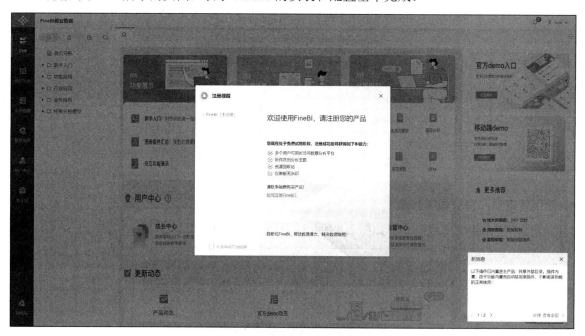

图 7-10　FineBI 的安装和配置基本完成

5. 编写 FineBI 启停脚本

（1）在/home/atguigu/bin 目录下创建 my_finebi.sh 脚本，用于启动、停止 FineBI，以及查看 FineBI 的运行状态。

```
[atguigu@hadoop102 bin]$ vim my_finebi.sh
```

脚本内容如下。

```
#/bin/bash

FINEBI_HOME=/opt/module/FineBI
```

```
if [[
 -z $1 ]
]
then
    echo "NO ARGS ERROR! USAGE: {my_finebi.sh start | stop | status}"
    exit
fi

count=0

get_status(){
    count=`ps -ef | grep finebi | grep -v grep | wc -l`
}

case $1 in
start)
    get_status
    if [[ $count -eq 1 ]]
    then
        echo "FineBI 已在运行~"
        exit;
    elif [[ $count -gt 1 ]]
    then
        echo "FineBI 进程数大于 1，异常，请排查!!! "
        exit;
    fi
    nohup $FINEBI_HOME/bin/finebi >/dev/null 2>&1 &
    ;;
stop)
    get_status
    if [[ $count -eq 0 ]]
    then
        echo "FineBI 未在运行~"
        exit;
    fi
    ps -ef | grep finebi | grep -v grep | awk '{print $2}' | xargs -n1 kill -9
    ;;
status)
    get_status
    if [[ $count -eq 0 ]]
    then
        echo "FineBI 未在运行~"
    elif [[ $count -eq 1 ]]
    then
        echo "FineBI 已在运行~"
```

```
    elif [[ $count -gt 1 ]]
    then
        echo "FineBI 进程数大于 1，异常，请排查!!! "
    fi
    ;;
*)
    echo "ILLEGAL ARGS ERROR! USAGE: {my_finebi.sh start | stop | status}"
    ;;
esac
```

（2）增加脚本执行权限。

```
[atguigu@hadoop102 bin]$ chmod +x my_finebi.sh
```

（3）测试。

启动 FineBI。

```
[atguigu@hadoop102 bin]$ my_finebi.sh start
```

停止运行 FineBI。

```
[atguigu@hadoop102 bin]$ my_finebi.sh stop
```

查看 FineBI 运行状态。

```
[atguigu@hadoop102 bin]$ my_finebi.sh status
```

7.2 数据源的配置

FineBI 的安装已完成，接下来配置数据源，为正式制作图表做好准备。

7.2.1 配置数据连接

（1）在使用管理员账号登录 FineBI 后，点击"管理系统"→"数据连接"→"数据连接管理"，进入"数据连接管理"页面，如图 7-11 所示。

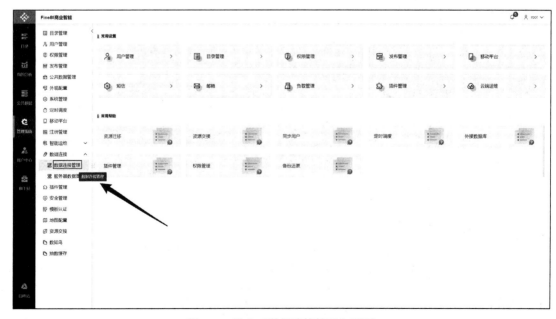

图 7-11　进入"数据连接管理"页面

（2）如图 7-12 所示，点击"新建数据连接"。

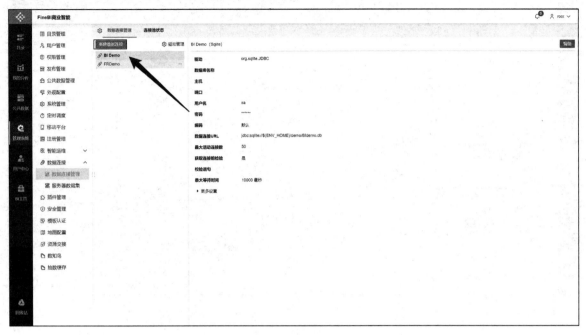

图 7-12 新建数据连接

（3）如图 7-13 所示，选择"MySQL"。

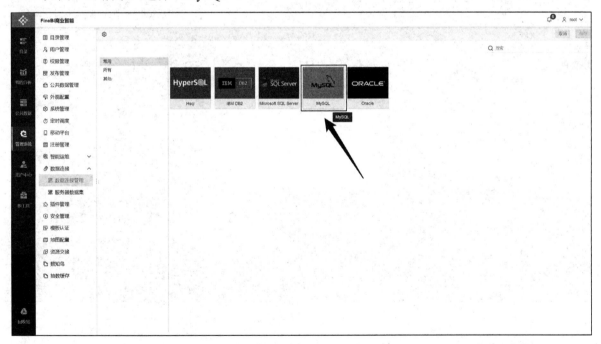

图 7-13 选择"MySQL"

（4）如图 7-14 所示，填写新建 MySQL 连接所需要的关键参数。

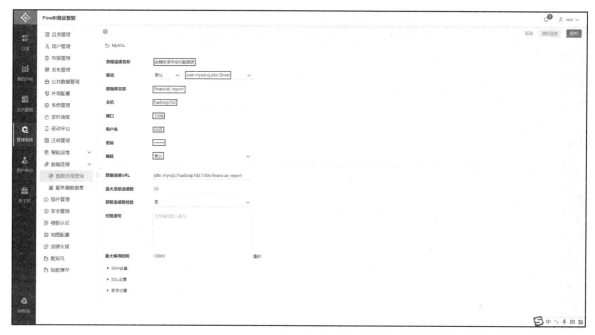

图 7-14　填写关键参数

（5）如图 7-15 所示，在填写完关键参数后，测试连接。

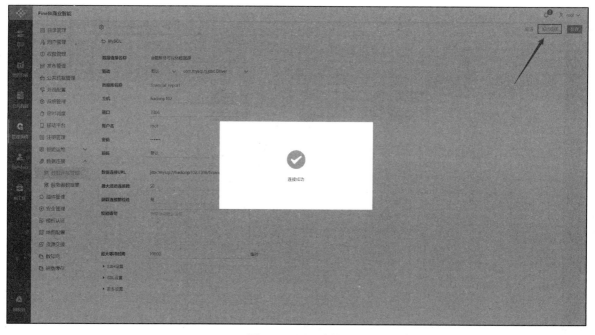

图 7-15　测试连接

（6）如图 7-16 所示，点击"保存"按钮，保存数据连接。

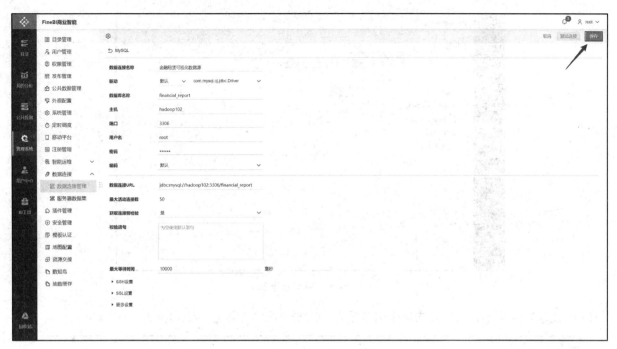

图 7-16　保存数据连接

7.2.2　配置数据源

（1）如图 7-17 所示，返回 FineBI 首页，点击"公共数据"→"新建文件夹"，并将新建的文件夹更名为"金融租赁可视化数据源"。

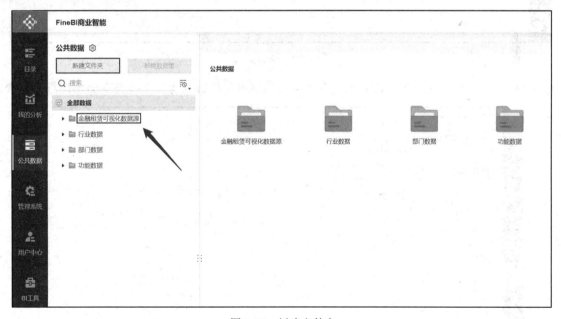

图 7-17　新建文件夹

（2）如图 7-18 所示，进入"金融租赁可视化数据源"文件夹，点击"新建数据集"→"数据库表"。

图 7-18　新建数据源

（3）如图 7-19 所示，依次点击选中全部报表，点击"确定"按钮，添加报表。

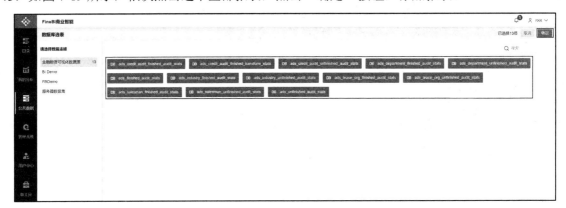

图 7-19　添加报表

（4）如图 7-20 所示，在添加完报表后，在"金融租赁可视化数据源"文件夹下会出现报表列表。

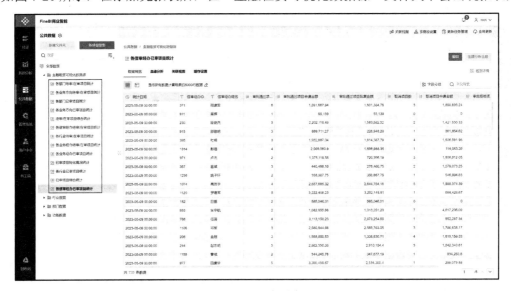

图 7-20　报表列表

7.3 制作图表

在 7.2 节中，我们为 FineBI 配置了数据连接和数据源。本节将会配置几张图表，并创建一个仪表板。

7.3.1 制作堆积柱状图

（1）新建分析主题。

如图 7-21 所示，返回 FineBI 首页，点击"我的分析"→"新建分析主题"。

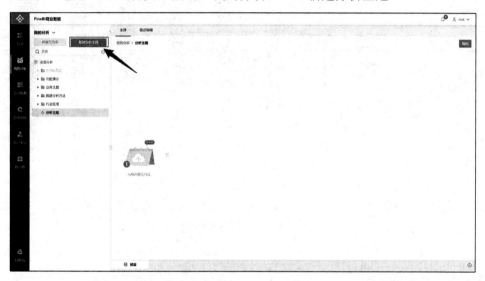

图 7-21 新建分析主题

（2）选择数据源。

上一步操作结束后，会弹出对话框，如图 7-22 所示。在弹出的对话框中选择"公共数据"→"金融租赁可视化数据源"→"各业务方向待审/在审项目统计"，选择完成后，点击"确定"按钮。

图 7-22 选择数据源

（3）创建图表。

在选择完数据源后，会自动跳转到"分析主题"主页，如图 7-23 所示。在页面下方点击"组件"标签，然后选择"堆积柱状图"，将维度字段拖动到的"横轴"一栏，将度量字段拖动到"纵轴"一栏。

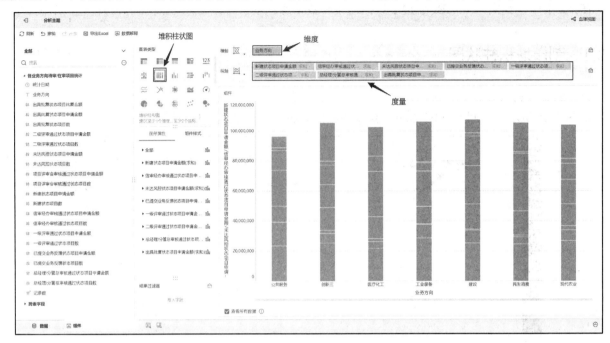

图 7-23　创建图表

（4）修改渐变方案。

FineBI 会自动帮我们根据度量值的大小渲染柱体，为便于区分不同的指标，我们要选择不同的渐变方案。如图 7-24 所示，纵轴的指标会出现在图形属性菜单下，选中某个具体的指标，将相应的度量字段拖入"颜色"一栏，点击"颜色"右侧的小齿轮图标，在弹出的子菜单中选择"渐变方案"即可。

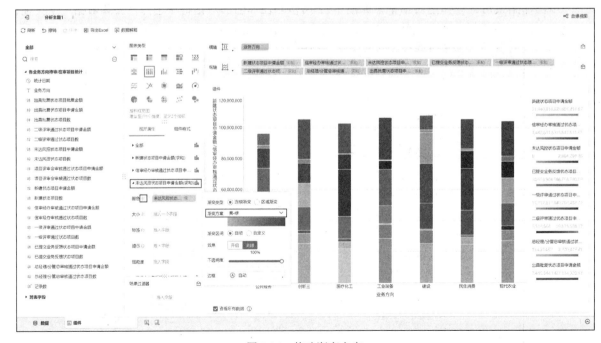

图 7-24　修改渐变方案

（5）更改图表名称。

如图 7-25 所示，在"分析主题 1"页面下方，点击"组件"右侧显示为"⋮"的图标，选择"重命名"，即可更改图表名称。将图表名称更改为"各业务方向待审/在审项目金额统计（堆积柱状图）"。

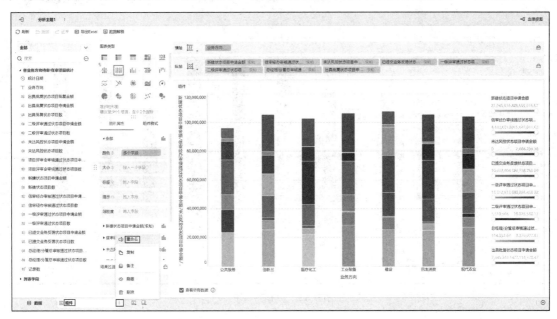

图 7-25　更改图表名称

（6）更改分析主题名称。

如图 7-26 所示，点击页面左上角"分析主题 1"右侧显示为"⋮"的图标，选择"重命名"，更改分析主题名称。将分析主题名称更改为"金融租赁分析主题"。

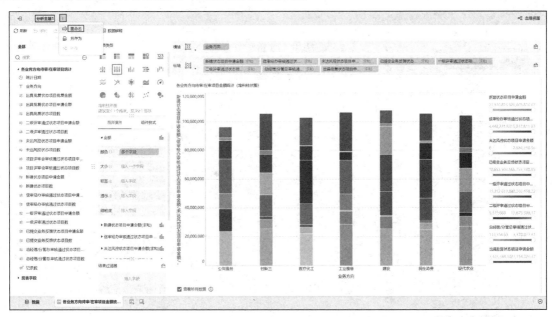

图 7-26　更改分析主题名称

（7）添加仪表板。

如图 7-27 所示，可通过点击页面下方的"添加仪表板"按钮，完成仪表板的添加。

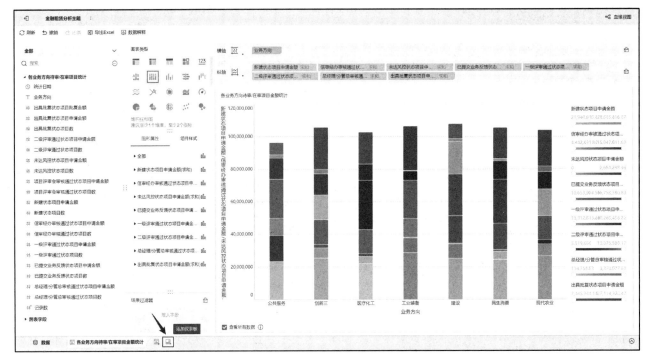

图 7-27　添加仪表板

（8）将图表添加到仪表板中。

如图 7-28 所示，在创建仪表板后，页面左侧菜单栏会显示已构建的组件（也就是图表），直接将其拖入右侧空白区域，即可将图表添加至仪表板。

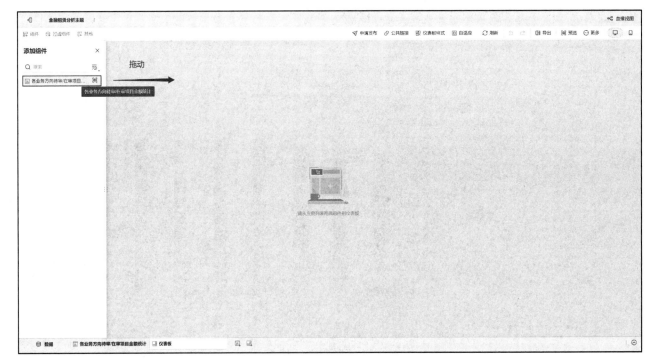

图 7-28　将图表添加至仪表板

（9）调整图表。

如图 7-29 所示，将光标置于图表的空白处，可以拖动调整图表的位置；将光标置于右下角，可以拖动调整图表的大小。

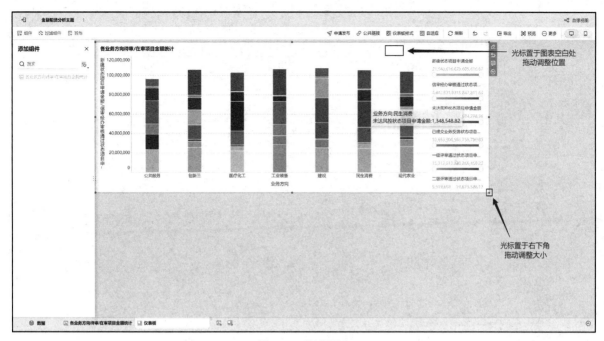

图 7-29 调整图表

（10）更改仪表板名称。

如图 7-30 所示，点击页面下方"仪表板"右侧显示为"⋮"的图标，选择"重命名"，将仪表板更改为"金融租赁可视化大屏"。

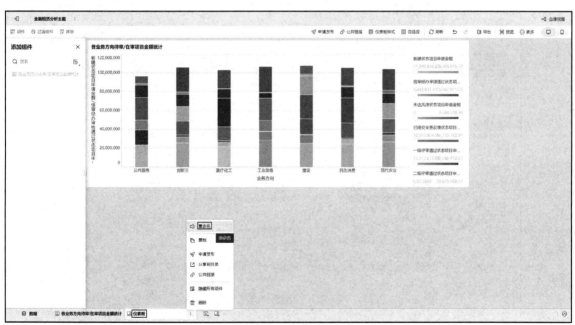

图 7-30 重命名仪表板

7.3.2 制作饼状图

（1）添加数据源。

点击如图 7-31 所示的页面下方的"数据"标签，即可切换至数据面板，点击"+"按钮继续添加数据源。

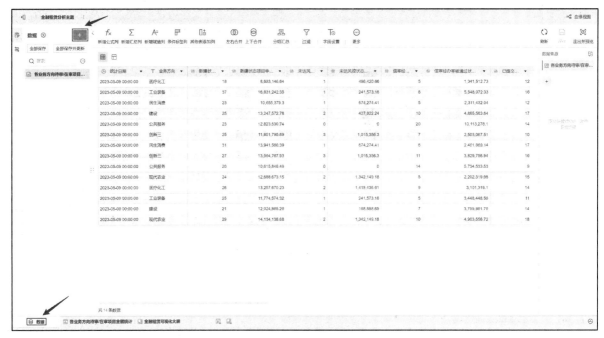

图 7-31　添加数据源

（2）选择数据源。

上一步操作结束后，会弹出对话框，如图 7-32 所示。在弹出的对话框中选择"公共数据"→"金融租赁可视化数据源"→"各行业待审/在审项目统计"，选择完成后，点击"确定"按钮。

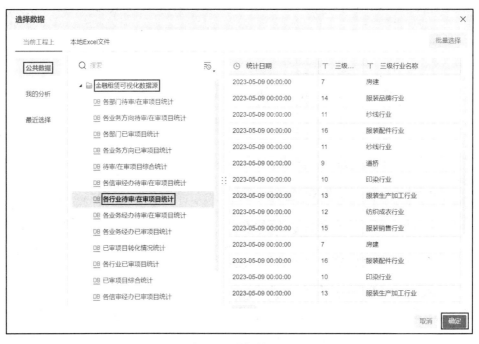

图 7-32　选择数据源

（3）添加组件。

在选择完数据源后，会跳转到分析主题首页，如图 7-33 所示，在页面下方点击"组件"标签，添加组件。

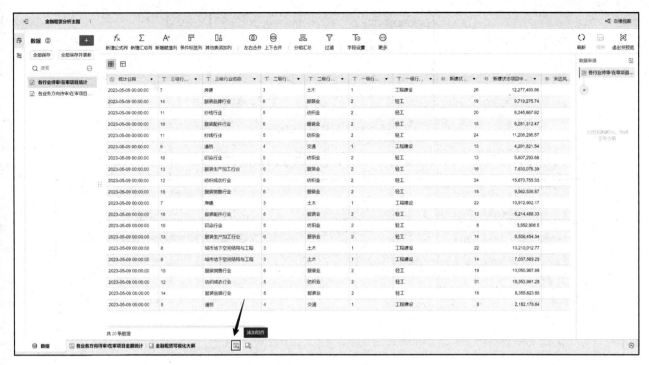

图 7-33　添加组件

（4）创建钻取目录。

上一步操作结束后，会跳转到图表设置页面，如图 7-34 所示，将"二级行业名称"拖动至"一级行业名称"处，以创建钻取目录。

图 7-34　创建钻取目录

如图 7-35 所示，在弹出的对话框中为钻取目录命名。

图 7-35　为钻取目录命名

如图 7-36 所示，继续将"三级行业名称"拖动至新创建的钻取目录下。

图 7-36　拖动"三级行业名称"

最终创建的钻取目录如图 7-37 所示。

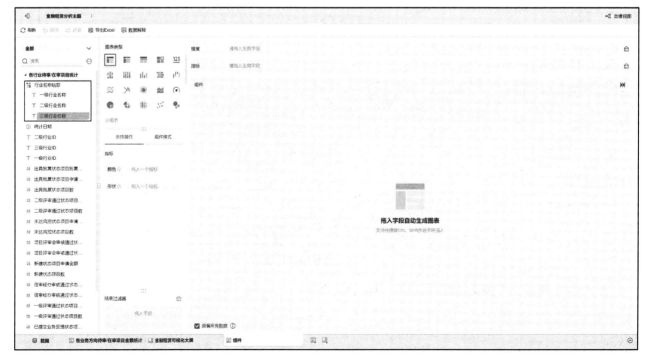

图 7-37　最终创建的钻取目录

（5）选择图表类型。

创建完钻取目录后，在"图表类型"列表处选择"饼图"，如图 7-38 所示。

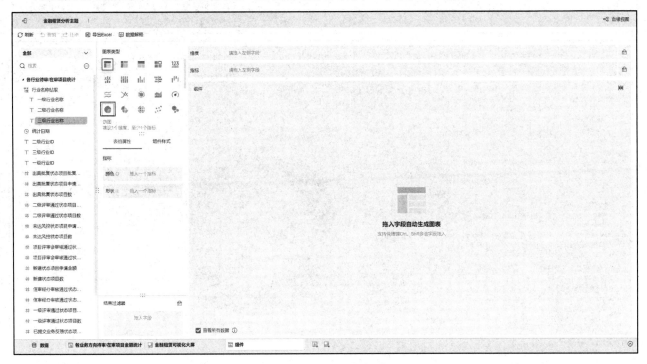

图 7-38 选择图表类型

（6）选择维度和指标字段。

如图 7-39 所示，将钻取目录拖动至"细粒度"标签下，将"出具批复状态项目批复金额"拖动至"角度"、"标签"和"颜色"标签下。

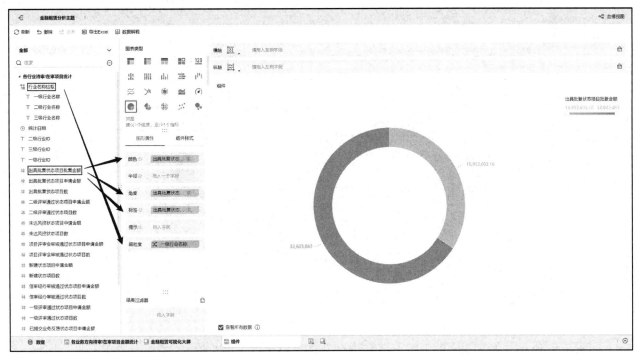

图 7-39 选择维度和指标字段

（7）钻取。

如图 7-40 所示，点击饼图中"轻工"的任意位置，即可展示一级行业"轻工"下各二级行业的指标，如图 7-41 所示。

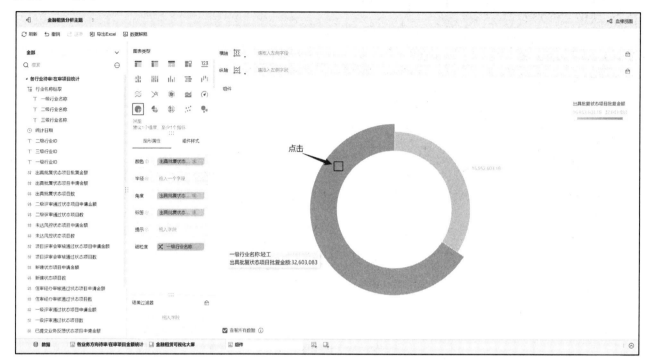

图 7-40　点击一级行业"轻工"

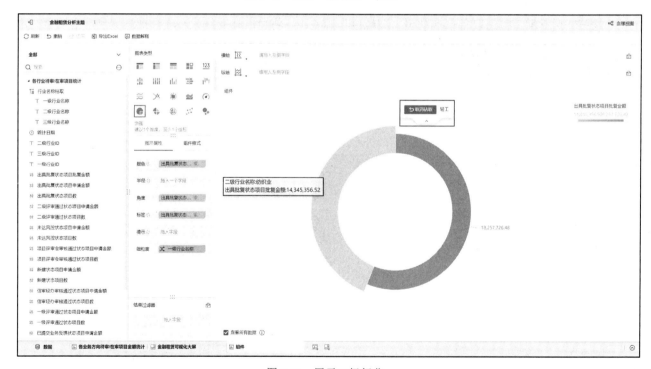

图 7-41　展示二级行业

如图 7-42 所示，点击饼图中二级行业"纺织业"的任意位置，即可展示二级行业"纺织业"下各三级行业的指标，如图 7-43 所示。

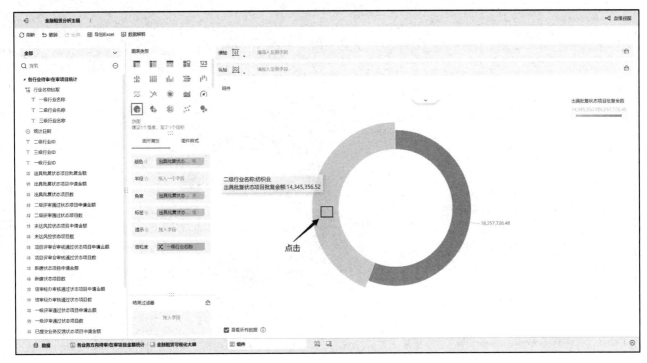

图 7-42　点击二级行业"纺织业"

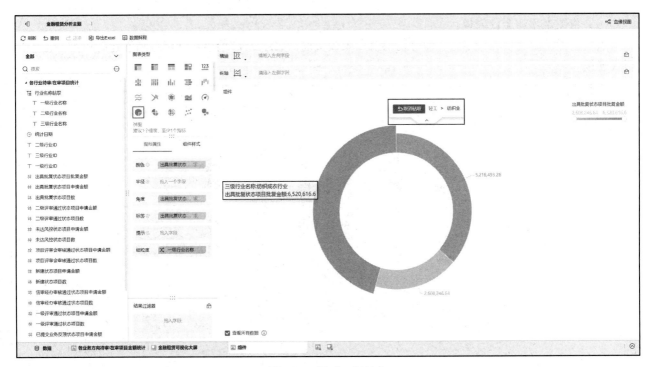

图 7-43　展示三级行业

（8）更名。

如图 7-44 所示，在分析主题页面下方，点击"组件"右侧显示为" ⋮ "的图标，选择"重命名"，即可更改图表名称。将图表名称更改为"各行业出具批复状态项目批复金额统计"。

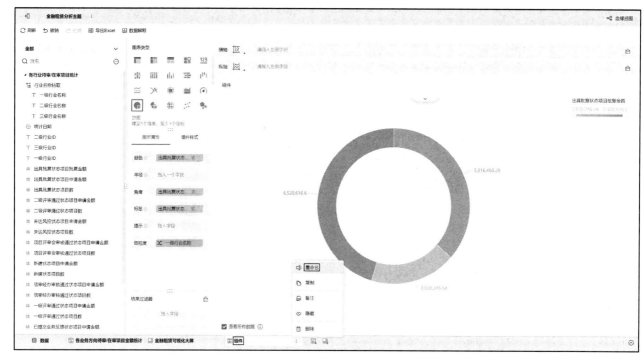

图 7-44　更改图表名称

（9）将图表添加至仪表板。

点击页面下方的仪表板名称，即可切换至仪表板页面。如图 7-45 所示，直接将刚创建的饼图拖动添加至仪表板。

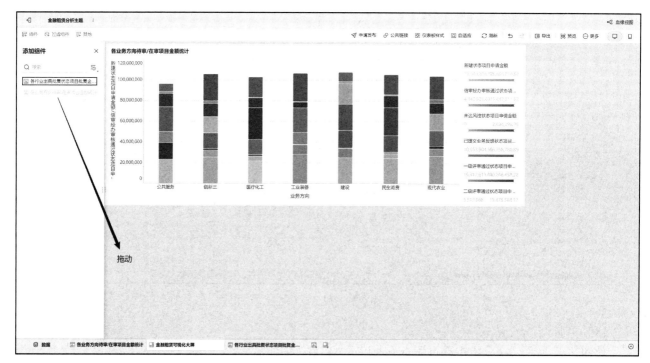

图 7-45　将图表添加至仪表板

7.3.3　制作多系列柱状图

（1）点击图 7-45 所示的页面下方的"数据"标签，即可切换到数据面板，点击"+"按钮继续添加数据源。如图 7-46 所示，在弹出的对话框中选择"公共数据"→"金融租赁可视化数据源"→"各信审经办已审项目统计"，选择完成后，点击"确定"按钮。

图 7-46　选择数据源

（2）在选择完数据源后，点击页面下方的"组件"标签，选择"多系列柱状图"，如图 7-47 所示。

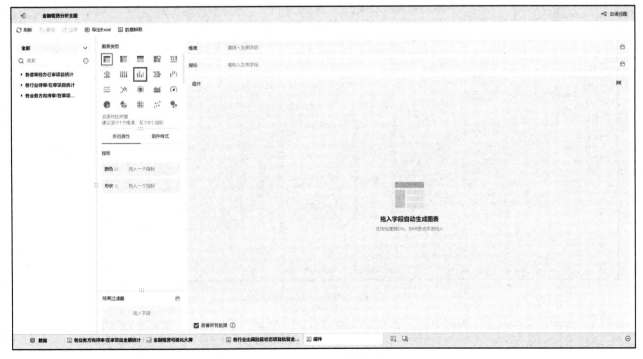

图 7-47　选择图表类型

（3）如图 7-48 所示，对图表进行重命名，命名为"各信审经办拒绝项目金额统计"。

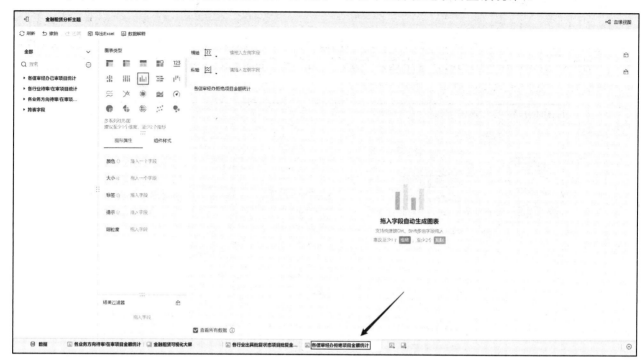

图 7-48　重命名图表

（4）如图 7-49 所示，将"信审经办姓名"拖动至"横轴"，将"审批拒绝项目申请金额"拖动至"纵轴"、"颜色"和"标签"标签下。

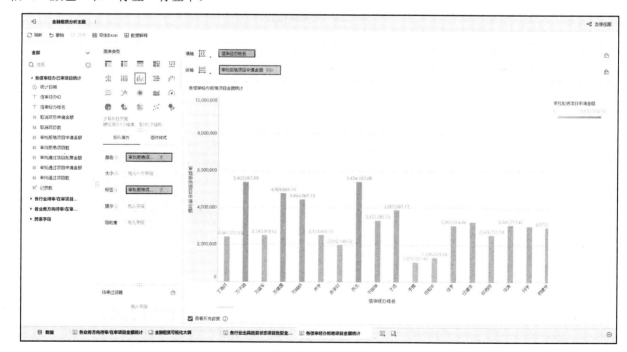

图 7-49　拖动字段

（5）点击页面下方的仪表板名称，切换至仪表板页面，如图 7-50 所示，将刚创建的图表拖动至空白处，添加至仪表板。

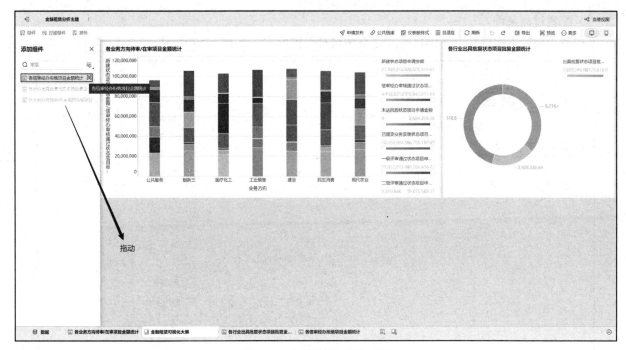

图 7-50 将图表添加至仪表板

7.3.4 制作仪表板

在图表制作完成且添加完成后，还需要对仪表板进行进一步配置和优化。

（1）添加过滤组件。

如图 7-51 所示，点击"过滤组件"，拖动"日期"组件至仪表板的任意位置，完成添加。

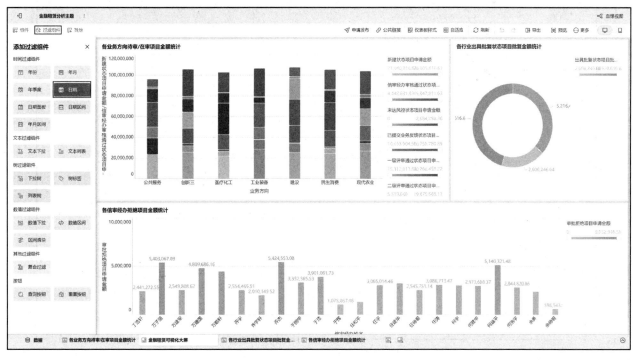

图 7-51 添加过滤组件

（2）配置过滤条件。

添加完"日期"组件后，在弹出的对话框中选择过滤字段，如图 7-52 所示。

图 7-52　配置过滤条件

（3）配置日期组件。

点击图表列表中其中一个表名，将"统计日期"字段拖动至右侧，如图 7-53 所示。

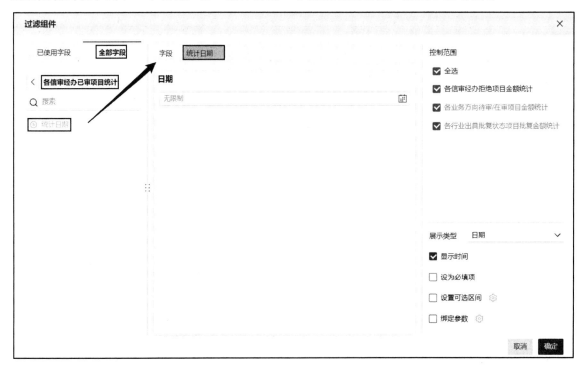

图 7-53　拖动"统计日期"字段

使用同样的操作，将另外两个数据源的"统计日期"字段也拖动至右侧，如图 7-54 所示。

图 7-54　拖动另外两个数据源的"统计日期"字段

如图 7-55 所示，勾选控制范围列表下的所有图表，在展示类型处勾选"显示时间"，完成设置。

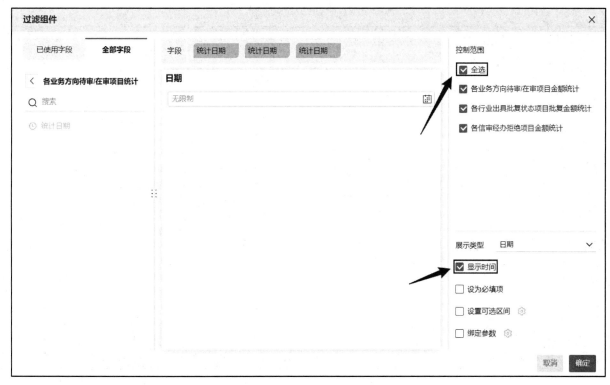

图 7-55　完成设置

（4）测试效果。

因为数据仓库上线首日为 2023-05-09，所以报表中不存在这个日期之前的数据，若我们选择日期 2023-05-08，如图 7-56 所示，则不会显示任何图表数据，如图 7-57 所示。

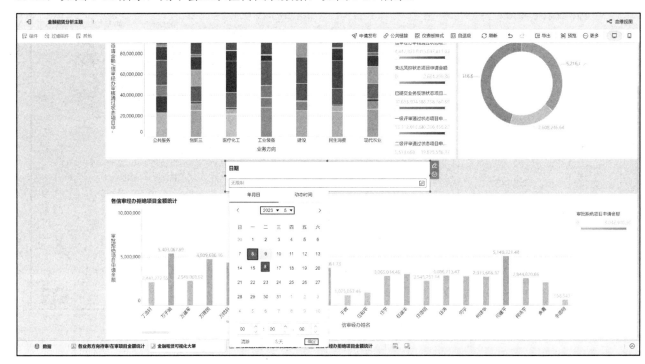

图 7-56　选择日期 2023-05-08

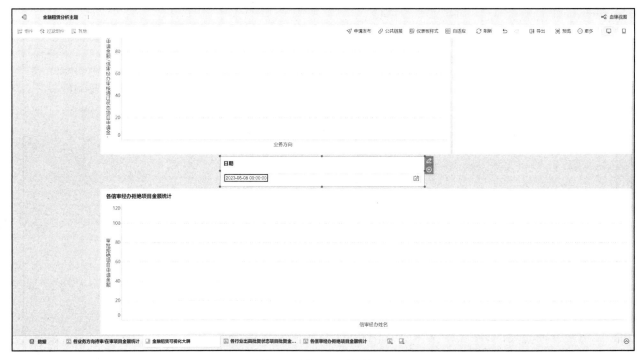

图 7-57　未显示图表数据

将日期切换为 2023-05-09，即可看到图表数据，如图 7-58 所示。

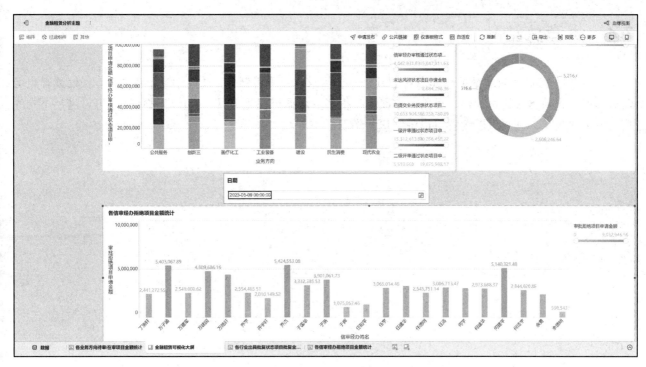

图 7-58　显示图表数据

（5）优化显示效果。

拖动图表和日期组件，调整图表位置，优化显示效果，如图 7-59 所示，点击右上角的"预览"按钮可以全屏展示仪表板。

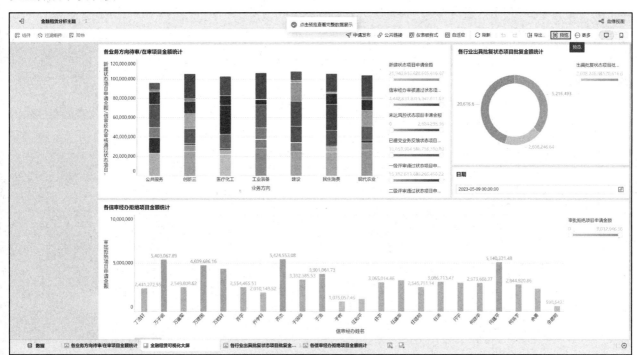

图 7-59　优化显示效果

7.4 本章总结

　　本章使用 FineBI 对本数据仓库项目的几个重要需求进行了可视化，通过学习本章内容，相信读者也可以对其他结果数据进行可视化。目前，市面上有很多大数据可视化工具，操作非常便捷，可以满足不同的数据可视化需求，感兴趣的读者可以继续探索学习。

反侵权盗版声明

电子工业出版社依法对本作品享有专有出版权。任何未经权利人书面许可，复制、销售或通过信息网络传播本作品的行为；歪曲、篡改、剽窃本作品的行为，均违反《中华人民共和国著作权法》，其行为人应承担相应的民事责任和行政责任，构成犯罪的，将被依法追究刑事责任。

为了维护市场秩序，保护权利人的合法权益，我社将依法查处和打击侵权盗版的单位和个人。欢迎社会各界人士积极举报侵权盗版行为，本社将奖励举报有功人员，并保证举报人的信息不被泄露。

举报电话：（010）88254396；（010）88258888

传　　真：（010）88254397

E-mail：　dbqq@phei.com.cn

通信地址：北京市万寿路 173 信箱

　　　　　电子工业出版社总编办公室

邮　　编：100036